普通高等院校应用型人才培养“十三五”规划教材

大学物理实验

DAXUE WULI SHIYAN

主　编◎明庭尧　张　丰　谢金利

副主编◎谢治军　吴钰涵

西南交通大学出版社

·成　都·

图书在版编目（CIP）数据

大学物理实验 / 明庭尧，张丰，谢金利主编. 一成都：西南交通大学出版社，2018.8
普通高等院校应用型人才培养“十三五”规划教材
ISBN 978-7-5643-6320-8

Ⅰ. ①大… Ⅱ. ①明… ②张… ③谢… Ⅲ. ①物理学－实验－高等学校－教材 Ⅳ. ①O4-33

中国版本图书馆 CIP 数据核字（2018）第 177259 号

普通高等院校应用型人才培养“十三五”规划教材

大学物理实验

主编 明庭尧 张 丰 谢金利

责任编辑	张宝华
助理编辑	赵永铭
封面设计	何东琳设计工作室
出版发行	西南交通大学出版社（四川省成都市二环路北一段 111 号 西南交通大学创新大厦 21 楼）
发行部电话	028-87600564 028-87600533
邮政编码	610031
网址	http://www.xnjdcbs.com
印刷	成都中永印务有限责任公司
成品尺寸	185 mm × 260 mm
印张	13
字数	323 千
版次	2018 年 8 月第 1 版
印次	2018 年 8 月第 1 次
书号	ISBN 978-7-5643-6320-8
定价	38.00 元

课件咨询电话：028-87600533
图书如有印装质量问题 本社负责退换

前　言

大学物理实验课程是高校理工科学生接受系统实验方法与基本实验技能的开端，覆盖面广，具有丰富的实验思想、方法和手段，在激发学生的创新意识和培养应用型人才等方面具有其他课程不可替代的作用。

本书是根据理工科类大学物理实验课程教学基本要求，以重庆大学城市科技学院多年的实验讲义为基础，并参考部分兄弟院校相关教材编写而成的。具有以下特点：

（1）教材内容传承了传统实验项目的精华。

（2）理论联系实际，推出了一些具有时代感，与生产实践紧密相连的实验项目。

（3）突出了实用性、针对性和可行性。

本书共分绪论、测量误差与数据处理的基本知识、预备物理实验、基础物理实验、近代物理实验、设计性实验 6 个部分。每个实验均对学生提出了相应要求，并留有思考题，以提高学生对该实验的认知水平。本书可作为相关专业的应用型本科和部分专科的大学物理实验教材。

本书是我校和兄弟院校结合学校实际，在使用实验讲义的过程中，多次修订逐步积累而成。参加编写的老师有明庭尧、张丰、谢金利、谢治军、吴钰涵、王丽娇、李芃等。在这里我们还要感谢西南大学已退休的郑瑞伦，重庆文理学院的龙晓霞和杜一帅等同志，他们也为本书提供了不少的素材和建议。本书的出版得到了西南交通大学出版社的关心和支持，在此表示衷心的感谢。

由于我们水平有限，疏漏和不妥之处在所难免，望读者和各位同仁批评指正！

编　者

2018 年 5 月

目 录

绪　论

0.1　大学物理实验的地位和作用

物理学是一门实验科学，它的基础是实验，无论是物理理论的建立、物理定律的发现还是对物理理论的检验，都必须以严格的科学实验为基础。实验是一种人们更有意识的更自觉的实践活动，它总是与理论相结合，并在已确定的理论指导下向认识的新的领域探讨，它是人们探索物理世界规律性的必不可少的手段和武器。在当前物理学各个领域的发展中，实验更占着特别重要的地位。以实验为基础，坚持实验与理论相结合，便是物理学发展走过的道路。

物理规律的发现与物理理论的建立必须以实验为基础，并受到实验的检验。例如：杨氏的双缝干涉实验使光的波动学说得以验证；赫兹的电磁波实验使麦克斯韦的电磁场理论获得普遍承认；爱因斯坦的光量子假说建立在光电效应实验的基础上；伽利略从自己大量的实验结果中总结出力学基本原理；开普勒的三大定律是依据第谷等人所积累的大量观测资料总结出来的；在伽利略、开普勒、胡克等人的实验观测及其工作的基础上，牛顿总结归纳出“万有引力定律”，建立了经典力学体系，海王星的发现是牛顿理论最光辉的证明。物理学的每一次重大进步都离不开实验的推动。正是 19 世纪末，黑体辐射、光电效应、原子光谱、放射性等实验的研究，引起了经典热物理的危机，最终导致了近代物理学的诞生。

大学物理实验是专业基础课“大学物理”的配套实验课程，是进行实验基本训练的必修基础课，是本科生接受系统实验方法和实验技能训练的开端，是培养实验能力、提高科学素质的重要基础，在培养学生严谨的治学态度、活跃的创新意识、理论联系实际等方面具有不可替代的作用。

0.2　大学物理实验课的目的和任务

物理实验已发展为一门独立的科学实验课程，是学生进入大学后接受系统的实验方法和实验技能训练的一门基础课程。同时，物理实验又是一系列后续专业实验课的重要基础。设置物理实验课的目的和任务是：

（1）学习并初步掌握物理实验的基本知识、基本方法和实验操作的基本技能。

（2）培养和提高学生观察、分析实验现象的能力。通过对实验中特定的物理现象的反复观察、定量测量和数值分析，加深对相关物理概念和物理规律的理解。

（3）培养和提高学生的科学实验素养。培养学生理论联系实际和实事求是的科学态度，严肃认真的工作作风，主动研究的探索精神和爱护公物、遵守纪律、团结协作的优良品德。

0.3 能力培养的基本要求

（1）独立实验的能力——能够通过阅读实验教材、查询有关资料和思考问题，掌握实验原理及方法、做好实验前的准备；正确使用仪器及辅助设备、独立完成实验内容、撰写合格的实验报告；培养学生独立实验的能力，逐步形成自主实验的基本能力。

（2）分析与研究的能力——能够融合实验原理、设计思想、实验方法及相关的理论知识对实验结果进行分析、判断、归纳与综合。掌握通过实验进行物理现象和物理规律研究的基本方法，具有初步的分析与研究的能力。

（3）理论联系实际的能力——能够在实验中发现问题、分析问题并学习解决问题的科学方法，逐步提高学生综合运用所学知识和技能解决实际问题的能力。

（4）创新能力——能够完成符合规范要求的设计性、综合性内容的实验，进行初步的具有研究性或创意性内容的实验，激发学生的学习主动性，逐步培养学生的创新能力。

0.4 大学物理实验课的基本环节

物理实验课是在老师的指导下，学生独立进行物理实验的实践活动。因此，在实验的整个过程中应当发挥学生的主观能动性，有意识地培养和锻炼他们的独立工作能力和严谨的工作作风。通常每个实验的学习都要经历三个环节。

1. 实验的准备预习

实验前必须认真阅读实验相关内容，做好必要的预习，才能按质按量按时完成实验。同时，预习也是培养自学的一个重要环节。

预习时重点解决以下三个问题：

（1）本次实验最终要得到什么样的结果？

（2）本次实验的理论依据是什么？

（3）采用什么方法、哪些步骤去完成这个实验？

最后写出预习报告。

2. 实验的进行

实验的进行是学生在实验室中动手操作、认真实验、观察实验现象、测取实验数据的过程，是物理实验的主要环节。

（1）学生进入物理实验室后要自觉遵守实验室规章制度，认真听取实验指导教师的讲解，进一步明确本次实验的要求、操作要领及注意事项等。

（2）熟悉实验仪器后，要合理安排、细心调试，将所用实验仪器装置调整到最佳工作状态。

（3）在实验过程中，仪器可能会出现故障，在教师的指导下，分析故障的原因，学会排除故障。

（4）在实验操作过程中，必须正确地使用实验仪器，仔细观察实验现象并进行分析，应及时、准确地读取实验数据。实验原始数据不可随意涂改，更不许随意编造。遇到可疑之处要反复测试，加以验证。

（5）操作实验完毕，“实验原始数据”经过实验指导教师审阅认可后，将实验用品和用具整理摆放整齐，而后方能离开实验室。

3. 实验总结

实验后，要及时对实验数据、实验现象进行分析、处理。数据处理后，应给出实验结果，最后写出一份实验报告。

书写实验报告的过程是对实验数据进行科学处理，对实验结果进行综合分析，对实验工作进行分析总结的过程，是培养学生独立从事科学实验工作能力的一个重要环节。因此要求物理实验课后要及时完成物理实验报告，并在指定的时间内交实验指导教师批阅。

实验报告要用统一格式的物理实验报告纸书写，数据要齐全，处理要准确，叙述讨论要简要，字迹要清晰、整洁。严格禁止抄袭他人实验报告的行为。实验报告的内容主要包括：

（1）实验目的。

（2）实验仪器：要注明该实验所使用的主要实验仪器的规格、型号和编号。

（3）实验原理和方法：原理应用写得简明扼要，如列出实验所依据的主要公式，说明式中各物理量的意义及公式的适用条件等，包括实验用仪器的原理图、电路图、光路图，以及必要的实验操作说明。

（4）数据记录及处理：数据一定要列表记录，原始数据要齐全，处理数据一定要列出计算公式，写出计算过程，并按要求绘制必要的实验图线等。

（5）分析与讨论或回答实验问题：分析实验中的误差，讨论实验中观察到的异常现象，对实验方法或实验装置进行改进的建议，回答教师指定的思考题等。

0.5 实验室学生遵守的实验规则

（1）学生实验前要认真预习实验指导书，明确实验目的和操作程序后方能进行实验，不做预习和无故迟到者不得进入实验室。

（2）学生进入实验室，要严格遵守实验室的规章制度，服从教师指导，在指定地点进行实验。

（3）在实验室内不得大声喧哗、打闹，不得吸烟、随地吐痰、乱扔纸屑及其他杂物。未经允许，不得操作、摆弄与本实验无关的仪器设备。

（4）学生按照实验要求做好准备，经指导教师检查许可后，方可接通电源或启动设备；实验过程中要精心使用仪器设备，严格遵守操作规程，注意节约水、电及实验原材料，因违反操作规程而损坏仪器设备要赔偿。

（5）实验过程中，必须注意安全，防止人身和设备事故的发生。若仪器设备发生故障或损坏时，首先要切断电源并报告指导教师及时处理。

（6）实验完毕后，应将仪器设备、用具及场地整理复原，经指导教师检查合格后，方可离开实验室。

（7）学生课外时间到实验室做实验，须经实验室相关管理人员同意。

第 1 章　测量误差与数据处理的基本知识

1.1　测量及其误差

1.1.1　物理测量的概念

进行物理实验时，不仅要定性地观察各种物理变化的过程，而且还要定量地测定相关物理量的大小，便于定量地研究各相关物理量之间的变化关系。在进行实际测量时，必须采用统一的单位作为确定各个物理量的标准。按照现行国家标准。物理实验中物理单位采用“国际单位制”：国际单位制中质量的单位为千克（kg），时间的单位为秒（s），长度的单位为米（m），电流的单位为安培（A）等。测量就是将待测量与标准单位的物理量进行比较，测量的结果就是标准单位物理量的倍数。

1.1.2　物理测量的分类

按照获得实验测量数据方式的不同，一般物理测量过程可分为直接测量和间接测量。

1. 直接测量

直接测量就是观测者将待测物理量直接与测量工具或测量仪器上的标准单位物理量相比较，获得实验测量数据。例如：用米尺测量物体的长度；用天平测量物体的质量；用温度计测量物体的温度；用电流表测量流过导体的电流等。

2. 间接测量

大多数待测量物理量无法或不便于直接与标准单位物理量进行比较，即不能通过测量仪表直接测出。因此，需要利用物理公式、物理定律和计算公式，通过间接的方法进行定量测量。例如：单摆法测重力加速度，先测出单摆的摆长 L 和周期 T，再根据计算公式求得重力加速度 $g=4\pi^2L/T^2$，这一测量过程就称为“间接测量”。

1.1.3　测量误差的定义和分类

1. 误差的定义

在实验测量中，由于受到测量仪器、测量方法、测量时间、测量者的感觉器官的分辨力以及环境条件的限制，测量的结果都只能是被测物理量的近似值。

（1）真值：待测物理量所具有的客观的真实数值称为真值。

（2）测量值：通过测量而得到的待测物理量的值。

（3）绝对误差：物理量的测量值和真值之间总存在差异，把测量值 N 与被测物理量的真值 N_0 之差的绝对值 ΔN 定义为测量的绝对误差，简称误差。即

$$\Delta N=|N-N_0| \tag{1.1}$$

（4）相对误差：为了评价一个实验测量结果的优劣，不仅需要确定测量数据的绝对误差的大小，还需要知道被测物理量本身的大小。为此，引入相对误差的定义：

$$E_r=\frac{\Delta N}{N_0}\times 100\% \tag{1.2}$$

（5）测量结果的表示：

$$N=N\pm\Delta N\ (\text{单位}),\ E_r=\frac{\Delta N}{N_0}\times 100\% \tag{1.3}$$

2. 误差的分类

根据在实际测量过程中对测量误差来源的综合分析，将测量误差分为系统误差、偶然误差和过失误差三类。

（1）系统误差。

系统误差的特征是具有确定性。在相同条件下（把观测者、测量仪器和测量方法等完全相同），多次测量同一待测物理量时，测量的误差始终保持恒定，或按照一定的规律变化。

系统误差的主要来源有：

① 仪器误差：由于实验仪器本身的设计缺陷，或没有严格按规定条件使用仪器，而给测量结果带来的误差。例如：在电学实验中仪器仪表的刻度不准、零点失准等。

② 理论或方法误差：由于测量所依据的理论公式本身的近似性，或实验条件和测量方法不能达到理论所规定的要求而给测量结果带来的误差。例如：单摆的周期公式的成立条件是摆角趋于零，而在小角度摆动的实验条件下，周期关系式只是一个近似公式，因此，测出的重力加速度 g 也只是一个近似值；用伏安法测电阻，利用了欧姆定律的关系式，如果没有考虑电流表和电压表的内阻的影响，测得的电阻就会存在一定的系统误差。

③ 环境误差：测量过程中，由于测量工作现场周围的温度、气压、电磁场等环境条件发生变化（偏离规定条件）而产生的误差。例如：精确测定某物件的体积时，未考虑物体因受热而膨胀的影响；精密测定某物体的重力时，忽略了空气浮力产生的影响等。

④ 人身误差：由于测量者缺乏必要的基本训练、实验经验不足或不正确的心理习惯而给测量结果带来的误差。

实验中系统误差的发现和清除有时比较简单，有时又相当复杂和困难，但原则上讲总可以通过改善（或校准）仪表、改进测量方法、修正测量结果、改善实验环境以及通过训练纠正观测者本身的习惯偏向等方法来减少系统误差。直到其对实验测量结果的影响可以忽略不计为止。

（2）偶然误差。

在实验中即使消除了系统误差，实验者在相同条件下对同一物理量进行多次测量时，各

次测量值之间也往往不相同，即测量值仍存在误差。

这类误差主要是由于观测者在对测量数据进行接近于或低于测量工具最小分辨率的一位估读时，感官分辨能力有限，以及环境条件无规律的起伏变化所造成的。尽管这是一位估读的测量数值却有着特殊的意义的。

偶然误差的特征是具有随机性。对多次测量中某一次测量值而言，测量结果的绝对误差的大小完全不可预料，即完全是偶然的（随机的），因而也将这类误差称为随机误差。

对大多数物理实验而言，多次测量结果的偶然误差服从统计规律，呈正态分布。因此可用概率统计的方法来处理偶然误差。

偶然误差遵从如下规律：

① 单峰性：绝对值小的误差出现的概率比绝对值大的误差出现的概率大。

② 对称性：绝对值相等的正负误差出现的概率基本相等。因而当测量次数 $n \to \infty$ 时，将多次测量的偶然误差相加，则正负误差将成对抵消，误差总和趋于零。

③ 有界性：绝对值很大的误差出现的概率趋于零，即在一定条件下，误差的绝对值不超过一定限度。

由于偶然误差是由某些不能完全控制的偶然因素所引起的，所以不能通过改善仪器、改进测量方法等办法来减小和消除它，但由于其遵从上述统计规律，可采取适当增加测量次数取其算数平均值的方法使测量值更接近真值。

（3）过失误差。

由于实验者使用仪器的方法不正确，实验方法不合理，粗心大意，过度疲劳，记错数据等引起的。这种误差是人为的，只要实验者采取严肃认真的态度，具有一丝不苟的作风，过失误差是可以避免的。

1.2　误差的估算

实验中过失误差应该完全避免，系统误差原则上可以设法减小到可以忽略不计，因而在此只讨论偶然误差的估算。

1.2.1　单次直接测量量误差的估算

在物理实验中，由于实验条件不许可，或对测量准确度要求不高等原因，对一个物理量 N_0 只进行了一次测量，测量结果为 N，这时应该根据实际情况，对测量值的误差进行具体合理的估算。

在一般情况下，对于偶然误差很小的测量值，可利用仪器仪表上注明的仪器精度等级 $K = \dfrac{|\Delta N_{\max}|}{N_{量程}} \times 100$ 来估计测量结果的误差 $\Delta N \approx \Delta N_{\max}$。测量结果表示为 $N = N \pm \Delta N$（单位），

$E_r = \dfrac{\Delta N}{N_0} \times 100\%$。

对于没有标明精度等级的测量工具和仪表，也可以取测量工具最小刻度的 1/10 位，在测

量结果的最后表达式中，绝对误差只能保留一位有效数字，而测量真值的最低一位应与绝对误差保留位取齐。

1.2.2 多次测量量误差的估计

在一般情况下，我们总是采用增加测量组数的方法来减小实验测量结果的偶然误差。如果相同实验条件下对某个待测物理量 N 进行了 n 次重复测量，其测量值分别为 N_1，N_2，N_3，…，N_n，则多次测量结果的算术平均值为

$$\overline{N}=\frac{1}{n}(N_1+N_2+N_3+\cdots+N_n)=\frac{1}{n}\sum_{i=1}^{n}N_i \tag{1.4}$$

绝对误差中算术平均误差与均方根误差都可作为确定测量结果误差的量度，它们都表明了在一组多次测量的实验数据中各个测量数据之间的分散程度。

算术平均误差为 $$\overline{\Delta N}=\frac{1}{n}\sum_{i=1}^{n}\left|\overline{N}-N_i\right| \tag{1.5}$$

均方根误差为 $$\sigma=\sqrt{\frac{1}{n\cdot(n-1)}\sum_{i=1}^{n}(\overline{N}-N_i)^2} \tag{1.6}$$

由正态分布曲线的分析可以证明，在相同实验条件下进行的多次测量中，任一测量结果 N_i 出现在 $N\pm\sigma$ 范围内的概率为 68.3%，而测量数据出现在 $N\pm 3\sigma$ 范围内的概率高达 99.7%，因此又称 $\pm 3\sigma$ 为极限误差。在进行的有限次测量中，如果某个测量值的误差超过了 $\pm 3\sigma$，则可以判定该测量值为非正常值，并予以剔除。

正式的误差分析和计算中都采用均方根误差作为偶然误差的量度，又称其为标准误差。对于初学者来说，主要是树立误差的概念，为简单起见，一般采用算术平均误差进行实验误差分析。多次测量值的结果表示为 $N=N\pm\Delta N$（单位），$E_r=\frac{\Delta N}{N}\times 100\%$。

1.2.3 间接测量量误差的估计

由于间接测量的测量结果，是由一些直接测量量代入特定的物理定律、物理公式和数学计算关系通过数学计算得出来的，既然计算关系中所包含的直接测量量都是存在误差的，那么间接测量量也必然有误差。

设 N 为一间接测量量，而 A，B，C，…分别为直接测量量，它们之间满足一定数学计算关系，即 $N=f(A,\ B,\ C,\ \cdots)$

如果各直接测量量可以表示为

$$\left.\begin{aligned}A&=A\pm\Delta A\\B&=B\pm\Delta B\\C&=\pm\Delta C\end{aligned}\right\} \tag{1.7}$$

将这些测量结果代入计算公式，便可求得间接的近真值 $\overline{N}=f(\overline{A},\ \overline{B},\ \overline{C},\ \cdots)$，当测量次数

无限增多时，此近真值与 N 的算术平均值是一致的。

间接测量量的结果表示为 $N = N \pm \Delta N$（单位），$E_r = \dfrac{\Delta N}{N} \times 100\%$。

但是，间接测量量平均绝对误差 ΔN 的估算是比较麻烦的，在这里我们要借助高等数学多元函数求微分的处理方法，一般运算关系的间接测量量平均绝对误差计算公式可以用以下微分法求得

$$\Delta N = \left|\frac{\partial f(A,B,C,\cdots)}{\partial A}\right|\Delta A + \left|\frac{\partial f(A,B,C,\cdots)}{\partial B}\right|\Delta B + \left|\frac{\partial f(A,B,C,\cdots)}{\partial C}\right|\Delta C + \cdots \tag{1.8}$$

由表 1.1 看出，和差运算的绝对误差等于各直接测量量的绝对误差之和；乘除运算的相对误差等于各直接测量量的相对误差之和；当间接测量量的函数关系中只含加减运算时，先计算绝对误差，再计算相对误差较为方便；当间接测量量的函数关系中含乘除运算时，先计算相对误差，再计算绝对误差较为方便。

表 1.1　常用运算关系的误差计算公式

运算关系 $\Delta N = f(A,B,C)$	绝对误差 ΔN	相对误差 $E_r = (\overline{\Delta N} / \overline{N}) \times 100\%$
$N = A + B + C$	$\Delta N = \Delta A + \Delta B + \Delta C$	$\dfrac{\Delta A + \Delta B + \Delta C + \cdots}{\overline{A} + \overline{B} + \overline{C} + \cdots}$
$N = A - B - C$	$\Delta N = \Delta A + \Delta B + \Delta C$	$\dfrac{\Delta A + \Delta B + \Delta C + \cdots}{\overline{A} - \overline{B} - \overline{C} - \cdots}$
$N = A \cdot B$	$\Delta N = \overline{B}\Delta A + \overline{A}\Delta B$	$\dfrac{\Delta A}{\overline{A}} + \dfrac{\Delta B}{\overline{B}}$
$N = A \cdot B \cdot C$	$\Delta N = \overline{B}\,\overline{C}\Delta A + \overline{A}\,\overline{C}\Delta B + \overline{A}\,\overline{B}\Delta C$	$\dfrac{\Delta A}{\overline{A}} + \dfrac{\Delta B}{\overline{B}} + \dfrac{\Delta C}{\overline{C}}$
$N = A^n$	$\Delta N = n\overline{A}^{n-1}\Delta A$	$n\dfrac{\Delta A}{\overline{A}}$
$N = \dfrac{A}{B}$	$\Delta N = \dfrac{\overline{B}\Delta A + \overline{A}\Delta B}{\overline{B}^2}$	$\dfrac{\Delta A}{\overline{A}} + \dfrac{\Delta B}{\overline{B}}$
$N = \sin A$	$\Delta N = (\cos \overline{A})\Delta A$	$(\cot \overline{A})\Delta A$
$N = \cos A$	$\Delta N = (\sin \overline{A})\Delta A$	$(\tan \overline{A})\Delta A$

1.3　有效数字及其运算

在实验数据处理中，有效数字是一个重要问题，初学者往往发生错误。

1.3.1　有效数字

正确而有效地表示测量和实验结果的数字，称为有效数字。有效数字是由若干位准确数字和一位欠准确数字（最末一位）构成的。测量结果的有效数字位数的多少，是与测量过程中所使用的测量工具密切相关的。例如："126.400 mm" 这一数据一定不是用米尺测量的，而可能是用游标卡尺测量的；"126.4 mm" 则可能是用米尺测定的。

在实际测量过程中，有效数字的最末一位虽然是欠准确的（对测量工具的最小刻度 1/10 位数值所做的估读），但它在一定程度上反映了被测量的实际大小，因此也是有效的，是必不可少的。例如：1.35 的有效数字是 3 位，3 296.399 的有效数字是 7 位，1.230 的有效数字是 4 位。

有效数字的位数与小数点的位置无关。因此，用以表示小数点单位的“0”不是有效数字。例如：1.35 cm 换成以毫米为单位时为 13.5 mm，以米为单位时，则为 0.013 5 m，这三种表示法完全等效，均为三位有效数字。

当“0”不是用作表示小数点位置时，0 和其他数码 1，2，3，…具有同等地位，都是有效数字。例如：1.003 5 cm 有效数字为 5 位；1.00 cm 有数数字是 3 位；1.000 0 cm 有效数字是 5 位等。显然，测量数据最后的“0”既不能随便加上，也不能随便去掉。

1.3.2 确定测量结果的有效数字的方法

由于测量误差只是我们在测量过程中对测量结果出现的概率达到一定比率的一个范围的估计，因此，在一般情况下。误差的有效数字一般只取一位，两位和两位以上的误差是没有意义的。以后我们一律取偶然误差为一位有效数字。

将有效数字的定义和偶然误差取一位相结合起来，便能写出测量结果的数值，即：任何测量结果，其数值的最后一位要与误差所在的这一位取齐，例如：$L = (1.00 \pm 0.02)$ cm。

因此，用测量工具进行测量读数时，必须记读到估读位，即测量工具的最小刻度的 1/10 位。例如：用最小刻度位为 0.01 mm 的螺旋测微计测金属片的厚度 D 时，要记录到估读的 1/1 000 mm 位，最后结果为：$D = 2.854$ mm。

我们要养成习惯，在写下测量结果时，最后一位便是误差所在位。看到其他人写出的测量结果时也应这样理解。

1.3.3 有效数字与测量相对误差的关系

根据有效数字的物理含义，有效数字的最后一位就是测量误差所在位。因此，大体上说，有效数字位数越多，测量的相对误差就越小；有效数字位数越少，测量的相对误差就越大。

一般来说，2 位有效数字对应于 1/10 ~ 1/100 的测量相对误差，3 位有效数字对应 1/100 ~ 1/1 000 的相对误差，其余类推。因此，我们在进行测量数据精度评价时，有时讲测量相对误差有多大，而有时讲测量结果有几位数字，两者之间是密切相关的。

1.3.4 测量结果的科学表达方式

如果一个测量数据的数值很大，而有效数字位数又不多，则测量数据数值的数字表示就会与有效数字位数发生矛盾。这时，必须将测量数据用科学表示法表示为

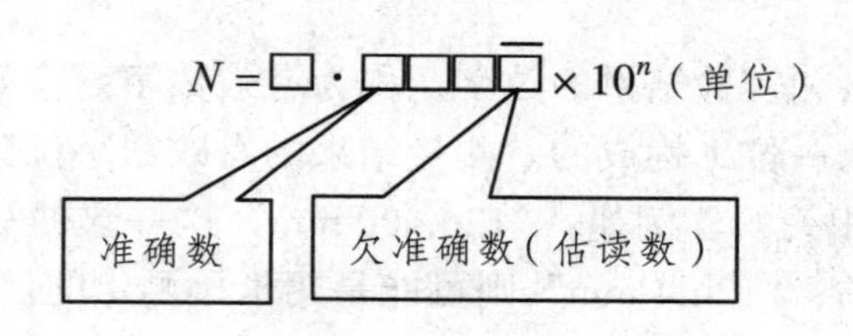

例如，测量数据 $L = (0.006\,23 \pm 0.000\,03)$ m 可以写成 $L = (6.23 \pm 0.03) \times 10^{-3}$ m。这种科学表示法的写法不仅简洁明了（尤其是当数值很大或很小时），而且可使数字计算及测量结果的有效数字的定位更加科学准确。

1.3.5　测量结果有效数字的计算规则

在对测量数据进行数学运算时，参加运算的分量可能很多，各分量数值的大小及有效数字位数也不尽相同。在运算过程中，经常会遇到计算数字的位数越来越多，或在除法运算中出现除不尽的情况，这将使我们的实验数据的处理不胜繁复。即使用计算器，也会遇到中间数的取位问题。我们规定对实验测量有效数字的计算必须遵循以下的运算规则：

（1）测量结果的有效数字中准确数与准确数之间的运算结果仍是准确数。

（2）测量结果的有效数字中欠准确数与准确数之间的运算结果是欠准确数，但是，其运算进位的数将是准确数。

（3）加减运算时，最后结果的小数点后的位数与参与运算的各数据中小数点后的位数最少的相同。

（4）乘除运算时，最后结果的有效数字的位数与参与运算的各数据中有效数字位数最少的相同。

（5）乘方、开方的有效数字与其底的有效数字位数相等。

（6）在间接测量量的误差运算过程中，绝对误差可取两位有效数字，最后结果保留一位有效数字；间接测量量的近真值有效数字位数由绝对误差决定，最低位与绝对误差的保留位取齐。

（7）在最后的运算结果中，只能保留一位欠准确数。尾数舍取法则是：对于第二位欠准确数，“大于 5 则入，小于 5 则舍去，等于 5 取偶数”，即将应保留的最末一位凑成偶数。我们要按照这一法则一次性舍取至所需的位置，而不可经多次舍取至所需的位置。

1.4　实验数据的处理方法

数据处理是实验的重要组成部分，它来自实验设计方案，但反过来从某种角度说，整个实验过程无不是在数据处理指导下进行的。数据处理有极其丰富的内容，是实验者的素质、能力、水平的重要体现。现就物理实验中常用的一些基本的数据处理方法做简要介绍。

1.4.1　列表法

列表法就是根据实验方案把有关数据有条理地列成表格，通过表格可以明确地看出有关物理量之间的对应关系，找出有关物理量之间规律性的联系。另外通过数据列表还可发现和避免实验中的错误。列表要求：

（1）栏目清楚，设计合理，使其便于看出有关物理量之间的对应关系及规律性的联系。

（2）物理量名称（或符号）和它的单位要写在同一栏目中，不要在每个数据后都写上一个单位。

（3）表中若包括中间结果，要求能清楚看出它与其依据量的关系，必要时应在栏目中（或在表格的上方或下方）写出其与依据量的关系式。

（4）有些个别与表格中有关量联系不大的数据，可以不列入表中，而将其写在表格的上方或下方。自定的符号必要时要说明它所代表的意思。

（5）若把所在数据都列入一个表格有困难，则可列成几个表格。

1.4.2　图示法

图示法就是把一组具有特定对应关系的测量数据用图线直观的描绘出来，从图线可以看出物理量之间的变化规律，找出对应函数关系，求得经验公式。

1. 图示法的优点

图示法的最大优点是能直观地显示相关物理量之间的对应关系。图示法中的实验图线是依据大量的实验数据，按一定的规则绘制而成的，所以图线本身就具有多次测量求平均的作用，并可帮助我们发现和剔除个别的误差特别大的可疑数据。对于某些特定的情况，可以由实验图线直接推测出没有进行实际测量的其他部分的数据。

2. 作图规则

（1）选用合适的坐标纸。

作图必须使用规定的标准坐标纸，最常用的是线性坐标纸，其他还有双对数型、单对数型和极坐标型坐标纸。

（2）确定坐标轴及其分度值。

通常以横轴表示自变量，纵轴表示因变量。画出坐标轴的方向、标明其代表的物理量的符号和物理量单位，并在坐标轴上标明等间距的分度值。一般应使坐标纸的最小分度格所代表的单位与数据有效数字的确定数字的最小单位相对应。尽量使实验图线能充满整个图纸，以提高整个坐标图的分辨率，而不要使实验图线偏于坐标图的一边或一角。除特定需要外，各坐标的原点不必选为（0，0）点。

（3）标定实验数据点。

一定要用符号（+，×，⊙，…）将测量数据点准确地标定在已确定坐标轴及其分度值的坐标图纸上，代表实验点的符号（+，×，⊙，…）要用直尺、细硬铅笔仔细画出，并使测量数据点准确地落在“+”“×”的交叉点处。在一张图纸上要画数条实验曲线时，各条曲线应用不同形式的符号标点以示区别。

（4）连线描迹。

用直尺、曲线板等器具，根据数据点作出直线、光滑曲线或折线。当作成直线或光滑曲线时，图线不一定通过数据点，而要求数据点均匀分布于图线的两侧。个别偏离大的数据点有可能是测量有问题引起的，应根据具体情况舍去或重新测量核对之。

1.4.3　图解法

利用作图法绘制的实验图线，可以用解析几何的方法，进一步求出实验图线的方程和某些的物理参数，这种方法称为图解法。

1. 直线型实验曲线的图解

从实验数据画出的实验曲线是一直线时，说明自变量 x 与因变量 y 呈线性关系 $y = kx + c$，可在靠近直线两端选取两处计算点（一般不取实验数据点），根据两点的坐标，求出直线的斜率 k 和截距 c，得到线性关系公式。

2. 曲线的改直

物理量间除线性关系外，还有大量的非线性关系。对于这些关系若根据实验数据作图来判断测量结果是否正确或据图线求待测量，往往不甚容易。但经过适当变换，有可能把曲线变成直线，这样就能直观地做出判断，并可求得关系式中的有关系数，进而求出待测量的量值。例如：对指数型关系曲线公式的两边取对数，可转化为直线关系；对幂指数型关系曲线公式的两边取自然对数，可转化为直线关系。

1.4.4　利用最小二乘法进行线性拟合

由实验数据求出表示物理量之间关系的函数表达式的问题称为拟合（或回归）问题。若两物理量之间的关系确定为线性关系，由实验数据求出其具体的函数表达式 $y = kx + c$，此类问题为线性拟合问题。显然，线性拟合要解决的问题实际上就是怎样由实验数据确定直线的斜率和截距。

利用作图法可求出直线的斜率和截距，但由于作图连线具有一定的任意性，使得所求得的斜率和截距不严格、不唯一。而利用最小二乘法进行线性拟合可以唯一地确定直线的斜率和截距，而且还可求出它们的标准误差，从而严格地确定出斜率和截距。

利用最小二乘法进行线性拟合，亦称为线性回归，这里只作一般的简略介绍。在作图法中画直线时，根据统计平均的考虑，应使实验数据点均匀地分布在直线两侧。误差理论指出，若所画出直线为最佳直线则所有数据点到该直线的距离的平方和应最小。若把测量误差都归结为 y 的测量误差，则最佳直线应该使所有数据点到该直线的纵坐标距离的平方和为最小，据此可求出最佳直线的斜率和截距。因为此方法依据的是“平方和为最小”这一原理，故称为最小二乘法。

对于线性关系 $y = kx + c$，可利用一组实验数据（x_1，x_2），（x_2，y_2），（x_i，y_i），（x_n，y_n）来确定方程中的系数。根据最小二乘法列方程组：

$$\left.\begin{aligned} &(\sum_{i=1}^{n} y_i) = (\sum_{i=1}^{n} x_i) \times k + nc \\ &(\sum_{i=1}^{n} y_i \times x_i) = (\sum_{i=1}^{n} x_i^2) \times k + (\sum_{i=1}^{n} x_i) n \times c \end{aligned}\right\} \tag{1.9}$$

求出经验验方程的参数为

$$\left.\begin{aligned} &k = \frac{n(\sum_{i=1}^{n} y_i \times x_i) - (\sum_{i=1}^{n} y_i)(\sum_{i=1}^{n} x_i)}{n(\sum_{i=1}^{n} x_i^2) - (\sum_{i=1}^{n} x_i)^2} \\ &c = \frac{1}{n}\left[(\sum_{i=1}^{n} y_i) - k(\sum_{i=1}^{n} x_i)\right] \end{aligned}\right\} \tag{1.10}$$

相关系数为

$$r=\frac{(\sum_{i=1}^{n}y_i\times x_i)-(\frac{1}{n}\sum_{i=1}^{n}y_i)\times(\sum_{i=1}^{n}x_i)}{\sqrt{(\sum_{i=1}^{n}x_i^2)-\frac{1}{n}(\sum_{i=1}^{n}x_i)^2\times(\sum_{i=1}^{n}y_i^2)-\frac{1}{n}(\sum_{i=1}^{n}y_i)^2}} \tag{1.11}$$

可以证明，相关系数 r 在 0 与 1 之间。r 值越接近 1，说明实验数据点密集地分布在所求得的直线近旁，符合线性关系；r 值远小于 1 而接近 0，说明实验数据对求得的直线很分散，不符合线性关系，必须用其他函数重新试探。

利用最小二乘法进行线性拟合，用手工计算很麻烦，应学会利用带有线性功能的计算器进行线性拟合处理。

1.4.5 逐差法

逐差法是实验中常用的一种数据处理方法，它适用于自变量成等差变化且因变量与自变量间符合多项式关系的组合测量，使用逐差法可充分利用数据得出更精确的结果。通常逐差法多用于因变量与自变量为线性关系的情况，现就此做简要介绍。

逐差法就是把测得的 n 个数据分成两部分，然后将两部分对应相减，得出若干个差的数据，再进行处理。这种对应项相减逐项求差的方法称为逐差法。

例如：测弹簧的劲度系数（倔强系数）时，每次增重 1 g，连续增重 7 次，则可读得 8 个标尺读数，分别为 x_0，x_1，x_2，…，x_7，弹簧的平均伸长为

$$\overline{\Delta x}=\frac{(x_1-x_0)+(x_2-x_1)+\cdots+(x_7-x_6)}{7}=\frac{x_7-x_0}{7} \tag{1.12}$$

中间值全部抵消，只用了始末两次的测量值，与直接增重 7 g 的单次测量等价。

逐差法处理时，把测得的 8 个数据分成两部分，然后将两部分数据对应相减，则弹簧的平均伸长为

$$\overline{\Delta x}=\frac{1}{4}\left[\frac{(x_4-x_0)+(x_5-x_1)+(x_6-x_2)+(x_7-x_3)}{4}\right] \tag{1.13}$$

将以上两种方法进行比较，显然逐差法优越，因为它利用了所有数据，而前种方法实际上只用了首尾两个数据。

习题

（1）用精密天平称一物体的质量 5 次，结果分别为 3.612 7 g、3.612 2 g、3.612 1 g、3.612 0 g、3.612 5 g，求物体的平均质量、绝对误差和相对误差。

（2）用米尺测得正方形某一边的边长的 2.01 cm、2.00 cm、2.04 cm、1.98 cm、1.97 cm，求正方形的周长和面积的平均值、绝对误差和相对误差。

（3）一个铅圆柱体，测得其直径 $d = (2.04 \pm 0.01)$ cm，高度 $h = (4.12 \pm 0.01)$ cm，质量 $m = (149.18 \pm 0.05)$ g，计算铅圆柱的密度及绝对误差、相对误差，写出测量结果。

（4）实验中用精度级别为 0.5 的电压表 15.00 V 量程，测得电阻两端的电压为 $U = 12.50$ V，用精度级别为 1.5 级的电流表 15.00 mA 量程，测得电阻两端的电流为 $I = 8.54$ mA，利用公式 $R = U/I$ 计算该电阻的阻值及绝对误差、相对误差。

（5）判别下列测量结果表达式的正确或错误，并对错误的加以改正。

① $d = (4.56 \pm 0.03)$ cm　　② $t = (70.523 \pm 0.5)$ s

③ $m = (36.72 \pm 0.008)$ g　　④ $v = (18.555 \pm 0.203)$ cm/s

⑤ $D = (27\,000 \pm 100)$ km

（6）试完成以下单位的变换。

① $m = (2.395 \pm 0.001)$ kg = ______g = ______mg。

② $h = (8.64 \pm 0.02)$ cm = ______km = ______mm。

（7）根据有效数字运算规则计算下列各式的结果。

① $16.582 + 2.6$　　② $105.50 - 3.5$

③ 111×0.100　　④ $240.5 \div 0.10$

⑤ $12.60 - 11.6$

（8）求下列各间接测量量的结果。

① $N = A + B + C/3$，其中 $A = (0.567\,8 \pm 0.000\,2)$ cm，$B = (85.07 \pm 0.02)$ cm，$C = (3.247 \pm 0.003)$ cm。

② $S = \frac{1}{4}\pi D^2$，其中 $D = (2.50 \pm 0.05)$ cm。

③ $R = R_0 \frac{R_1}{R_2}$，其中 $R_1 = R_2 = (1\,000 \pm 1)\ \Omega$，$R_0 = (1\,352 \pm 1)\ \Omega$。

第 2 章　预备物理实验

实验 1　常用方法测长度

长度是最基本的物理量之一，大部分物理量的测量最终都归结为长度的测量。例如，水银温度计是用水银柱面在温度标尺上的位置来读取温度的；电压表或电流表也是利用指针在表盘的位置来读数的。因此，长度的测量是一切测量的基础，是最基本的物理测量之一。

实验室常用的测量长度的仪器有米尺、游标卡尺和螺旋测微器，这些仪器的规格常用量程和分度值表示。

【实验目的】

（1）了解游标卡尺的结构和规格，掌握游标原理及其使用方法。

（2）掌握螺旋测微器的读数原理及使用方法。

（3）在长度测量中进一步学习求解误差。

【实验原理】

1. 游标卡尺

米尺的分度值 1 mm 不够小，常不能满足实验需要。为提高测量精度，可在尺身（即米尺）上附带一根可沿其移动的游标，构成游标卡尺，如图 2.1 所示。游标卡尺是一种测量长度、内外径、深度的量具。

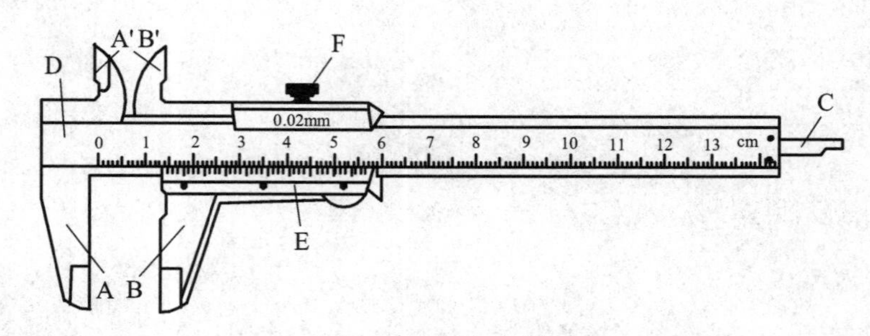

图 2.1　游标卡尺

A、B—内量爪；A′、B′—外量爪；C—深度尺；D—尺身；E—游标尺；F—紧固螺钉

（1）游标分度原理：为了适应不用精度的要求，各种游标有不同的读数值。

一般来说，游标上有 n 个等分刻度，它们的总长度与尺身上（$n-1$）个等分刻度的总长

度相等，若游标上最小刻度长为 x，主尺上最小刻度长为 y，则

$$nx = (n-1)y$$

$$x = y - (y/n)$$

主尺和游标的最小刻度之差为

$$\Delta x = y - x = y/n$$

y/n 叫游标卡尺的精度，它决定读数结果的位数。由公式可以看出，提高游标卡尺的测量精度在于增加游标上的刻度数或减小主尺上的最小刻度值。一般情况下 y 为 1 mm，n 取 10、20、50 其对应的精度为 0.1 mm、0.05 mm、0.02 mm。精度为 0.02 mm 的机械式游标卡尺由于受到本身结构精度和人的眼睛对两条刻线对准程度分辨力的限制，其精度不能再提高。

（2）游标读数原理及方法：将量爪并拢，查看游标和主尺身的零刻度线是否对齐。如果对齐就可以进行测量；如没有对齐则要记取零误差δ。游标的零刻度线在尺身零刻度线右侧的叫正零误差，在尺身零刻度线左侧的叫负零误差（这件规定方法与数轴的规定一致，原点以右为正，原点以左为负）。测量时，右手拿住尺身，大拇指移动游标，左手拿待测外径（或内径）的物体，使待测物位于外测量爪之间，当与量爪紧紧相贴时，即可读数。

读数时首先以游标零刻度线为准在尺身上读取毫米整数，即以毫米为单位的整数部分 L_1。然后看游标上第 k 条刻度线与尺身的刻度线对齐，则小数部分即为 $L_2 = k\Delta x$ mm。读数结果为

$$L = L_1 + L_2$$

如图 2.2 所示，读出数据为 33.24 mm。

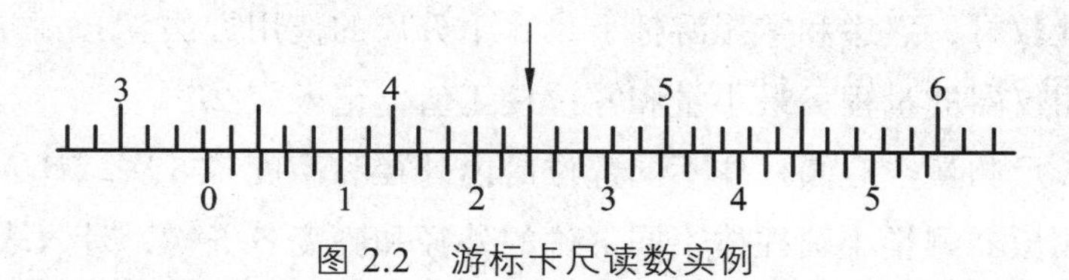

图 2.2　游标卡尺读数实例

如有零误差，则一律用上述结果减去零误差（零误差为负，相当于加上相同大小的零误差），如果需测量几次取平均值，不需每次都减去零误差，只要从最后结果减去零误差即可。

2. 螺旋测微器

螺旋测微器是依据螺旋放大的原理制成的，即螺杆在螺母中旋转一周，螺杆便沿着旋转轴线方向前进或后退一个螺距的距离。因此，沿轴线方向移动的微小距离，就能用圆周上的读数表示出来。螺旋测微器的精密螺纹的螺距是 0.5 mm，可动刻度有 50 个等分刻度，可动刻度旋转一周，测微螺杆可前进或后退 0.5 mm，因此旋转每个小分度，相当于测微螺杆前进或后退 0.5/50 = 0.01 mm。可见，可动刻度每一小分度表示 0.01 mm，所以螺旋测微器可准确

到 0.01 mm。由于还能再估读一位，可读到毫米的千分位，故又名千分尺。测量时，当小砧和测微螺杆并拢时，可动刻度的零点若恰好与固定刻度的零点重合，旋出测微螺杆，并使小砧和测微螺杆的面正好接触待测长度的两端，那么测微螺杆向右移动的距离就是所测的长度。这个距离的整毫米数由固定刻度上读出，小数部分则由可动刻度读出，如图 2.3（a）读出数据为 8.561 mm。

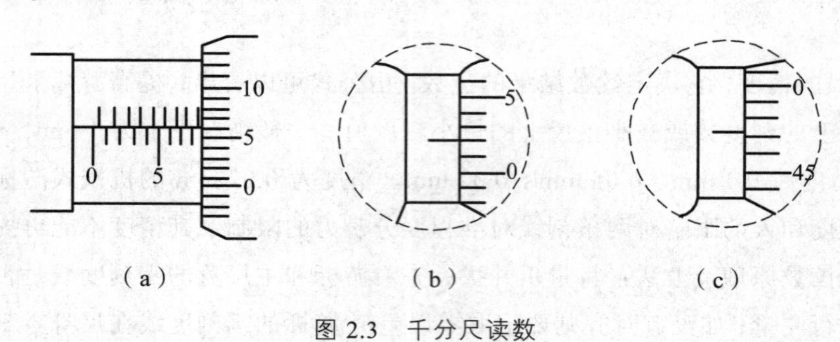

图 2.3　千分尺读数

当小砧和测微螺杆的面轻轻吻和时，若千分尺可动刻度的“0”刻线与准线不重合，还需读出零点刻度，以便对测量结果进行修正。确定读数时要注意它的正负，如图 2.3（b）所示，读数为 + 0.020；如图 2.3（c）所示，读数为 − 0.028。

【实验仪器】

游标卡尺（50 分度）、螺旋测微器、待测物（空心圆柱体、实心圆柱体）。

【实验内容】

（1）阅读实验教材，熟悉和掌握游标卡尺、千分尺的使用方法。

（2）确定所用仪器的量程、最小量和零位校正值，记入表 2.1。

（3）用游标卡尺测量空心圆柱体不同部位的内外径和高度各 5 次，计入表 2.2。

（4）用螺旋测微器测量小圆柱体不同部位的外径和高度各 5 次，计入表 2.3。

【数据记录及处理】

（1）用表 2.2 的数据计算空心圆柱体的体积及算术误差，并给出其完整表示式。

（2）用表 2.3 的数据计算小圆柱体的侧面面积及误差，并给出其完整表示式。

表 2.1　测量仪器性能　　单位：cm

仪器	量程	最小量	零点校正值
游标卡尺			
螺旋测微器			

表 2.2　用游标卡尺测空心圆柱体线量

次数	外径 D/mm	内径 d/mm	高度 h/mm
1			
2			
3			
4			
5			
平均值			

表 2.3　用螺旋测微计测小圆柱体线量

次数	外径 D/mm	高度 h/mm
1		
2		
3		
4		
5		
平均值		

实验 2　物理天平测质量

【实验目的】

（1）掌握物理天平的调整方法。
（2）能正确测量物体的质量。

【实验原理】

1. 物理天平

如图 2.4 所示，天平是实验室称衡物体质量用的仪器，多数物理天平是一种等臂杠杆，在天平梁 BB′上对称地在同一平面上排列三个刀口 b、a、b′，梁（包括指针）的质心 G 在中央刀口的稍下方。当天平偏向某一方时，则作用在质心处的梁的重力 m_0g，将产生向相反方向的恢复力矩，使天平出现左右摆动。

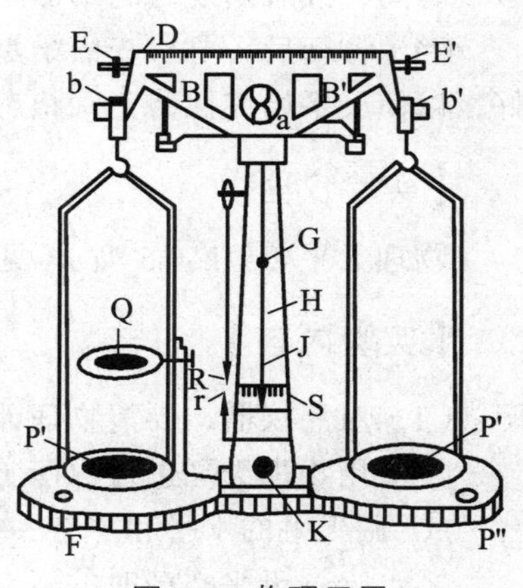

图 2.4　物理天平

表示天平性能的指标中，最大载量和灵敏度是主要的。最大载量由梁的结构材料决定，天平灵敏度则由臂长（ab、ab′）、指针长度、梁的质量（m_0）和质心到中央刀口 a 的距离决定。计量仪器的灵敏度是该仪器对被测量的反应能力。灵敏度 S 用被观测变量的增量与其相应的被测量的增量之比去表示，对于天平，被观测变量为指针在标尺上的位置，被测量为质量，当天平一侧增加一小质量Δm 时，指针向另一侧偏转 e 格（div），则天平灵敏度 S 等于

$$S=\frac{e}{\Delta m}\text{（div/单位质量）} \tag{2.1}$$

式中单位质量的选取，对于灵敏度低的取 1 g，灵敏度高的则取 10 mg 或 0.1 mg。本实验所用物理天平的灵敏度为 1 div/20 mg，最大称量为 500 g。

2. 使用天平前的调整

（1）调水平。

调天平的底脚螺丝，观察圆气泡水准器，将天平立柱调成铅直。

（2）调零点。

空载时支起天平，若指针的停点和标尺中点相差超过 1 分格时，可调梁上的调平螺丝将其调回。此操作要在落下天平梁时进行。

3. 天平的操作规则

使用天平时必须遵守操作规则，为的是使测量工作能顺利进行，并保证测量的准确性，同时也是为了保护天平的灵敏度。操作时的注意事项如下：

（1）只有当要判断天平哪一侧较重时，才旋转止动旋钮支起横梁，并在判明后慢慢将其止动。不许可在横梁支起时，加减砝码、移动游码或取放物体，以防止天平受到大的震动损伤刀口，操作动作要求轻稳缓慢、避免冲击和摇晃。

（2）被测物放在左盘上，右盘上加砝码。取放砝码时要用镊子，用过的砝码要直接放到盒中原来的位置，注意保护砝码的准确性。

（3）称衡时，先估计一下物体的重量，加一适当的砝码，支起天平，判明轻重后再调整砝码。调整砝码时，一定要从重到轻依次更换砝码，不要越过重的先加小砝码，那样往往要多费时间，或者出现砝码不够用的情形。（称衡过程中要经常检查吊耳的位置正常否？）

（4）称衡后，要检查横梁是否已落下，横梁及吊耳的位置是否正常，砝码是否按顺序摆好，以使天平始终保持正常状态。

【实验仪器】

物理天平（WL-0.5 型）（见图 2.4）、被测物。

【实验内容】

（1）对照仪器，弄清物理天平的结构和测量方法，记清操作规则。

（2）用物理天平进行称衡（注意操作规则和步骤）。

① 调天平的水平和零点。

零点 e_0：天平空载时的停点，e_0 在 9.0 ~ 11.0 格均可，以 10.0 格最佳。

② 测量物理天平的灵敏度。

停点 e：指针最后的停点位置读数。

空载灵敏度：$S=\dfrac{|e_2-e_1|}{2\times 0.02}$（div/g），$e_1$ 为在左盘加 0.02 g 砝码时的停点，e_2 为在右盘加 0.02 g 砝码时的停点。

（3）用物理天平粗称出被测物的质量。

称量时应该满足 $|e_{物}-e_0|<1\ \text{div}$；$m_{物}=m_{码}\pm|e_{物}-e_0|\dfrac{1}{S}$

（4）测物体质量 $m_{物}$。

① 测零点 e_{01}。

② 物体放在右盘上，在天平的承受架上加砝码 $m_{砝}$（g），测出停点为 e_1，停点应在光学读数范围之内，否则要调整砝码。

③ 将砝码增加（或减少）Δm（ = 10 mg）时，测停点为 e_2。

根据 e_1 和 e_{01} 的大小，判断 $m_{物}<m_{砝}$或 $m_{物}>m_{砝}$，当 $m_{物}<m_{砝}$时，则减少Δm（ = 10 mg）；相反，则增加Δm（ = 10 mg），选择增加或减少的目的是使 e_1 和 e_2 分布在 e_{01} 的两侧。

④ 第二次测零点 e_{02}。

⑤ 计算质量。

若物体的质量测量值为 $m_{物}$，设 $e_0=\dfrac{(e_{01}+e_{02})}{2}$，则

$$m_{物}=m_{砝}+（或-）\left|\frac{e_1-e_0}{e_2-e_1}\right|\times\Delta m$$

$m_{物}$与 $m_{砝}$之差为指针偏转$|e_1-e_0|$对应的质量，而$|e_2-e_1|$为将砝码增加（或减少）Δm（ = 10 mg）对应的指针偏转，所以$\left|\dfrac{e_1-e_0}{e_2-e_1}\right|\Delta m$ 为 $m_{物}$与 $m_{砝}$的差值。

（5）称一很轻物体的质量（如一根头发丝、一小纸片等），不做记录。

【数据记录和表格】

数据记录如表 2.4 所示。

表 2.4　数据记录

砝码质量/g	停　点			停点平均值
0				$e_{01}=$
$m_{砝}$				$e_1=$
$m_{砝}+\Delta m$				$e_2=$
0				$e_{02}=$

【思考题】

（1）物理天平在使用时应该注意些什么？

（2）什么是天平的零点和停点？

第3章　基础物理实验

3.1　力学实验

实验3　杨氏模量的测量

固体材料杨氏模量的测量是综合大学和工科院校物理实验中必做的实验之一。该实验可以学习和掌握基本长度和微小位移量测量的方法和手段，提高学生的实验技能。随着科学技术的发展，微小位移量的测量技术愈来愈先进，为了推动教学仪器和教学内容的现代化，研制并生产了杨氏模量实验仪。该仪器是在弯曲法测量固体材料杨氏模量的基础上，加装霍尔位置传感器而成的。通过霍尔位置传感器的输出电压与位移量线性关系的定标和微小位移量的测量，有利于联系科研和生产实际，使学生了解和掌握微小位移的非电量电测新方法。

本仪器对经典实验装置和方法进行了改进，不仅保留了原有实验的教学内容，还增加了霍尔位置传感器的结构、原理、特性及使用方法的了解，将先进科技成果应用到教学实验中，扩大了学生的知识面，所以本仪器也是经典实验教学现代化的一个范例。

弯曲法测金属杨氏模量实验仪的特点是待测金属薄板只须受较小的力 F，便可产生较大的形变 ΔZ，而且本仪器体积小、质量轻、测量结果准确度高。

【实验目的】

（1）熟悉霍尔位置传感器的特性。

（2）弯曲法测量黄铜的杨氏模量。

（3）测黄铜杨氏模量的同时，对霍尔位置传感器定标。

（4）用霍尔位置传感器测量可锻铸铁的杨氏模量。

【实验原理】

1. 霍尔位置传感器

霍尔元件置于磁感应强度为 B 的磁场中，在垂直于磁场方向通以电流 I，则与这二者相垂直的方向上将产生霍尔电势差 U_{H}：

$$U_{\mathrm{H}} = K \cdot I \cdot B \tag{3.1}$$

式中，K 为元件的霍尔灵敏度。如果保持霍尔元件的电流 I 不变，而使其在一个均匀梯度的

磁场中移动时，则输出的霍尔电势差变化量为

$$\Delta U_{\mathrm{H}} = K \cdot I \cdot \frac{\mathrm{d}B}{\mathrm{d}Z} \cdot \Delta Z \tag{3.2}$$

式中，ΔZ 为位移量，此式说明若 $\frac{\mathrm{d}B}{\mathrm{d}Z}$ 为常数时，ΔU_{H} 与 ΔZ 成正比。

为实现均匀梯度的磁场，可以如图 3.1 所示，两块相同的磁铁（磁铁截面面积及表面磁感应强度相同）相对放置，即 N 极与 N 极相对，两磁铁之间留一等间距间隙，霍尔元件平行于磁铁放在该间隙的中轴上。间隙大小要根据测量范围和测量灵敏度要求而定，间隙越小，磁场梯度就越大，灵敏度就越高。磁铁截面要远大于霍尔元件，以尽可能地减小边缘效应影响，提高测量精确度。

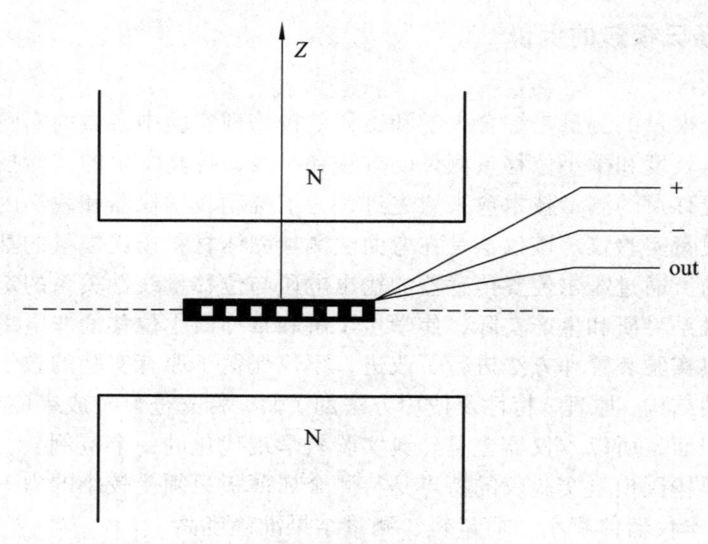

图 3.1　霍尔元件位置图

若磁铁间隙内中心截面处的磁感应强度为零，霍尔元件处于该处时，输出的霍尔电势差应该为零。当霍尔元件偏离中心沿 Z 轴发生位移时，由于磁感应强度不再为零，霍尔元件也就产生相应的电势差输出，其大小可以用数字电压表测量。由此可以将霍尔电势差为零时元件所处的位置作为位移参考零点。

霍尔电势差与位移量之间存在一一对应关系，当位移量较小（<2 mm），这一对应关系具有良好的线性。

2. 杨氏模量

杨氏模量测定仪主体装置如图 3.2 所示，在横梁弯曲的情况下，杨氏模量 Y 可以用下式表示：

$$Y = \frac{d^3 \cdot Mg}{4a^3 \cdot b \cdot \Delta Z} \tag{3.3}$$

其中，d 为两刀口之间的距离；M 为所加砝码的质量；a 为梁的厚度；b 为梁的宽度；ΔZ 为

梁中心由于外力作用而下降的距离；g 为重力加速度。

公式（3.3）的具体推导见附录。

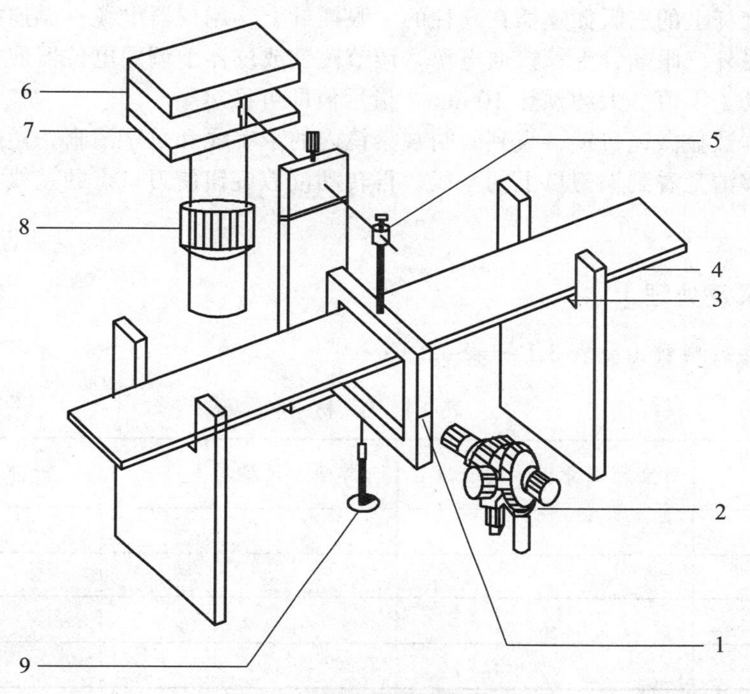

图 3.2 杨氏模量测定装置

1—铜刀口上的基线；2—读数显微镜；3—刀口；4—横梁；5—铜杠杆（顶端装有95A型集成霍尔位置传感器）；6—磁铁盒；7—磁铁（N极相对放置）；8—调节架；9—砝码

【实验仪器】

（1）霍尔位置传感器测杨氏模量装置一台（底座固定箱、读数显微镜、95型集成霍尔位置传感器、磁铁两块等）。

（2）霍尔位置传感器输出信号测量仪一台（包括直流数字电压表）。

【实验内容】

（1）取下包装箱，旋开固定在底座箱上的5 mm螺栓，向上移去露出主体部件。取出磁铁、读数显微镜，然后固定在各自的调节架上，样品（铜板和冷轧板）安放在台面板上。其余部件装在软装袋内，包括：10.0 g砝码9块、铜杠杆一套（包括集成霍尔传感器、铜刀口支点、圆柱体支点、三芯插座及引线）、砝码铜刀口一件（有基线）、砝码座一只、底座箱水平调节螺丝三个。

（2）将有调节水平的螺丝旋在底座箱上，然后将实验装置放在底座箱上，并且旋紧固定螺丝四颗，以免台面板变形。

（3）将横梁穿在砝码铜刀口内，安放在两立柱刀口的正中央位置。接着装上铜杠杆，将有传感器一端插入两立柱刀口中间，该杠杆中间的铜刀口放在刀座上。圆柱形拖尖应在砝码刀口的小圆洞内，传感器若不在磁铁中间，可以松弛固定螺丝使磁铁上下移动，或者用调节架上的套筒螺母旋动使磁铁上下微动，再固定之。注意杠杆上霍尔传感器的水平位置（圆柱体有固定螺丝）。

（4）将铜杠杆上的三眼插座插在立柱的三眼插针上，用仪器电缆一端连接测量仪器，另一端插在立柱另外三眼插针上；接通电源，调节磁铁或仪器上调零电位器使在初始负载的条件下仪器指示处于零值。大约预热 10 min，指示值即可稳定。

（5）调节读数显微镜目镜，直到眼睛观察镜内的十字线和数字清晰，然后移动读数显微镜使通过其能够清楚看到铜刀口上的基线，再转动读数旋钮使刀口点的基线与读数显微镜内十字刻线吻合。

【数据记录及处理】

（1）基本参数测量（见表 3.1 和表 3.2）。

表 3.1　铜材料

待测量 次数	用直尺测量横梁的长度 d	游标卡尺测其宽度 b	千分尺测其厚度 a
1			
2			
3			
平均值			

表 3.2　铁材料

待测量 次数	用直尺测量横梁的长度 d	游标卡尺测其宽度 b	千分尺测其厚度 a
1			
2			
3			
平均值			

（2）霍尔位置传感器的定标。

在进行测量之前，要求符合上述安装要求，并且检查杠杆的水平、刀口的垂直、挂砝码的刀口处于梁中间，要防止外加风的影响，杠杆安放在磁铁的中间，注意不要与金属外壳接触，一切正常后加砝码，使梁弯曲产生位移 ΔZ；精确测量传感器信号输出端的数值与固定砝码架的位置 Z 的关系，也就是用读数显微镜对传感器输出量进行定标，测量数据如表 3.3 所示。

表 3.3　霍尔位置传感器静态特性测量

M/g	0	10	20	30	40	50	60	70	80
Z/mm									
U/mV									

由上数据测量黄铜样品在 $M=50$ g 的作用下产生的位移量 ΔZ 。计算杨氏模量。

由上数据画出 Z 与霍尔传感器在磁场中电压曲线。可以看出，U 与 Z 呈很好的线性关系。计算霍尔位置传感器的灵敏度 K。

（3）可铸锻铁的杨氏模量。

在进行测量之前，要求符合上述安装要求，并且检查杠杆的水平、刀口的垂直、挂砝码的刀口处于梁中间，要防止外加风的影响，杠杆安放在磁铁的中间，注意不要与金属外壳接触，一切正常后加砝码，测量霍尔传感器电压测量数据如表 3.4 所示。

表 3.4　可铸锻铁的杨氏模量表

M/g	0	10	20	30	40	50	60	70	80
U/mV									

由上数据测量黄铜样品在 $M=50$ g 的作用下产生的位移量 ΔZ ；计算杨氏模量。

【注意事项】

（1）梁的厚度必须测准确。在用千分尺测量黄铜厚度 a 时，将千分尺旋转时，当将要与金属接触时，必须用微调轮。当听到“嗒嗒嗒”三声时，停止旋转。有个别学生实验误差较大，其原因是千分尺使用不当，将黄铜梁厚度测得偏小。

（2）读数显微镜的准丝对准铜挂件（有刀口）的标志刻度线时，注意要区别是黄铜梁的边沿，还是标志线。

（3）霍尔位置传感器定标前，应先将霍尔位置传感器调整到零输出位置，这时可调节电磁铁盒下的升降杆上的旋钮，达到零输出的目的，另外，应使霍尔位置传感器的探头处于两块磁铁的正中间稍偏下的位置，这样测量数据更可靠一些。

（4）加砝码时，应该轻拿轻放，尽量减小砝码架的晃动，这样可以使电压值在较短的时间内达到稳定值，节省了实验时间。

（5）实验开始前，必须检查横梁是否有弯曲，如有，应矫正。

附录：

固体、液体及气体在受外力作用时，形状与体积会发生或大或小的改变，这统称为形变。当外力不太大，因而引起的形变也不太大时，撤掉外力，形变就会消失，这种形变称之为弹性形变。弹性形变分为长变、切变和体变三种。

一段固体棒，在其两端沿轴方向施加大小相等、方向相反的外力 F，其长度 l 发生改变 Δl，以 S 表示横截面面积，称 $\frac{F}{S}$ 为应力，相对长变 $\frac{\Delta l}{l}$ 为应变。在弹性限度内，根据胡克定律有

$$\frac{F}{S}=Y\cdot\frac{\Delta l}{l}$$

Y 称为杨氏模量，其数值与材料性质有关。

以下具体推导公式：$Y=\dfrac{d^3\cdot Mg}{4a^3\cdot b\cdot \Delta Z}$。

在横梁发生微小弯曲时，梁中存在一个中性面，面上部分发生压缩，面下部分发生拉伸，所以整体来说，可以理解横梁发生长变，即可以用杨氏模量来描写材料的性质。

如图 3.3 所示，虚线表示弯曲梁的中性面，易知其既不拉伸也不压缩，取弯曲梁长为 dx 的一小段：

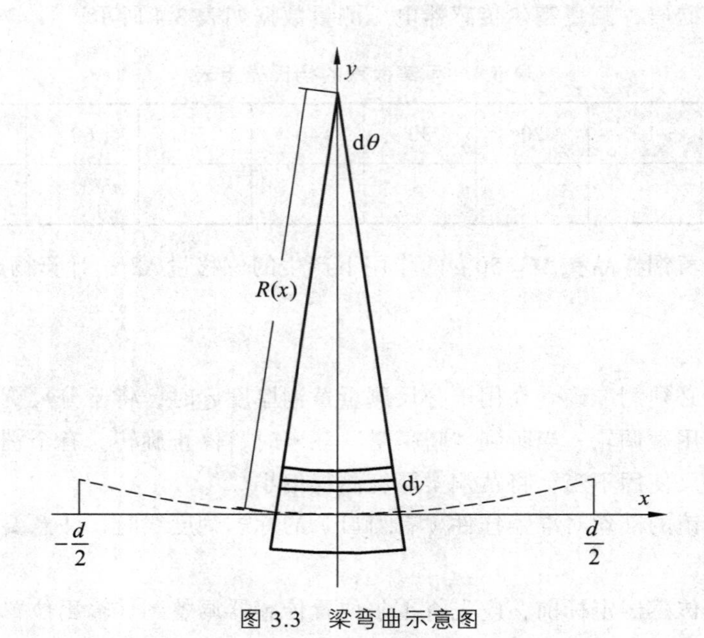

图 3.3　梁弯曲示意图

设其曲率半径为 $R(x)$，所对应的张角为 $\mathrm{d}\theta$，再取中性面上部距为 y 厚为 $\mathrm{d}y$ 的一层面为研究对象，那么，梁弯曲后其长变为 $[R(x)-y]\cdot\mathrm{d}\theta$，所以，变化量为

$$[R(x)-y]\cdot\mathrm{d}\theta-\mathrm{d}x$$

又 $\mathrm{d}\theta=\dfrac{\mathrm{d}x}{R(x)}$，所以

$$[R(x)-y]\cdot\mathrm{d}\theta-\mathrm{d}x=[R(x)-y]\frac{\mathrm{d}x}{R(x)}-\mathrm{d}x=-\frac{y}{R(x)}\mathrm{d}x$$

则应变为

$$\varepsilon=-\frac{y}{R(x)}$$

根据胡克定律有

$$\frac{\mathrm{d}F}{\mathrm{d}S}=-Y\frac{y}{R(x)}$$

又 $dS = b \cdot dy$，所以

$$dF(x) = -\frac{Y \cdot b \cdot y}{R(x)} dy$$

对中性面的转矩为

$$d\mu(x) = |dF| \cdot y = \frac{Y \cdot b}{R(x)} y^2 \cdot dy$$

积分得

$$\mu(x) = \int_{-\frac{a}{2}}^{\frac{a}{2}} \frac{Y \cdot b}{R(x)} y^2 \cdot dy = \frac{Y \cdot b \cdot a^3}{12 \cdot R(x)} \tag{3.4}$$

对梁上各点，有

$$\frac{1}{R(x)} = \frac{y''(x)}{[1 + y'(x)^2]^{\frac{3}{2}}}$$

因梁的弯曲微小

$$y'(x) = 0$$

所以有

$$R(x) = \frac{1}{y''(x)} \tag{3.5}$$

梁平衡时，梁在 x 处的转矩应与梁右端支撑力 $\frac{Mg}{2}$ 对 x 处的力矩平衡，所以

$$\mu(x) = \frac{Mg}{2}\left(\frac{d}{2} - x\right) \tag{3.6}$$

根据（3.4）～（3.6）式可以得到

$$y''(x) = \frac{6Mg}{Y \cdot b \cdot a^3}\left(\frac{d}{2} - x\right)$$

据所讨论问题的性质有边界条件：$y(0) = 0$；$y'(0) = 0$

解上面的微分方程得到

$$y(x) = \frac{3Mg}{Y \cdot b \cdot a^3}\left(\frac{d}{2}x^2 - \frac{1}{3}x^3\right)$$

将 $x = \frac{d}{2}$ 代入上式，得右端点的 y 值

$$y = \frac{Mg \cdot d^3}{4Y \cdot b \cdot a^3}$$

又 $y=\Delta Z$

所以，杨氏模量为

$$Y=\frac{d^3\cdot Mg}{4a^3\cdot b\cdot \Delta Z}$$

上面式子的推导过程中用到微积分及微分方程的部分知识，作者之所以将这段推导写进去，是希望学生在实验之前对物理概念有一个明晰的认识。

实验 4　声速测量

声波作为一种机械波，由于其振动方向与波传播方向相同，所以在弹性媒质中传播的声波是纵波。频率在 20 Hz ~ 20 kHz 的声波能引起人们的听觉，称为“可听声波”；频率超过 20 kHz 称为“超声波”；频率低于 20 Hz 称为“次声波”。对声波特性之一声速的测量，在声波应用方面具有很重要的意义。

本实验应用电学测量方法进行力学量的测量。因超声波具有波长短、易于定向发射等优点，所以实验中采用压电晶体换能器在超声波段对声速进行测量。

【实验目的】

（1）掌握利用驻波共振干涉法及相位比较法测量空气中声速的原理与方法。

（2）了解换能器的作用，学习一种力学量的电学测量方法。

（3）熟悉信号发生器和示波器的调整与使用。

【实验原理】

声速的测量方法可分为两类。第一类是根据关系式 $v=L/t$，测出传播距离 L 和时间间隔 t，即可计算出声速 v；第二类是利用关系式 $v=f\cdot\lambda$，测出频率 f 和波长 λ，就可算出声速 v。本实验采用的驻波共振干涉法和相位比较法均属于第二类方法。

研究声波在媒质中各点的强弱，常用声压这个物理量进行描述。媒质中某处有声波传播时的压力与无声波时的静压力之间的差值称为声压。因声波在媒质中传播时，媒质各点因振动而作周期性变化，所以声压也作周期性变化。可以证明媒质中某点的声波位移与该处的声压相位相差 $\pi/2$，即位移最大时，声压为最小；而位移最小时，声压为最大。

1. 驻波共振干涉法

由波的干涉理论，两列反向传播的同频率的波干涉将形成驻波，驻波中振幅最大的点称为波腹，振幅最小的点称为波节，任何两个相邻的波腹（或两个相邻的波节）之间的距离都等于半个波长（即 $\lambda/2$）。

实验装置如图 3.4 所示，图中 S_1 和 S_2 为压电晶体换能器，S_1 是超声波发射器，S_2 为接收器，两者之间距离为 L，发射面与接收面相互平行。S_1 受低频信号发生器输出的电信号激励后，因逆压电效应产生同频率的受迫振动，使周围空气分子振动，即发出定向平面声波。声波传播至 S_2 的接收面上时，将被 S_2 面垂直反射，产生向 S_1 方向传播的波。根据波的干涉理论可知，这两列波将发生干涉，形成驻波。

经理论推导可知，接收器 S_2 表面永远为振动位移的波节、声压的波腹；而在发射源 S_1 表面，位移及声压的关系比较复杂，与两个表面的间距有关，随着两表面间距距离 L 的变化而改变。我们可以把声波发射器 S_1 与声波接收器（发射面）S_2 间的空气看成是一个振动系统。调节 S_1 与 S_2 间的距离 x，当此距离间的空气与声源发生共振时，即此空气中产生幅度最大的驻波称为驻波共振。此时在接收面 S_2 上接收到的声压是最大值，经接收器换能器压电效应产生的电信号也是最大值。若改变接收器 S_2 的位置，将得到多次驻波共振，而相邻两次达到驻波共振时，接收器 S_2 的位置移动距离为 $\lambda/2$。若在移动过程中保持频率 f 不变，即可根据公式 $v = f \cdot \lambda$ 计算出声速。因声速与传播媒质和温度有关，所以上述测量结果为声波在实验温度下空气中传播的速度。

总结：任何同频率的波反向传播将形成驻波共振，任何两相邻波腹（或两相邻波节）之间的距离都等于 $\lambda/2$。即相邻两次达到驻波共振时，收发器之间的距离为 $\lambda/2$。

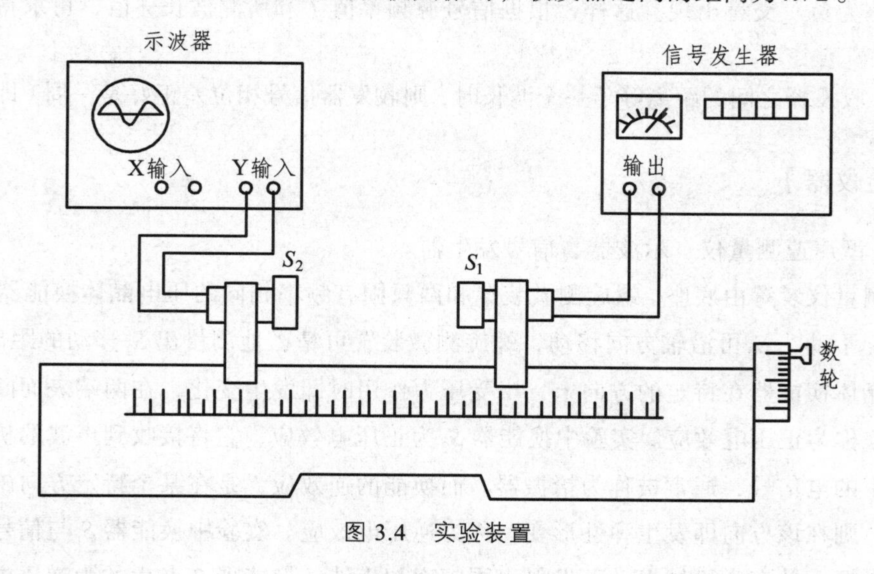

图 3.4　实验装置

2. 相位比较法

设声波频率为 f，传播距离为 L，波长为 λ，则波源与接收器两点之间的相位差 ψ 为

$$\psi = \frac{2\pi}{\lambda} L \tag{3.7}$$

因此，可以通过测量相位差 ψ 来求得声波的波长 λ，再根据公式 $v = f \cdot \lambda$ 求出声速 v 的值。

ψ 的测定可用相互垂直振动合成的李萨如图形来进行。将输入发射源 S_1 的信号接入示波器的 X（CH1）轴，接收器 S_2 接收到的信号接入示波器 Y（CH2）轴。根据互相垂直的两谐振动合成的理论可以知道，图 3.5 是相位差 ψ 分别为 0 、π/4 、π/2 、3π/4 、π 时对应的李萨如图形。

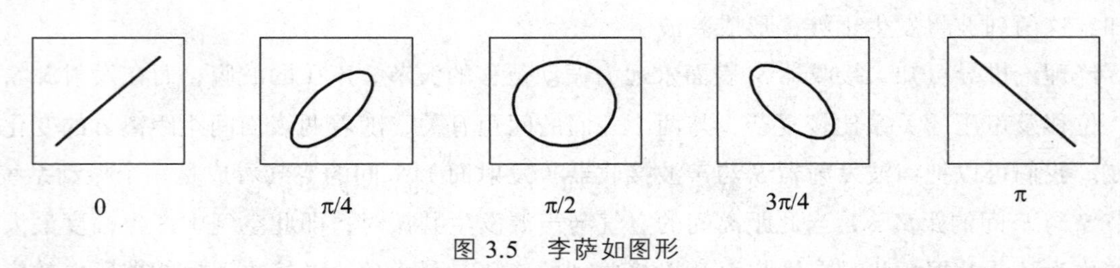

图 3.5　李萨如图形

根据公式（3.7），当 $L=n\dfrac{\lambda}{2}$（ $n=1, 2, 3\cdots$ ）时

$$\psi = n\pi$$

由此可知，距离 L 每改变半个波长，相位差 ψ 改变 π。即位相差 ψ 分别为 0、π、2π、3π、⋯时，对应距离 L 改变 0、$\dfrac{\lambda}{2}$、λ、$\dfrac{3}{2}\lambda$、⋯。相应的李萨如图形为斜直线“/”（斜率为正）与“ \ ”（斜率为负）交替出现。这样，根据信号源频率值 f 和所测波长 λ 值，可求得声速的实验值 v。

总结：收发器之间的距离等于一个波长时，则收发器信号相位差正好是一周（即 $\psi=2\pi$ ）。

【实验仪器】

SV3/4 型声速测量仪、示波器、信号发生器。

声速测量仪装置由底座、螺旋测微装置和两只固有频率相同的压电晶体换能器 S_1 和 S_2 组成。S_1 固定不动，S_2 可沿轴方向移动，螺旋测微装置可精密地测量出 S_2 移动的距离。

压电晶体换能器在特定的方向上，当受压力作用时即发生变化，在两端表面间出现电势差，该现象称为正压电效应。实验中换能器 S_2 为正压电效应，它将接收到声波的机械振动转变为同频率的电信号，通常被称为拾振器。而换能的逆效应，是在某个特定方向施以一定极性的电压，则在该方向即发生弹性形变，称为逆压电效应。实验中换能器 S_1 与信号源输出端相接，将电振动转变为机械振动而发射出同频率超声波。换能器 S_1 产生的为逆压电效应，通常称为激振器。

压电晶体换能器的一个非常重要的特性就是本身具有特别敏锐的固有共振频率，在此频率下压电现象特别显著，用作激振器或拾振器时效率也最高。为了充分发挥其作用，通常是使换能器在其固有共振频率下工作。

本实验另配有电子示波器和信号发生器。

【实验内容】

1. 调整仪器工作状态

根据图 3.4 连接实验装置，调节示波器扫描范围为 10 ~ 50 μs，使 S_1 和 S_2 之间距离小于 4 mm。信号发生器频程选择 10 ~ 100 kHz，适当调节其输出电压幅度、示波器 Y 增益（CH_2）、X 增益（TIME/DIV）大小及扫描微调，使屏上出现较稳定、大小适中的图像。然后，再仔细调节信号发生器输出频率（约 40 kHz），使示波器上的电压信号达到若干个极大值中的最大值，此时发射换能器 S_1 与接收换能器 S_2 处于共振状态。记录下此时信号发生器显示频率值，此频率就是换能器发射超声波的频率 f。

2. 驻波共振干涉法测声速

转动鼓轮，逐渐加大两换能器之间的距离，同时观测示波器，当出现一次最大值时，即记录一次螺旋测微指示数 X_n。连续记录 5 次最大值并填入表 3.5 中。为准确测量，转动鼓轮时应尽量缓慢。

3. 相位比较法测声速

保持电信号频率不变，将示波器“X-Y”按钮按下，此时示波器将显示李萨如图形。使换能器 S_2 从接近 0 位置开始移动，屏上相继出现“/”“\”……图形，记下连续 5 次出现此图形时 S_2 的位置 X_n 及电信号频率 f，填入表 3.6 中。

【数据记录及处理】

1. 用驻波共振干涉法测声速

由表 3.5 用逐差法处理数据，求出波长 $\bar{\lambda}$，计算频率的平均值 $\bar{f}$；用公式 $v = f \cdot \lambda$，求出声速 v。

表 3.5　驻波共振法测声速　　　　室温 $t =$　　°C

次数 n	f /kHz	X_n /mm	$(X_{n+1} - X_n)$ /mm	$\bar{\lambda}$ /mm
1				
2				
3				
4				
5				
平均				

2. 用位相比较法测声速

由表 3.6 用逐差法处理数据，求出声速 v。

表 3.6　相位比较法测声速　　　　室温 t =　　°C

次数 n	f /kHz	X_n /mm	$(X_{n+1}-X_n)$ /mm	$\overline{\lambda}$ /mm
1				
2				
3				
4				
5				
平均				

3. 计算与标准声速的百分误差

根据公式

$$v_{理} = v_0\sqrt{1+\frac{t}{T_0+t}}$$

式中，t 为室温，$v_0 = 331.45$ m/s，是 $t = 0$ °C 时的声速，$T_0 = 273.15$ °C，计算 $v_{理}$ 值，并与前面两种方法测出的声速比较，分别用百分误差表示。

$$百分误差 = \frac{|v_{理} - v|}{v_{理}} \times 100\% =$$

【注意事项】

（1）各仪器在使用前应了解其操作规程。

（2）在实验中，要随时监视共振频率是否发生变化，若变化稍大时应及时调整仪器保持共振状态，并记录频率值，计算声速时取频率各次平均值。

（3）因为随着声波传播距离的增加，振幅将减小，为了很好地进行观测，应随时调节信号发生器输出幅度、示波器 Y 增益（CH2）或 X（CH1）增益，使屏上图形适中。

【思考题】

（1）本实验用什么方法测量声速？理论依据是什么？具体测量哪些物理量？

（2）为什么要在换能器固有共振频率下进行声速测量？

（3）如何调整到换能器固有共振状态？判断依据是什么？

实验 5　单摆实验

应用单摆的等时性来测量重力加速度简单方便，因为单摆的振动周期取决于振动系统本身的性质，即取决于重力加速度 g 和摆长 L，只需要量出摆长，并测定摆动的平均周期，就可算出 g 值，地球上各个地区重力加速度 g 的数值，是随该地区的地理纬度和相对于海平面的高度的不同而稍有差异（最大的，也就是两极的 g 值与最小的赤道附近的 g 值相差仅约 1/300）。

【实验目的】

（1）验证单摆振动周期的平方与摆长成正比。

（2）用单摆装置测量，用图解法处理数据，求出本地区重力加速度 g 的值。

【实验原理】

单摆是由轻质细线与悬在线下端体积很小的重球构成，在摆长远大于球的直径，摆球质量远大于线的质量的条件下，将悬挂的摆球自平衡位置拉至一边（很小距离，摆角小于 5°），然后释放，摆球即在平衡位置左右往返作周期性摆动，如图 3.6 所示，摆球所受回复力是重力 P 的切向分力，指向切线方向，当摆角很小时（$\theta < 5°$），圆弧可近似地看成直线。设摆长的 L，小球位移为 S，质量为 m，则 $\sin\theta \approx S/L$

$$F_{\mathrm{T}} = P\sin\theta = -mg\frac{S}{L} \tag{3.8}$$

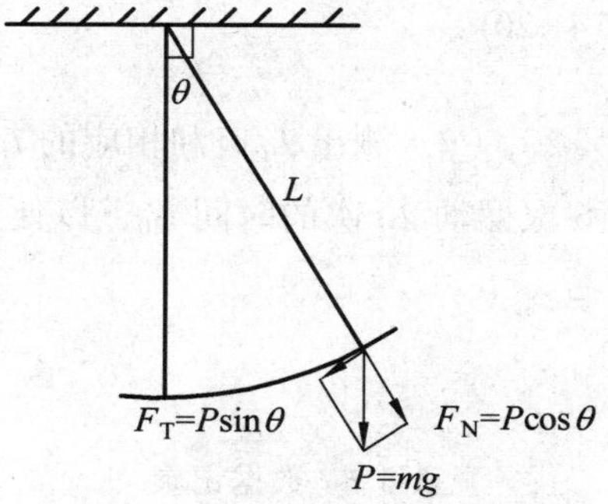

θ

L

$F_{\mathrm{T}}=P\sin\theta$　$F_{\mathrm{N}}=P\cos\theta$

$P=mg$

图 3.6　单摆

由 $F_{\mathrm{T}} = ma$ 可知 $a = -g\dfrac{S}{L}$。

单摆在摆角很小时的运动，近似地认为是简谐振动，式中负号表示 F_{T} 与位移 S 方向相反。比较简谐振动公式 $a = \dfrac{F_{\mathrm{T}}}{m} = -\omega^2 S$，可得 $\omega = \sqrt{\dfrac{g}{L}}$。

于是单摆运动的周期为

$$T = \frac{2\pi}{\omega} = 2\pi\sqrt{\frac{L}{g}} \tag{3.9}$$

或 $$g = 4\pi^2 \frac{L}{T^2} \tag{3.10}$$

一般做单摆实验时，采用某一个固定摆长 L。精密地多次测量周期 T 代入式（3.10），即可求得当地的重力加速度 g。若测出不同摆长 L_i 下的周期 T_i，作 T_i^2 - L_i 关系曲线，所得结果为一直线，这就证明了单摆的振动为简谐振动，它的周期随摆长的变化满足关系式（3.9），由直线斜率可求出当地的重力加速度 g，从理论上讲，式（3.9）所表示的直线应通过坐标原点，实际所得直线若不通过原点，说明它有系统误差存在。

【实验仪器】

组合摆实验装置、钢皮卷尺、毫秒计。

【实验内容】

（1）仪器的调整。

熟悉单摆装置的结构和性能后，按规定要求调整好仪器，调节底角使小球在光电门中间。测量摆线悬点与摆球球心之间的距离 L：

$L = l_1 + \frac{1}{2} l_2$（此处 l_1 为摆线长度，l_2 为圆球直径）

（2）摆动周期 T 的测量。

用积累放大法测出摆长在 L 时，摆动 20 次所需的时间 t_{20}，重复测 4 次，求出

$$\overline{T} = (\sum_1^4 t_{20})/(4 \times 20)$$

（3）改变摆长 L_i，按步骤（2），（3）测出 L_i 值和相应的 $\overline{T_i}$ 值，共 5～8 组，在这 5～8 组测量过程中，任取一个 L_i，测 6 次摆动 20 次的时间 t_{20}，以便计算周期测量中的误差。

【数据记录及处理】

数据记录见表 3.7。

表 3.7　数据记录

次数	L_1 /cm	L_2 /cm	摆长 L_i/cm	20 个周期的时间 t_{20}/s	$\overline{T}_i / S$	$\overline{T}_i^2 / S^2$
1						
2						
3						
4						
5						
6						

单摆装置型号____________；毫秒计型号____________；仪器标准差 $\sigma_{仪}$ = ____________。

（1）算出各 L_i 和对应的 $\overline{T}_i^2$ 对测量 6 次 t_{20} 的 $\overline{T}_i$ 进行误差处理。

（2）以 L_i 为横坐标，$\overline{T}_i^2$ 为纵坐标，人工作出 $\overline{T}_i^2$ - L_i 关系线，验证谐振动周期与摆长关系，并求出斜率 k 和截距 S_0。

（3）由斜率 k 计算出当地重力加速度 g；与公认值比较，算出百分误差。

（4）在计算机上面，用最小二乘法拟合作图求解，将所测的各组 L_i 与 T_i 数值输入计算机，由计算机打印出 $\overline{T}_i^2$ - L_i 直线、重力加速度值 g 和截距 S_0，以及实验值与公认值比较求出百分误差。

（5）对人工与计算机作图所得结果进行比较，分析讨论，对存在截距 S_0 的原因进行分析讨论。

【注意事项】

（1）摆角 $\theta < 5°$。

（2）单摆必须在垂直面内摆动，防止形成锥摆。

实验 6　三线摆测物体的转动惯量

转动惯量是物体转动时惯性大小的量度。它与物体的质量、质量分布、几何形状和转轴的位置有关。 对于形状复杂或不规则的物体，很难用数学的方法计算出它的转动惯量，必须用实验方法来测定。本实验介绍测定物体转动惯量的一种方法。

【实验目的】

（1）学会用三线摆测物体的转动惯量。

（2）验证转动惯量的平行轴定理。

【实验原理】

1. 测悬盘绕中心轴转动时的转动惯量 J_0

当轻轻转动水平放置的半径为 r_0 的上圆盘时，由于对称放置的三根悬线的张力作用，下悬盘即以上下盘的中心连线 OO' 为轴（中心轴）作周期性的扭转。三根悬线的长均为 L，与悬盘的三个接点成等边三角形（见图 3.7），这个三角形的外接圆与盘有共同的圆心，外接圆半径为 R，R 小于悬盘的几何半径 R_0。若悬线接点之间的距离为 a，由几何关系知 $R=\dfrac{\sqrt{3}}{3}a$。

如图 3.8 所示，设悬线在 BA 位置时为平衡位置。由于悬盘发生了最大角位移 θ_0，悬线移到了 BA_1 位置，如图中虚线所示，这时悬盘的重心升高 h，取平衡位置的势能为零，而悬盘发生最大角位移 θ_0 时动能为零，如果忽略摩擦阻力和圆盘质心上下运动的平动动能，由机械能守恒定律

$$m_0gh=\frac{1}{2}J_0\omega_0^2 \tag{3.10}$$

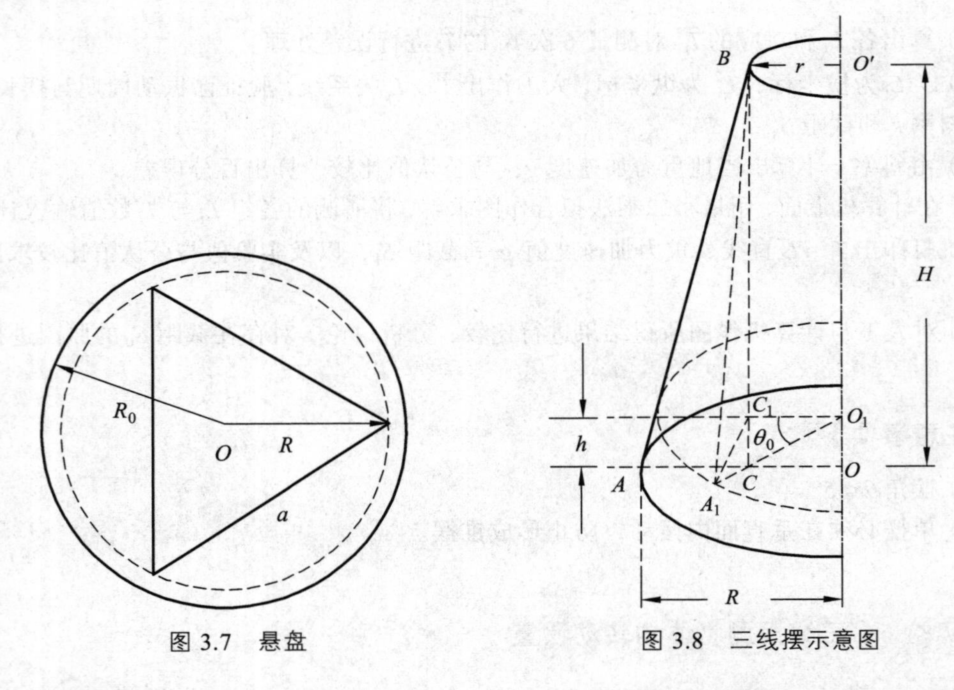

图 3.7　悬盘　　　　图 3.8　三线摆示意图

式中，m_0为悬盘的质量；g为重力加速度；J_0和ω_0分别是悬盘的转动惯量和通过平衡位置时的角速度。若θ_0很小，可以证明悬盘将作简谐振动。根据简谐振动的规律，悬盘在任一时刻t，相对于平衡位置的角位移

$$\theta=\theta_0\cos\left(\frac{2\pi\theta_0}{T_0}t+\phi\right)$$

T_0是悬盘的振动周期，φ为初相位，振动的角速度

$$\omega=\frac{\mathrm{d}\theta}{\mathrm{d}t}=-\frac{2\pi}{T_0}\sin\left(\frac{2\pi}{T_0}t+\phi\right)$$

悬盘通过平衡位置时，角速度的最大值为

$$\omega_0=\frac{2\pi}{T_0}\theta_0 \tag{3.11}$$

将（3.11）式代入（3.10）式中得

$$m_0gh=\frac{1}{2}J_0\left(\frac{2\pi}{T_0}\theta_0\right)^2$$

整理后得

$$J_0=\frac{m_0gT_0^2}{2\pi^2\theta_0^2}h \tag{3.12}$$

由图 3.8 的几何关系得

$$h = O_1O = BC - BC_1 = \frac{(BC)^2 - (BC_1)^2}{BC + BC_1}$$

因为 $(BC)^2 = (AB)^2 - (AC)^2 = l^2 - (R - r)^2$

$$(BC_1)^2 = (A_1B)^2 - (A_1C_1)^2 = l^2 - (R^2 + r^2 - 2Rr\cos\theta_0)$$

得

$$h = \frac{2Rr(1 - \cos\theta_0)}{BC + BC_1} = \frac{4Rr\sin^2\dfrac{\theta_0}{2}}{BC + BC_1}$$

在偏转角很小时，有

$$\sin\frac{\theta_0}{2} \approx \frac{\theta_0}{2}$$

设 $OO' = H$，$BC \approx BC_1 \approx H$，所以

$$h = \frac{Rr\theta_0^2}{2H}$$

将此式代入（3.12）式得

$$J_0 = \frac{m_0 gRr}{4\pi^2 H}T_0^2 \tag{3.13}$$

2. 测圆环绕中心轴转动的转动惯量 J_1

把质量为 m_1 的圆环放在悬盘上，使两者圆心重合，组成一个系统。测得它们绕 OO' 轴扭动的周期为 T_1，根据与（3.13）式相同的推导过程得这个系统的转动惯量

$$J = \frac{(m_0 + m_1)gRr}{4\pi^2 H}T_1^2 \tag{3.14}$$

圆环绕 OO' 轴的转动惯量

$$J_1 = J - J_0 \tag{3.15}$$

3. 验证平行轴定理

设某刚体的质心通过轴线 OO'，刚体绕这个轴线的转动惯量为 J_c，如果将此刚体与其质心在转动平面内平移距离 d，以后刚体对 OO' 轴的转动惯量

$$J_c' = J_c + Md^2 \tag{3.16}$$

式中，M 为刚体的质量，d 为相对刚体来讲平移前后两平行的转轴之间的距离，这个关系称为转动惯量的平行轴定理。

取下圆环，将两个质量都为 m_2 的形状完全相同的圆柱体对称地放置在悬盘上，圆柱体中

心离 OO' 轴线的距离为 x。测出两柱体与悬盘这个系统绕 OO' 轴扭动周期 T_2，则两柱体此时的转动惯量为

$$2J_2 = \frac{(m_0+2m_2)gRr}{4\pi^2 H}T_2^2 - J_0 \tag{3.17}$$

将（3.17）式所得的结果与（3.16）式计算出的理论值比较，就可验证平行轴定理。

【实验内容】

1. 测悬盘对中心轴的转动惯量 J_0

（1）调节底座螺钉使上支架和上圆盘水平，再将水准仪放在悬盘中心，调整悬线轴和悬线固定螺钉，使 3 根悬线长度都为 l 且比悬盘半径大很多，这时悬盘面应水平。待悬盘静止时，轻轻扭动上圆盘，在最大转角不超过 5°的条件下，使悬盘扭动。悬盘扭动时，其质心只能上下移动，如果质心有左右摆动就必须重新启动扭摆。

（2）用周期测定仪或计时计数毫秒仪测出 10 次全振动所需的时间，重复 3 次，计算出 $\overline{T_0}$。

（3）用游标卡尺测出上圆盘的直径 $2r$，用米尺测出悬盘上悬线接点之间的距离 a 和上下盘之间的距离 H。悬盘质量 m_0 由实验室给出，g 取理论值，由（3.13）式计算悬盘转动惯量的实验值 J_0。

（4）用米尺测量悬盘的几何直径 $2R_0$，根据 $J_0' = \frac{1}{2}m_0 R_0^2$ 计算悬盘转动惯量的理论值，以理论值 J_0' 为真值，估算实验的误差和相对误差。

2. 测定圆环对中心轴的转动惯量 J_1

（1）由实验室给出圆环的质量 m_1，用米尺测出圆环的内外几何直径 $2R_i$ 和 $2R_e$，将圆环放到悬盘上，并使二者的圆心重合。

（2）用周期测定仪或计时计数毫秒仪测出悬盘和圆环这个系统 20 次全振动所需的时间，重复 3 次，计算出 $\overline{T_1}$。

（3）由（3.14）式和（3.15）式计算圆环转动惯量的实验值 J_1，根据 $J_1' = \frac{m_1}{2}(R_i^2 + R_e^2)$ 计算圆环转动惯量的理论值，以理论值 J_1' 为真值，估算误差和相对误差。

3. 验证平行轴定理

（1）将两个圆柱体（三线摆的附件）对称地放在悬盘上，两圆柱体中心的连线经过悬盘的圆心。用游标卡尺测出两圆柱体中心距离 $2x$。这两个圆柱体是完全相同的，均匀分布的质量都为 m_2（由实验室给出），直径都为 $2R_x$（用游标卡尺测出）。

（2）用周期测定仪或计时计数毫秒仪测出悬盘和两个圆柱体这个系统 20 次全振动所需的时间，重复 3 次，计算出 $\overline{T_1}$。

（3）由（3.17）式计算每个圆柱体此时转动惯量的实验值 J_2。

由平行轴定理（3.16）式计算此时圆柱体的理论值：

$$J_2' = m_2 x^2 + \frac{1}{2} m_2 R_x^2 \tag{3.18}$$

以理论值 J_2' 为真值，估算测量的误差和相对误差。

【数据表格】(见表 3.8 和表 3.9)

表 3.8　用周期测定仪或计时计数毫秒仪测得的数据　　单位：s

	悬盘		悬盘与圆环		悬盘与两圆柱体	
全振动 20 次所需时间	1		1		1	
	2		2		2	
	3		3		3	
	平均		平均		平均	
周期	$\overline{T_0}$		$\overline{T_1}$		$\overline{T_2}$	

表 3.9　用游标卡尺和米尺测得的数据　　单位：cm

项目 / 次数	上圆盘直径 $2r$	悬线接线点间距离 a	圆环（米尺）		圆柱体直径 $2R_x$	两圆柱体之间的距离 $2x$
			外直径 $2R_i$	内直径 $2R_e$		
1						
2						
3						
平均	$\bar{r}=$	$\bar{a}=$	$\overline{R_i}=$	$\overline{R_e}=$	$\overline{R_x}=$	$\bar{x}=$

上下两圆盘垂直距离 $H=$ ____________m；

悬盘 $m_0=$ ____________kg；

悬盘 $R_0=$ ____________m；

圆环 $m_1=$ ____________kg；

圆柱体质量 $m_2=$ ____________kg。

【思考题】

（1）如何利用三线摆测定任意形状的物体绕特定轴转动时的转动惯量？

（2）如果悬盘不在水平面内，三线摆启动后会发生什么现象？对周期的测量有何影响？

（3）加上待测物体后三线摆的扭动周期是否一定比空盘的扭动周期大？为什么？

实验 7　扭摆法测物体的转动惯量

转动惯量是刚体转动时惯性的量度，其量值取决于物体的形状、质量分布及转轴的位置。刚体的转动惯量有着重要的物理意义，在科学实验、工程技术、航天、电力、机械、仪表等工业领域也是一个重要参量。电磁系仪表的指示系统，因线圈的转动惯量不同，可分别用于测量微小电流（检流计）或电量（冲击电流计）。在发动机叶片、飞轮、陀螺以及人造卫星的外形设计上，精确地测定转动惯量，都是十分必要的。

对于几何形状简单、质量分布均匀的刚体可以直接用公式计算出它相对于某一确定转轴的转动惯量。而对于外形复杂和质量分布不均匀的物体只能通过实验的方法来精确地测定物体的转动惯量，因而实验方法就显得更为重要。

【实验目的】

（1）用扭摆测定形状不同的物体的转动惯量，并求扭摆的扭转常数。

（2）比较理论值和测量值，求相对误差。

【实验原理】

转动惯量的测量，一般都是使刚体以一定形式运动，通过表征这种运动特征的物理量与转动惯量的关系，进行转换测量。本实验使物体作扭转摆动，由摆动周期与其他参数的测量计算出物体的转动惯量。

转动惯量测定仪的构造如图 3.9 所示，在其垂直轴 1 上装有一根薄片状的螺旋弹簧 2，用以产生恢复力矩。在垂直轴的上方可以装各种待测物体。垂直轴与支架间装有轴承 4，使摩擦力矩尽可能降低，支架由底角螺丝 3 调节平台水平。当物体在水平面内转过一角度 φ 后，在弹簧的恢复力矩作用下，物体就开始绕垂直轴做往返扭转运动。根据胡克定律，弹簧受扭转而产生的恢复力矩 M 与所转过的角度成正比，即

$$M=-k\varphi \tag{3.19}$$

式中，k 为弹簧的扭转常数，根据转动定律

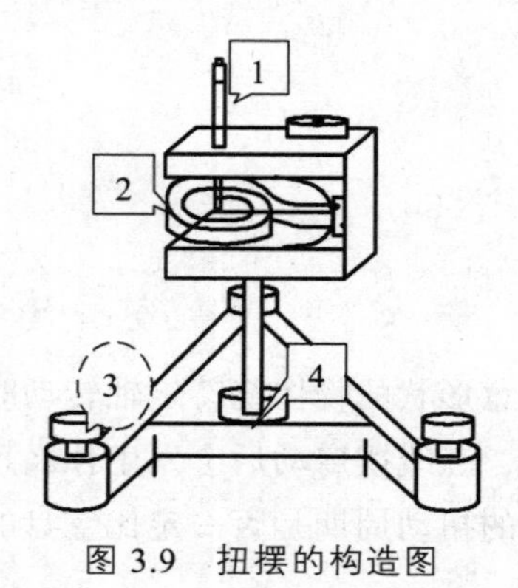

图 3.9　扭摆的构造图

$$M = I\beta \tag{3.20}$$

式中，I 为物体绕定轴转动时的转动惯量，β为角加速度。式（3.19）与式（3.20）联立得

$$-k\varphi = I\beta\left(\beta = \frac{\mathrm{d}^2\varphi}{\mathrm{d}t^2}\right)$$

现令 $\omega^2 = k/I$，忽略轴承的摩擦力矩，可得

$$\frac{\mathrm{d}^2\varphi}{\mathrm{d}t^2} + \omega^2\varphi = 0$$

上式属于谐振动运动方程，即扭摆具有角谐振动的特性。上式微分方程的解为 $\varphi = A\cos(\omega l + \varphi_0)$。式中 ω 与谐振动周期 T 的关系为 $\omega = 2\pi/T$，即

$$T = \frac{2\pi}{\omega} = 2\pi\sqrt{\frac{I}{k}} \tag{3.21}$$

只要测出扭摆的摆动周期，知道 k，则可计算出转动物体的转动惯量惯量 I。为求 k，我们在金属载物盘上加一个塑料圆柱体，测出总的摆动周期 T_1，令金属载物盘的周期为 T_0，则

$$T_0 = 2\pi\sqrt{\frac{I_0}{k}}\text{；}\quad T_1 = 2\pi\sqrt{\frac{I_0 + I_1}{k}}$$

将上两式联立可得

$$k = 4\pi^2\frac{I_1}{T_1^2 - T_0^2}$$

式中，I_1 为塑料圆柱体的转动惯量，其理论值为 $I_1 = \frac{1}{8}mD^2$（m 为塑料圆柱体质量，D 为其直径）。则测出 T_0，T_1 即可求出弹簧的扭转系数 k。

【实验仪器】

转动惯量测定仪、塑料圆柱、金属空心圆筒、实心球体、数字式计时仪。

【实验内容】

（1）熟悉扭摆的构造，使用方法，调整扭摆基座底角螺丝，使水平仪的气泡位于中心，练习数字式仪表的使用方法。

（2）装上金属载物盘，并调整光电探头的位置使载物盘上的挡光杆处于其缺口中央且能遮住发射、接收红外线的小孔，测其摆动周期 T_0（计时仪器设置为 10 个周期）载物盘的摆动周期测 3 次，摆动角度约取 $\pm 45°$。

（3）将塑料圆柱体垂直地放在载物盘上，测出其摆动周期 T_1。

（4）用金属圆筒代替塑料圆柱体，测其摆动周期 T_2。

（5）取下金属载物盘，装上球体，测其摆动周期 T_3。

（6）先求出弹簧的扭转常数 k，然后用公式（3.12）求各种情况下的转动惯量及相对误差。

【数据记录表】(见表 3.10)

表 3.10 数据记录

物体名称	质量/kg	几何尺寸/10^{-2} m		周期/s		转动惯量理论值/(10^{-4} kg/m^2)	转动惯量实验值/(10^{-4} kg/m^2)	百分误差
金属载物盘	—	—		$10T_0$		—	$I_0=\frac{I_1'T_0^2}{T_1^2-T_0^2}$	—
				T_0				
塑料圆柱体		D		$10T_1$		$I_1'=\frac{1}{8}m\bar{D}^2$	$I_1=\frac{kT_1^2}{4\pi^2}-I_0$	
		$\bar{D}$		T_1				
金属圆筒		$D_{外}$		$10T_2$		$I_2'=\frac{1}{8}m(\bar{D}_{外}^2-\bar{D}_{内}^2)$	$I_2=\frac{kT_2^2}{4\pi^2}-I_0$	
		$\bar{D}_{外}$						
		$D_{内}$						
		$\bar{D}_{内}$		T_2				
塑料圆球		D		$10T_3$		$I_3'=\frac{1}{10}m\bar{D}^2$	$I_3=\frac{kT_3^2}{4\pi^2}$	
		$\bar{D}$		T_3				

【注意事项】

(1)弹簧的扭转系数 k 值不是固定常数,他与摆动角度略有关系,因此在测量过程中摆角要近似相同。

（2）光电探头宜放置在挡光杆平衡位置处，挡光杆不能和光电探头接触，以免增大摩擦力矩。

（3）机座应保持水平状态。

（4）在安装待测物体时，其支架必须全部套入扭摆主轴，并将止动螺丝旋紧，否则扭摆不能正常工作。

（5）为提高测量精度，应先让扭摆自由摆动，然后按“执行”键进行计时。

【思考题】

（1）上述实验中，至少有 3 处引入了在理论计算时并未计入的物体转动惯量，使实际的转动惯量与理论值产生误差，哪几处产生了此种误差？

（2）在用扭摆测定物体转动惯量实验中，弹簧扭转系数越大，摆动周期是否越大？

（3）实验中测量物体摆动周期时，摆角为何要取确定值，你认为摆角取多少合适？

实验 8　牛顿第二运动定律的验证

【实验目的】

（1）熟习气垫导轨的结构和调整使用方法。

（2）学会电脑通用计数器的使用方法。

（3）验证牛顿第二定律。

【实验原理】

根据牛顿第二定律，对于一定质量 m 的物体，其所受的合外力 F 和物体所得的加速度 a 之间存在如下关系：

$$F = ma \tag{3.22}$$

如图 3.10 所示，将滑块、滑轮和砝码作为运动系统，系统所受合外力

$$F = m_0 g - b\overline{v} \tag{3.23}$$

其中，$m_0 g$ 为砝码所受重力，$b\overline{v}$ 为滑块与导轨间的黏滞阻力，b 为黏滞阻力系数。

附 b 的测量：

调平气垫导轨后，使滑块从 A 运动到 B，则有

$$b\frac{(v_A + v_B)}{2} = m_1 \frac{v_A^2 - v_B^2}{2s}$$

$$\Delta v = v_A - v_B = \frac{bs}{m_1}$$

所以

$$b = \frac{m_1 \Delta v}{s}$$

系统质量为

$$m = m_1 + m_2 \tag{3.24}$$

其中，m_1 为滑块质量，m_2 为全部砝码质量（$5\ \text{g} \times 6 = 30\ \text{g}$）。

本实验要测量在不同的 F 作用下，运动系统的加速度 a，检验二者是否线性关系。

【实验仪器】

气垫导轨（L-QG-T-1500/5.8 型）、光电门、滑块、砝码（每个 5 g）、天平、砝码盘（5 g）、电脑通用计数器（MUJ-4B）。

【实验内容】

（1）做好气垫导轨的实验前准备，如图 3.10 所示。

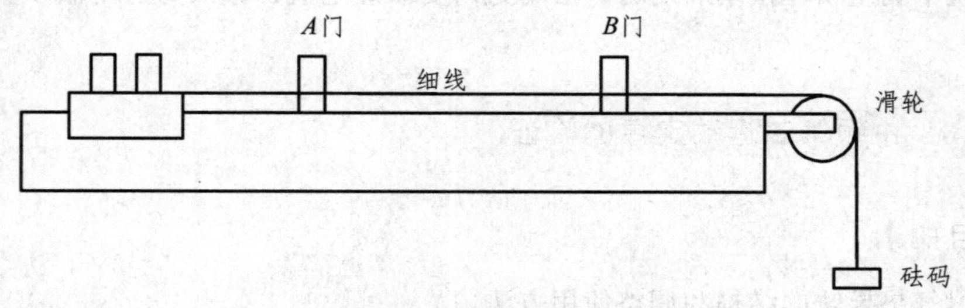

图 3.10　气垫导轨结构图

（2）检查计时系统，使电脑通用计数器功能键置于加速度（a）。

（3）调平气垫导轨，气垫导轨调平后应达到以下要求：

将导轨通气，把滑块放于导轨上，调节支点螺钉，使滑块保持不动或稍有滑动但不总是向一个方向滑动；滑块从 A 向 B 运动时 $t_A > t_B$；相反时 $t_B > t_A$。

（4）测出黏滞阻尼常量 b。

（5）测量加不同砝码 m_0 时的加速度 a（为保证系统质量一定，未加砝码应放在滑块上）。

（6）验证 F 与 a 的关系。

【数据记录】

滑块质量 m_1 = ______；A，B 两光电门的距离 s = ______；挡光片的宽度 d = ______。

1．测 b

数据记录见表 3.11。

表 3.11　数据记录

	t_A/s	v_A/（cm/s）	t_B/s	v_B/（cm/s）	Δv_{AB}
$A \to B$					

$$\Delta\bar{v}_{BA} =$$

$$b = \frac{m_1 \Delta\bar{v}_{AB}}{s} =$$

2. 测量加不同砝码 m_0 时的加速度，验证牛顿第二定律

数据记录见表 3.12。

表 3.12　加不同砝码 m_0 时数据记录

m_0/g	t_A/s	v_A/（cm/s）	t_B/s	v_B/（cm/s）	t_{AB}/s	a/（cm/s^2）	F	F/a
5								
10								
15								
20								
25								
30								

【思考题】

牛顿第二定律的验证实验需要注意些什么？

实验 9　导轨实验中系统误差的分析与补正

【实验目的】

（1）通过对存在于气垫导轨实验中系统误差的分析处理，学习分析发现并对系统误差进行修正的方法。

（2）对牛顿第二定律的验证实验的系统误差进行分析。

（3）对倾斜导轨上测重力加速度实验的系统误差进行修正。

【实验原理】

气垫导轨是目前力学实验中一种较精密的仪器，在气垫导轨实验中，由于气垫对滑块产生的漂浮作用，避免了容易引起实验误差的滑动摩擦力的影响；另一方面，在计时上采取了光电计时的方法，使时间测量达到很高的精度，因此气垫实验应达到较高的精确度，但如果实验方法不合理，或者没有对实验过程中的系统误差做适当的补正，则这些系统误差也将在气垫导轨这种灵敏的仪器上反映出来，造成实验结果不理想，因此分析气垫导轨实验中系统误差的来源和修正的方法成为气垫导轨实验中十分重要的问题，下面对气垫导轨实验中常见的系统误差及修正方法进行讨论。

1. 粘性摩擦阻力对滑块运动影响的物理模型

滑块在导轨上运动时所受到的粘性摩擦阻力是一种气体内摩擦力，由气体内摩擦理论知道，如果用 $F_{阻}$ 表示粘性摩擦阻力，则在滑块速度不太大时，可以认为满足下式：

$$F_{阻}=\eta\frac{\Delta v}{\Delta d}A \tag{3.25}$$

式中，$\dfrac{\Delta v}{\Delta d}$ 表示滑块和导轨之间气层的速度梯度，A 是滑块和导轨之间气层的面积，实际上就等于滑块的内表面积，η 是空气的粘度。对导轨上运动的滑块而言，和导轨表面接触处气层的定向运动速度为零，而和运动滑块底面相接触处的气层定向运动速度等于滑块定向运动速度，用 v 表示，Δd 表示滑块和导轨之间在垂直于导轨表面方向气层的厚度，也就是滑块在垂直于导轨表面方向的漂浮高度，用 h 表示。按上述的物理模型，速度梯度可以改写为：

$$\frac{\Delta v}{\Delta d}=\frac{v}{h} \tag{3.26}$$

代入式（3.25）得

$$F_{阻}=\eta\frac{A}{h}v \tag{3.27}$$

上式表示，在一定的实验条件下，即恒定的气源、滑块和导轨，上式中的 η、A、h 都是不变的常量，因此，可以认为粘性阻力 $F_{阻}$ 和滑块的速度 v 成正比，则式（3.27）可以写为

$$F_{阻}=bv \tag{3.28}$$

式中 $b=\eta\dfrac{A}{h}$ 称为粘性阻尼常量。它在数值上等于滑块具有单位速度时，其所受的粘性阻力的大小。

2. 粘性阻尼常量 b 的测量

（1）在水平导轨上测粘性阻尼常量 b。

调平气垫导轨后，使滑块从 A 运动到 B，则有

$$b\frac{(v_A+v_B)}{2}=m\frac{v_A^2-v_B^2}{2s}$$

$$\Delta v=v_A-v_B=\frac{bs}{m}$$

所以

$$b=\frac{m\Delta v}{s}$$

（2）在倾斜导轨上测粘性阻尼常量 b。

由于粘性阻尼很小，因而对滑块运动的影响也很小，为排除导轨不平对测量 b 的影响，下面介绍在倾斜导轨上用往复量法来测量 b。

如图 3.11 所示，把导轨倾斜一小角度 θ，此时滑块受到重力沿斜面的分力 $mg\sin\theta$ 及粘性阻力 $F_{阻}=bv$ 的作用，运动方程为

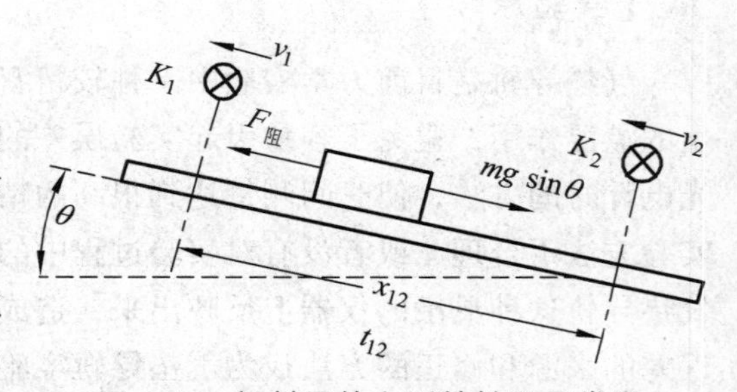

图 3.11　倾斜导轨上测粘性阻尼常量

$$m\frac{\mathrm{d}^2x}{\mathrm{d}t^2}=mg\sin\theta-bv \tag{3.29}$$

如果以滑块通过第一光电门时作为计时起点，滑块通过第一个及第二个光电门 K_1 及 K_2 的速度分别为 v_1 和 v_2，由 K_1 到 K_2 的时间为 t_{12}，两光电门的距离为 x_{12}，则式（3.29）的解为

$$v_2-v_1=g\sin\theta t_{12}-\frac{b}{m}x_{12} \tag{3.30}$$

从理论上讲，可以根据上式来测量 b，但实际上由于上式中包含了导轨的倾角 θ，而导轨的倾角无法准确测量，因为我们认为已经调到水平的导轨，在实际上可能仍然包含微小的倾角，而任何微小倾角误差都对 b 值测量的准确性带来很大的影响。

为解决 θ 角无法准确测量的困难，可采用天平复称法类似的思想方法。实验中，保持导轨的倾角不变，使滑块和导轨低端的缓冲弹簧碰撞后逆向弹回，滑块依次通过光电门 K_1 和 K_2，相应的速度为 v_3 和 v_4，时间为 t_{34}，根据式（3.29）有：

$$v_4-v_3=-g\sin\theta t_{34}-\frac{b}{m}x_{12} \tag{3.31}$$

在式（3.30）及（3.31）中，倾角 θ 是完全相同的，联立以上两式，得

$$b=\frac{[(v_3-v_4)t_{12}-(v_2-v_1)t_{34}]m}{x_{12}(t_{12}+t_{34})} \tag{3.32}$$

式（3.32）即为粘性阻尼常量 b 的测量公式。该测量方法的优点在于：

利用在同一倾角下滑块的下滑和上滑的两组测量数据，消除了难于测量的倾角 θ 的影响；在公式（3.32）中，除两个光电门的距离 x_{12} 外，其他各量都可用光电计时法准确测量，因而有较高的精度，从而保证 b 的测量准确可靠。

3. 牛顿第二定律的验证实验系统误差的修正

根据牛顿第二定律，对于一定质量 m 的物体，其所受的合外力 F 和物体所得的加速度 a 之间存在如下关系：

$$F=ma \tag{3.33}$$

如果不考虑粘滞阻力，系统所受合外力为

$$F'=m_0g \tag{3.34}$$

如果考虑粘滞阻力，系统所受合外力为

$$F=m_0g-b\overline{v} \tag{3.35}$$

5. 倾斜导轨上测重力加速度系统误差的修正

（1）粘性内摩擦力所引起的系统误差的修正。

如图 3.12 所示，设导轨倾斜角为 θ，滑块质量为 m，则

$$ma=mg\sin\theta \tag{3.36}$$

$$a = g\sin\theta \tag{3.37}$$

此式是在滑块运动时，不存在阻力时才成立。实际上滑块在气轨上运动虽然没有接触摩擦，但是有空气层的内摩擦，就其阻力 $f_阻$ 和平均速度成正比，即

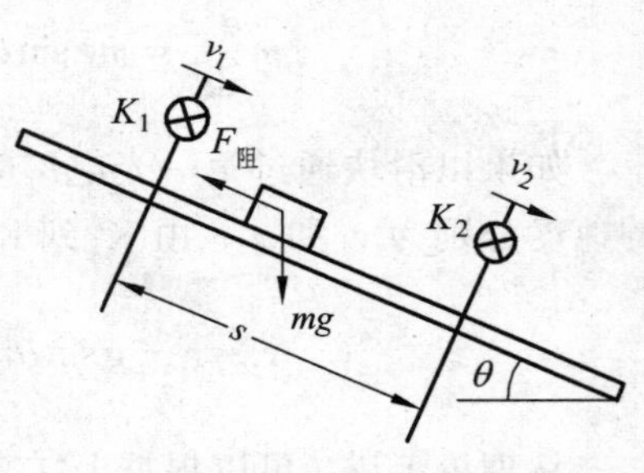

图 3.12 倾斜导轨上测重力加速度

$$f_阻 = b\bar{v} \tag{3.38}$$

考虑此阻力后，式（3.36）为

$$ma = mg\sin\theta - b\bar{v} \tag{3.39}$$

整理后

$$g\sin\theta = a + \frac{b\bar{v}}{m} \tag{3.40}$$

此实验将依据式（3.40）去求重力加速度。

（2）用平均速度代替瞬时速度所引起的系统误差。

如果不考虑粘性内摩擦阻力的影响，用下式：

$$a = \frac{v_B - v_A}{t_{AB}} \tag{3.41}$$

测滑块沿斜面下滑的加速度。公式（3.41）中 v_B 和 v_A 均是瞬时速度，而 t_{AB} 则是相应于该两瞬时的时间间隔，但在气垫导轨实验中，所测的 v_A 和 v_B 均是某段时间间隔内的平均速度，因而代入公式（3.41）计算加速度时，就存在系统误差。

如图 3.13 所示，设以滑块开始运动作为计时起点，则 t_A 和 t_B 分别表示置于滑块上中间开槽的挡光片的前沿到达光电门的时间，而Δt_A 和Δt_B 分别表示宽度为Δs 的挡光片经过光电门 A 和 B 时挡光的时间，由公式 $v_A = \Delta s/\Delta t_A$ 及 $v_B = \Delta s/\Delta t_B$ 所计算的速度是滑块在 t_A 到 $t_A + \Delta t_A$ 及 t_B 到 $t_B + \Delta t_B$ 时间内的平均速度，不能看作 A 点和 B 点的瞬时速度。考虑到匀加速运动的性质，v_A 和 v_B 应分别是 $t_A + \Delta t_A/2$ 及 $t_B + \Delta t_B/2$ 时刻的瞬时速度，而该两瞬时相应的时间为

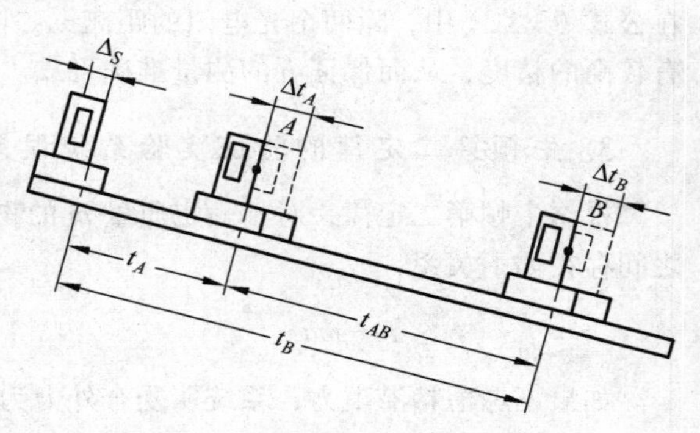

图 3.13 用平均速度代替瞬时速度

$$\left(t_B + \frac{\Delta t_B}{2}\right) - \left(t_A + \frac{\Delta t_A}{2}\right) = t_{AB} - \frac{\Delta t_A}{2} + \frac{\Delta t_B}{2}$$

因而式（3.41）应该修正为

$$a = \frac{\Delta s}{t_{AB} - \frac{\Delta t_A}{2} + \frac{\Delta t_B}{2}}\left(\frac{1}{\Delta t_B} - \frac{1}{\Delta t_A}\right) \tag{3.42}$$

【实验仪器】

气垫导轨、滑块、挡光片、光电门、数字毫秒计、垫块若干、米尺。

【实验内容】

（1）做好气垫导轨的实验前准备。

（2）检查计时系统，使电脑通用计数器功能键置于加速度（a），转换键置于 cm/s。

（3）调平气垫导轨，气垫导轨调平后应达到以下要求：

① 将导轨通气，把滑块放在导轨上，调节支点螺钉，使滑块保持不动或稍有滑动但不总是向一个方向滑动。

② 滑块从 A 向 B 运动时 $v_A > v_B$，$a_{AB} < 0$；相反时 $v_B > v_A$，$a_{BA} < 0$，且 $a_{AB} \approx a_{BA}$。

③ 滑块从 A 向 B 运动时的速度损失 $\Delta v_{AB} = v_A - v_B$ 和相反方向运动时的速度损失 $\Delta v_{BA} = v_B - v_A$ 接近。

（4）测出粘滞阻尼常量 b。

在调平的气垫导轨上测粘滞阻尼常量 b；在测粘滞阻尼常量 b。

（5）牛顿第二定律的验证。

① 测量加不同砝码 m_0 时的加速度 a（为保证系统质量一定，未加砝码应放在滑块上）。

② 验证 F 与 a 的关系。

（6）倾斜气垫导轨上测量重力加速度。

① 在倾斜气轨上测滑块加速度 a，对粘性内摩擦力所引起的系统误差进行修正后求 g，并和当地重力加速度值 g_0 进行比较，评价实验结果。

② 在倾斜气轨上测滑块加速度 a，对用平均速度代替瞬时速度所引起的系统误差进行修正。

【数据记录】

1. 在调平导轨上测粘性阻尼常量 b

$m =$ ________________；$s =$ ________________。

数据记录见表 3.13。

表 3.13　数据记录

次数	v_1/(cm/s)	v_2/(cm/s)	$b = \dfrac{m\Delta v}{s}$/(g/s)	$\overline{b}'$/(g/s)
1				
2				
3				
4				

2. 在倾斜导轨上测粘性阻尼常量 b

$m =$ ________________；$x_{12} =$ ________________。

数据记录见表 3.14。

表 3.14　数据记录

次数	v_1/(cm/s)	v_2/(cm/s)	t_{12}/s	v_1/(cm/s)	v_2/(cm/s)	t_{34}/(s)	$b=\dfrac{[(v_3-v_4)t_{12}-(v_2-v_1)t_{34}]m}{x_{12}(t_{12}+t_{34})}$	$\overline{b'}$
1								
2								
3								
4								

3. 牛顿第二定律的验证

数据记录见表 3.15。

表 3.15　数据记录

m_0（g）	v_1/(cm/s)	v_2/(cm/s)	a/(cm/s^2)	$F=m_0g$	$F=m_0g-b\overline{v}$
5					
10					
15					
20					
25					
30					

（1）不考虑粘滞阻力作用。

由 $F=\alpha+a\beta$，线性回归得 $\alpha=$__________，$\beta=$__________。

实验中系统总质量 $m=$__________，其相对误差：$E_1=\dfrac{|\beta-m|}{m}\times100\%=$__________。

（2）考虑粘滞阻力作用。

由 $F=\alpha+a\beta$，线性回归得：$\alpha=$__________，$\beta=$__________。

实验中系统总质量 $m=$__________，其相对误差 $E_2=\dfrac{|\beta-m|}{m}\times100\%=$__________。

结果分析：____。

4. 在倾斜气轨上测重力加速度

（1）对粘性内摩擦力所引起的系统误差进行修正。

$b=$__________；$m=$__________；$s=$__________。

数据记录见表 3.16。

表 3.16　数据记录

次数	v_1/(cm/s)	v_2/(cm/s)	$\bar{v}$/(cm/s)	t_{12}	a/(cm/s^2)	$a+\dfrac{b\bar{v}}{m}$
1						
2						
3						
4						
5						

重庆地区重力加速度的公认值 $g_0 = 979\ \text{cm/s}^2$

不考虑粘滞阻力作用时

$\bar{g}_1 = \dfrac{a}{\sin\theta} =$ ____________；其相对误差 $E_1 = \dfrac{|\bar{g}_1 - g_0|}{g_0} \times 100\% =$ ____________。

考虑粘滞阻力作用时

$\bar{g}_2 = \dfrac{a+\dfrac{b\bar{v}}{m}}{\sin\theta} =$ ____________；其相对误差 $E_2 = \dfrac{|\bar{g}_2 - g_0|}{g_0} \times 100\% =$ ____________。

结果分析：

（2）用平均速度代替瞬时速度所引起的系统误差进行修正。

$m =$ ____________；$s =$ ____________；$\Delta s =$ ____________。

数据记录见表 3.17。

表 3.17　数据记录

次数	Δt_A/s	Δt_B/s	t_{AB}/s	a/(cm/s^2)	$\bar{a}$/(cm/s^2)	g/(cm/s^2)
1						
2						
3						
4						
5						

$$a = \frac{\Delta s}{t_{AB} - \dfrac{\Delta t_A}{2} + \dfrac{\Delta t_B}{2}} \left(\frac{1}{\Delta t_B} - \frac{1}{\Delta t_A} \right)$$

【思考题】

如果在测量误差范围内你的实验结果可认为 $F = \alpha + a\beta$ 线性关系中的 $\alpha = 0$，其物理意义如何？如果不能认为 $\alpha = 0$ 又如何解释？

3.2 热学实验

实验 10 PN 结正向压降与温度关系的研究

常用的温度传感器有热电偶、测温电阻器和热敏电阻等，这些温度传感器均有各自的优点，但也有它的不足之处，如热电偶适用温度范围宽，但灵敏度低、且需要参考温度；热敏电阻灵敏度高、热响应快、体积小，缺点是非线性，且一致性较差，这对于仪表的校准和调节均感不便；测温电阻如铂电阻有精度高、线性好的优点，但灵敏度低且价格较贵；而 PN 结温度传感器则有灵敏度高、线性较好、热响应快、体小轻巧和易于实现集成化等优点，所以其应用势必日益广泛。但是这类温度传感器的工作温度一般为 −50～150 °C，与其他温度传感器相比，测温范围的局限性较大，有待于进一步改进和开发。

【实验目的】

（1）了解 PN 结的产生与特性，了解 PN 结正向压降随温度变化的关系。

（2）在恒定正向电流条件下，测绘 PN 结正向压降随温度变化曲线，并由此确定其灵敏度。

（3）学习用 PN 结测温的方法。

【实验原理】

1. PN 结简介

（1）N 型半导体与 P 型半导体。

在纯净半导体晶体点阵里，用半导体掺杂工艺掺入少量其他元素的原子而成为“杂质半导体”，分为电子半导体（N 型半导体）和空穴半导体（P 型半导体）两大类。常温下，单独的 N 型半导体电子多，空穴少；单独的 P 型半导体空穴多，电子少（“空穴”的意义可参阅《普通物理学》中的“固体的能带理论”一节）。

（2）PN 结。

当 P 型半导体和 N 型半导体接触时，由于 P 型半导体中空穴浓度大，N 型半导体中自由电子浓度大，N 型中的电子要向 P 型扩散，P 型中的空穴向 N 型中扩散，如图 3.14 所示，电荷转移的结果在高界面两侧出现正负电荷的积累，在 P 型一侧是负电，N 型一侧是正电。这些电荷在交界处形成电偶层，这就是所谓的“PN 结”，其厚度约 10^{-10} m。这一从界面的 N 侧指向 P 侧的“内建电场”，阻止 N 侧电子和 P 侧空穴进一步越过边界扩散，从而达到一个平衡状态。PN 结中通过的电荷很少，是一高阻区阻挡层。由于阻挡层的存在，当把外电压加到 PN 结两端时，阻挡层处的电势差将发生变化。如把正极接到 P 型，如图 3.14（c）所示，一般称为正向连接，外电场方向与阻挡层的电场方向相反，从而使阻挡层变薄，于是 N 型中的电子和 P 型中的空穴就易于通过阻挡层，向对方继续扩散，形成从 P 型到 N 型的正向宏观电流，外电压增加，电流随之增大。反之，如把负极接到 P 型，一般称为反向连接，则 N 型中的电子和 P 型中的空穴都难通过阻挡层，即不能导电。

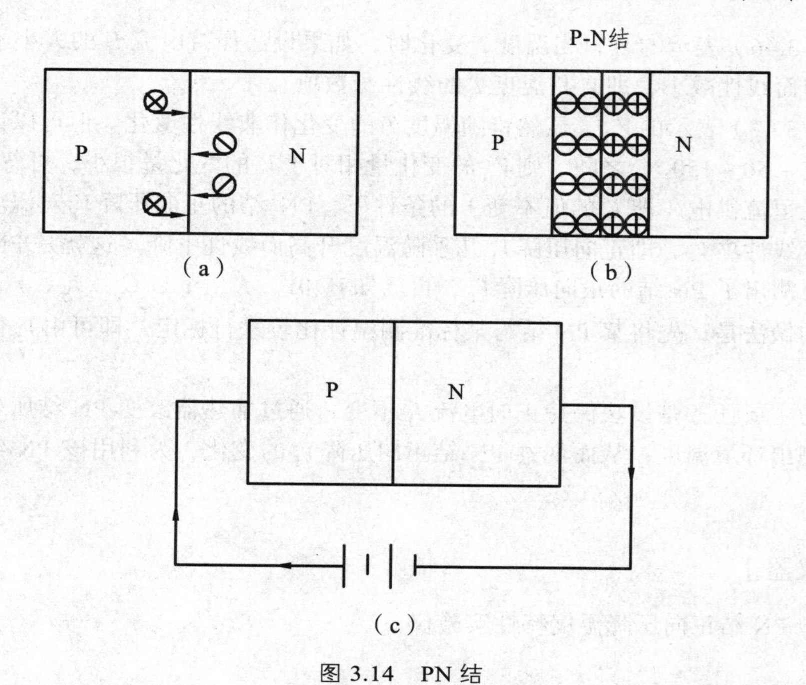

图 3.14　PN 结

2. PN 结正向压降与温度的关系

根据严格的半导体理论推导，得知理想 PN 结的正向电流 I_F 和正向压降 V_F 存在如下近似关系

$$I_F = I_m e^{\left(\frac{qV_F}{KT}\right)} \tag{3.43}$$

式中，q 为电子电量，K 为玻尔兹曼常数，T 为绝对温度，I_m 为反向饱和电流。而

$$I_m = CT^r e^{\left(-\frac{qV_g(0)}{KT}\right)} \tag{3.44}$$

式中，C 是与结面积、掺杂质浓度有关的常数；r 的数值取决于少数载流子迁移率对温度的关系，通常取 $r = 3.4$；$V_g(0)$ 为绝对零度时 PN 结材料的导带底与价带顶间的电势差，即禁带宽。

将式（3.44）代入式（3.43），两边取自然对数，可得 PN 结温度传感器的基本方程

$$V_F = V_g(0) - \left(\frac{K}{q}\ln\frac{C}{I_F}\right)T - \frac{KT}{q}\ln T^r = V_1 + V_{n1} \tag{3.45}$$

其中

$$V_1 = V_g(0) - \left(\frac{K}{q}\ln\frac{C}{I_F}\right)T \tag{3.46}$$

$$V_{n1} = -\frac{KT}{q}\ln T^r \tag{3.47}$$

对于式（3.46）表示的V_1，当温度T变化时，如果设法保持电流I_F的大小不变，则V_1将随温度T增加而线性减小，即V_1是温度T的线性函数项。

对于式（3.47）表示的V_{n1}，显然将随温度T的变化作非线性变化。但可以证明，如温度的变化范围在 $-50 \sim 150$ °C 之间，则V_{n1}的变化量相对于V_1的变化量很小，可忽略。

总之，在恒流供电（即I_F的值不变）的条件下，PN 结的正向压降V_F对温度T的依赖关系主要取决于线性项V_1，即正向压降V_F几乎随温度升高而线性下降。这就是 PN 结测温度的依据，即只要测出了 PN 结的正向压降V_F，再已知$V_g(0)$、K、q、C、I_F、r，即可知温度了，实际上的做法是，先将某 PN 结与某标准测温计比较进行标定，即可由V_F值直接显示温度值。

本实验的主要任务是设法保持正向电流I_F不变，通过加热器改变 PN 结所处的温度，并由测温元件测出环境温度，从而观察 PN 结正向压降V_F的变化，为利用该 PN 结测温提供实验依据。

【实验仪器】

FB302 型 PN 结正向压降温度特性实验仪。

【仪器结构及说明】

1. 加热测试装置

如图 3.15 所示，A 为可拆卸的隔离圆筒；B 为测试圆铜块，被测 PN 结和温度传感器 AD590 均装于其上；加热器 E 装于铜块中心柱体内，通过热隔离后与外壳固定；引线通过高温导线连至顶部插座 H，再由顶部插座用专用导线连至测试仪；G 为加热器电源插座，接至测试仪的“5”端。

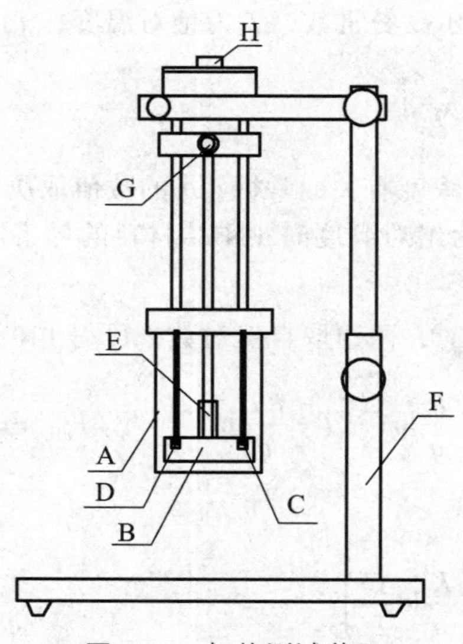

图 3.15 加热测试装置

A—隔离圆筒；B—测试圆铜块；C—测温元件；D—被测 PN 结；E—加热器；
F—隔离块； G—加热电源插座；H—信号输出插座

2. 测试仪（见图 3.16）

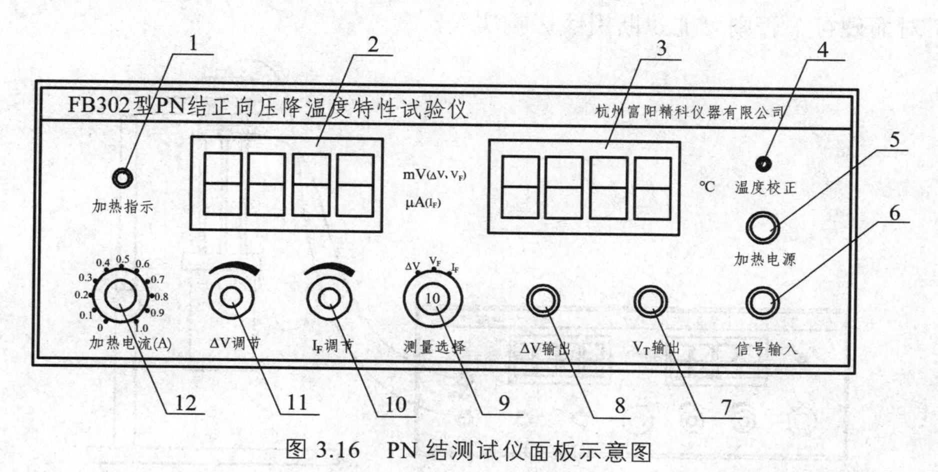

图 3.16　PN 结测试仪面板示意图

1—加热指示；2—ΔV、V_F、I_F 显示；3—温度显示；4—温度较准；5—加热电源输出端；6—测试信号输出端；7—V_T 输出端；8—ΔV 输出端；9—ΔV、V_F、I_F 选择开关；10—I_F 调节；11—ΔV 调节；12—控温电流选择

测试仪由恒流源基准电压显示等部分组成，原理图见图 3.17：

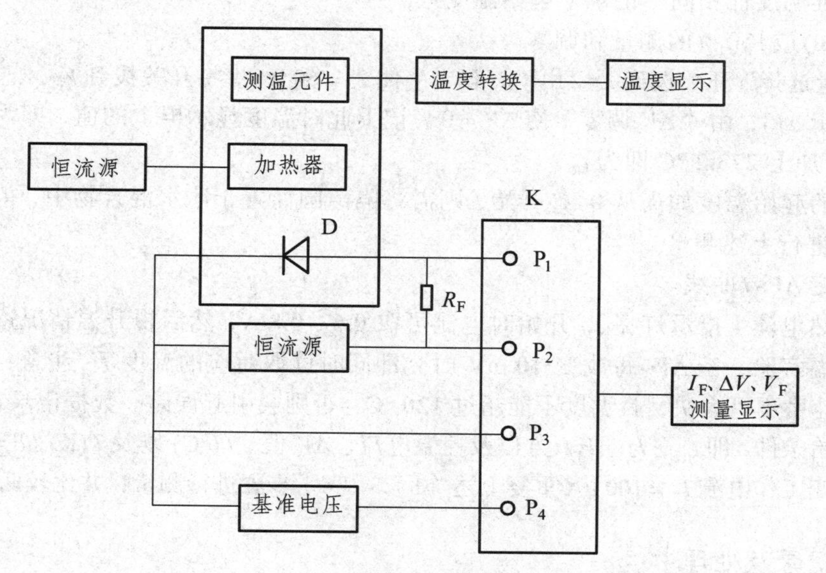

图 3.17　测试仪原理框图

【实验内容】

（1）实验系统检查与连接。

① 取下隔离圆筒的筒套（左手扶筒盖，右手扶筒套逆时针旋转），查待测 PN 结管和测温元件应分放在铜座的左右两侧圆孔内，其管脚不与容器接触，然后装上筒套。

② 按图 3.18 所示进行连线。控温电流开关置“关”位置，接上加热电源线和信号传输线，两者连接均为直插式。在连接信号线时，应先对准插头与插座的凹凸定位标记，再按插

头的紧线夹部位，即可插好。而拆除时，应拉插头的可动外套，决不可鲁莽左右转动，或操作部位不对而硬拉，否则可能拉断引线影响实验。

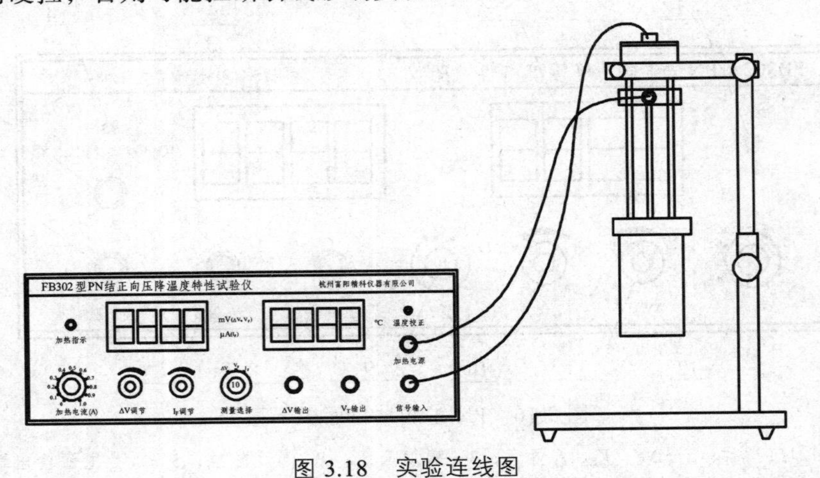

图 3.18　实验连线图

（2）打开电源开关，将“加热电流”旋钮置 0，预热几分钟后，此时测试仪上将显示出室温 t_R，与标准温度计上的指示值相比较，若不准确，调节温度校准旋钮，使测试仪上显示的温度与标准温度计相同。记录下起始温度 t_R。

（3）$V_F(0)$ 或 $V_F(t_R)$ 的测量和调零。

将“测量选择”开关拨到 I_F，由“I_F 调节”使 $I_F = 50\ \mu A$，将开关拨到 V_F，记下 $V_F(t_R)$ 值，再将开关置于 ΔV，由“ΔV 调零”使 $\Delta V = 0$。记下此时温度显示屏上的值，即为室温 t_R（或起始温度），加上 273.2 °C 即为 t_R。

本实验的起始温度如需从 0 °C 开始，则需将隔离圆筒置于冰水混合物中，待显示温度至 0 °C 时，再进行上述测量。

（4）测定 $\Delta V - t$ 曲线。

开启加热电流（指示灯亮），开始时电流可取 0.6 ~ 0.8 A，然后视升温情况逐步提高加热电流进行变温实验，当 ΔV 每改变 10 mV 时立即同时读取对应的温度 t。注意：整个实验过程中，升温速度不可太快，且温度不能超过 120 °C，否则会引起误差。数据记录在表 3.18 中，注意记录起始条件，即 t_R、I_F、$V_F(t_R)$ 以及控温电流、ΔV 值、t (°C) 以及 T(K) ($T = 273\ °C + t$)。

（5）改变工作电流 $I_F = 100\ \mu A$ 重复上述（1）~（4）步骤进行测量，并比较两组测量结果。

【数据记录及处理】

（1）按所记录 3.18 中的数据，用坐标纸描点，绘出 PN 结正向压降 ΔV 与温度 t 变化关系图。

（2）由 $\Delta V - t$ 图线求 PN 结 V_F 随 t 变化的灵敏度 S（mV/°C）。在图线上相距较远处选两点 A、B 标出其坐标，由公式

$$S = \frac{\Delta(\Delta V)}{\Delta t} = \frac{\Delta V_B - \Delta V_A}{t_B - t_A} \tag{3.48}$$

求出其值，即为所求灵敏度。

表 3.18　数据记录

$I_F = 50\ \mu A$				$I_F = 100\ \mu A$			
ΔV/mV	t/°C	T/K	V_F/mV	ΔV/mV	t/°C	T/K	V_F/mV
0				0			
10				10			
20				20			
30				30			
40				40			
50				50			
60				60			
70				70			
80				80			
90				90			
100				100			
110				110			

【思考题】

（1）P 型半导体、N 型半导体的定义是什么？有何区别？

（2）测 ΔV-t 曲线的准备程序是什么？测 I_F、V_F 及 ΔV 的次序能否颠倒？为什么？

（3）测量时，为什么温度必须控制在 −50～150 °C 范围内？

实验 11　导热系数的测量

导热系数是表征物质热传导性质的物理量。材料结构的变化与所含杂质等因素都会对导热系数产生明显的影响，因此，材料的导热系数常常需要通过实验来具体测定。测量导热系数的方法比较多，但可以归并为两类基本方法：一类是稳态法，另一类为动态法。用稳态法时，先用热源对测试样品进行加热，并在样品内部形成稳定的温度分布，然后进行测量。而在动态法中，待测样品中的温度分布是随时间变化的，例如按周期性变化等。本实验采用稳态法进行测量。

【实验目的】

用稳态法测出不良导体的导热系数，并与理论值进行比较。

【实验原理】

1. 热传导系数

根据傅立叶导热方程式，在物体内部，取两个垂直与热传导方向、彼此间相距为 h、温度分别为T_1、T_2的平行平面（设$T_1 > T_2$），若平面面积均为S，在Δt时间内通过面积S的热量ΔQ满足下述表达式：

$$\Delta Q = \lambda S \frac{T_1 - T_2}{h} \tag{3.49}$$

式中$\frac{\Delta Q}{\Delta t}$为热流量，$\lambda$即为该物质的导热率（又称作导热系数），$\lambda$在数值上等于相距单位长度的两平面的温度相差1个单位时，单位时间内通过单位面积的热量，其单位是$W \cdot m^{-1} \cdot K^{-1}$。

2. 稳态法测导热系数原理

如图3.19所示，圆盘状不良导体样品B，厚度为h，半径为R。上表面与高温（T_1）铜块A紧密接触，下表面与低温（T_2）铜块P紧密接触。则热量将由上表面垂直传入样品B，再由下表面传给铜块P。当系统达到热力学平衡时，Δt时间内从样品上表面传入的热量ΔQ_B等于Δt时间内从下表面传出的热量，又等于下铜块Δt时间内散出的热量ΔQ_P，即热流量$\Delta Q_B / \Delta t$等于散热率$\Delta Q_P / \Delta t$，写为

$$\left.\frac{\Delta Q_B}{\Delta t}\right|_{T=T_1} = \left.\frac{\Delta Q_P}{\Delta t}\right|_{T=T_2} \tag{3.50}$$

且上表面温度T_1、下表面温度T_2的值不变，即为稳态。根据式（3.49），测出上、下铜块稳态时的温度，再设法测出热流量$\Delta Q_B / \Delta t$，即可求得导热系数λ为

$$\lambda = \frac{\Delta Q_B / \Delta t}{S_B \frac{T_1 - T_2}{h_B}} \tag{3.51}$$

由式（3.50），欲知$\Delta Q_B / \Delta t$，可通过测量铜盘P在稳定温度T_2时的散热率$(\Delta Q_P / \Delta t)_{T=T_2}$而得。

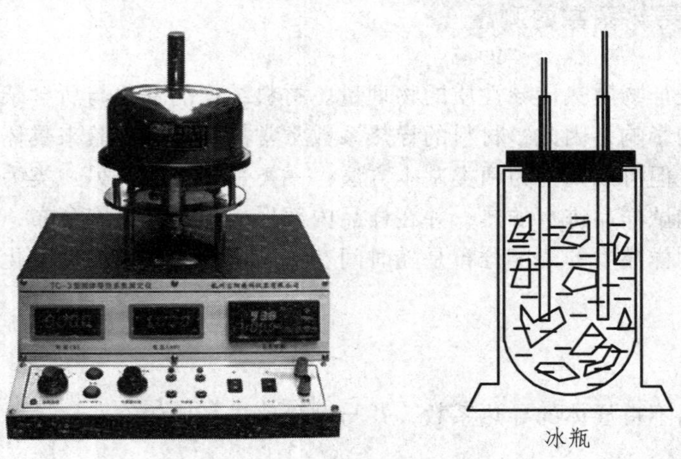

图3.19　稳态法测定导热系数实验装置图

3. 散热率的测量

当稳态建立后，撤去样品，将下铜块与上铜块接触，使下铜块的温度从T_2升高若干度后，

再将其与上铜块脱离，则下铜块将向周围散热，温度逐渐下降。若从 T_2 经时间 Δt 温度下降 ΔT，则下铜块 P 的散热率 $\Delta Q'_{\mathrm{P}}/\Delta t$ 为

$$\left.\frac{\Delta Q'_{\mathrm{P}}}{\Delta t}\right|_{T=T_2}=mc\frac{\Delta T}{\Delta t} \tag{3.52}$$

式中，m 为铜块质量，c 为铜的比热容。由于此时下铜块完全暴露于空气中，所以散热面积 S'_{P} 为其上、下底面及侧面之和，即 $S'_{\mathrm{P}}=2\pi R_{\mathrm{P}}^2+2\pi R_{\mathrm{P}}h_{\mathrm{P}}$。而有样品铜块的散热面积 S_{P} 为底面于侧面的面积和，即为 $S_{\mathrm{P}}=\pi R_{\mathrm{P}}^2+2\pi R_{\mathrm{P}}h_{\mathrm{P}}$（$R_{\mathrm{P}}$ 为下铜块半径，h_{P} 为其厚度）。考虑到散热与散热面积成正比，所以有

$$\left.\frac{\Delta Q_{\mathrm{P}}}{\Delta t}\right|_{T=T_2}=\frac{S_{\mathrm{P}}}{S'_{\mathrm{P}}}\left.\frac{\Delta Q'_{\mathrm{P}}}{\Delta t}\right|_{T=T_2}=mc\frac{\Delta T}{\Delta t}\frac{(\pi R_{\mathrm{P}}^2+2\pi R_{\mathrm{P}}h_{\mathrm{P}})}{2\pi R_{\mathrm{P}}^2+2\pi R_{\mathrm{P}}h_{\mathrm{P}}} \tag{3.53}$$

由式（3.50）、（3.51）、（3.53）化简后可得

$$\lambda=mc\frac{\Delta T}{\Delta t}\frac{(R_{\mathrm{P}}+2h_{\mathrm{P}})h_{\mathrm{B}}}{(2R_{\mathrm{P}}+2h_{\mathrm{P}})(T_1-T_2)}\frac{1}{\pi R_{\mathrm{B}}^2} \tag{3.54}$$

4. 热电偶的测温原理

热电偶亦称温差电偶，是有 A、B 两种不同材料的金属丝的端点彼此紧密接触而组成的。当两个接点处于不同温度时（如图 3.20），在回路中就有直流电动势产生，该电动势称温差电动势或热电动势。当组成热电偶的材料一定时，温差电动势 E_x 仅与两接点处的温度有关，并且两接点的温差在一定的范围内有如下近似关系式：

$$E_x\approx a(t-t_0)$$

式中，a 称为温差电系数。对于不同金属组成的热电偶，a 是不同的，其数值上等于两接点温度差为 1 °C 时所产生的电动势。

为了测量温差电动势，就需要在图 3.20 的回路中接入电位差计，但测量仪器的引入不能影响热电偶原来的性质，例如不影响它在一定温差 $t-t_0$ 下应有的电动势 E_x 值。要做到这一点，实验时应保证一定的条件。根据伏达定律，即在 A、B 两种金属之间插入第三种金属 C 时，若它与 A、B 的两连接点处于同一温度 t_0，则该闭合回路的温差电动势与上述只有 A、B 两种金属组成回路时的数值完全相同。所以，我们把 A、B 两根不同化学成分的金属丝的一端焊在一起，构成热电偶的热端（工作端）。将另两端各与铜引线（即第三种金属 C）焊接，构成两个不同温度（t_0）的冷端（自由端）。铜引线与电位差计相连，这样就组成一个热电偶温度计，如图 3.21 所示。通常将冷端置于冰水混合物中，保持 $t_0=0$ °C，将热端置于待测温度处，即可测得相应的温差电动势，再根据事先校正好的曲线或数据来求出温度 t。热电偶温度计的优点是热容量小，灵敏度高，反应迅速，测温范围广，还能直接把非电学量温度转换成电学量。因此，在自动测温、自动控温等系统中得到广泛的应用。

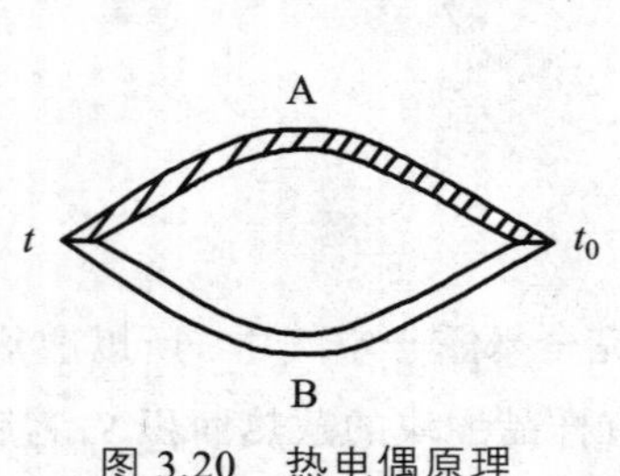

图 3.20　热电偶原理

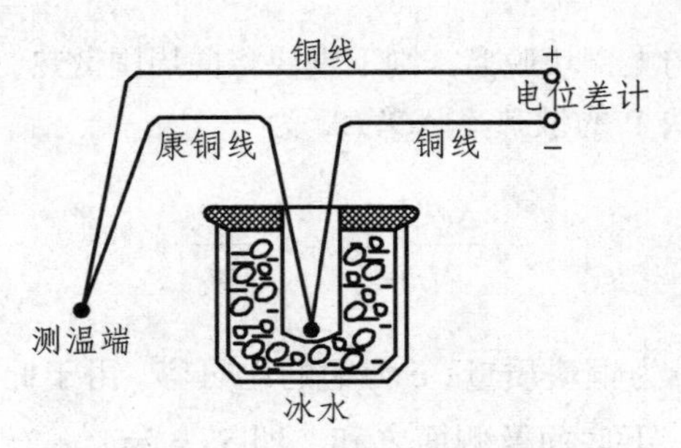

图 3.21　测温原理

【实验仪器】

实验采用杭州富阳精科仪器有限公司生产的 TC-3 型导热系数测定仪。该仪器采用低于 36 V 的隔离电压作为加热电源，安全可靠。整个加热圆筒可上下升降和左右转动，发热圆盘和散热圆盘的侧面有一小孔，为放置热电偶之用。散热盘 P 放在可以调节的三个螺旋头上，可使待测样品盘的上下两个表面与发热圆盘和散热圆盘紧密接触。散热盘 P 下方有一个轴流式风扇，用来快速散热。两个热电偶的冷端分别插在放有冰水的杜瓦瓶中的两根玻璃管中，热端分别插入发热圆盘和散热圆盘的侧面小孔内。冷、热端插入时，涂少量的硅脂，热电偶的两个接线端分别插在仪器面板上的相应插座内。利用面板上的开关可方便地直接测出两个温差电动势，温差电动势采用量程为 20 mV 的数字式电压表测量，再根据附录的铜—康铜分度表转换成对应的温度值。

仪器设置了数字计时装置，计时范围 166 min，分辨率 1 s，供实验时计时用。仪器还设置了 PID 自动温度控制装置，控制精度 ±1 °C，分辨率 0.1 °C，供实验时加热温度控制用。

【实验内容】

1. 对散热盘 P 和待测样品的直径、厚度进行测量

（1）用游标卡尺测量待测样品直径和厚度，各测 5 次。

（2）用游标卡尺测量散热盘 P 的直径和厚度，测 5 次，按平均值计算 P 盘的质量。也可直接用天平称出 P 盘的质量。

2. 不良导体导热系数的测量

（1）实验时，先将待测样品（例如硅橡胶圆片）放在散热盘 P 上面，然后将发热盘 A 放在样品盘 B 上方，并用固定螺母固定在机架上，再调节三个螺旋头，使样品盘的上下两个表面与发热盘和散热盘紧密接触。

（2）在杜瓦瓶中放入冰水混合物，将热电偶的冷端（黑色）插入杜瓦瓶中。将热电偶的热端（红色）分别插入加热盘和散热盘侧面的小孔中，并分别将其插入加热盘和散热盘的热电偶接线连接到仪器面板的传感器Ⅰ、Ⅱ上。

（3）接通电源，将加热开关置于高档，开始加热。当传感器Ⅰ的温度读数 V_{T_1} 约为 4.2 mV 时，再将加热开关置于低档，降低加热电压，以免温度过高。

（4）大约加热 40 min 后，传感器Ⅰ、Ⅱ的读数不再上升时，说明已达到稳态，每隔 30 s 记录 V_{T_1} 和 V_{T_2} 的值。

（5）测量散热盘在稳态值 T_2 附近的散热速率 $\left(\dfrac{\Delta Q}{\Delta t}\right)$。移开铜盘 A，取下橡胶盘，并使铜盘 A 的底面与铜盘 P 直接接触，当 P 盘的温度上升到高于稳态的 V_{T_2} 值若干度（0.2 mV 左右）后，再将铜盘 A 移开，让铜盘 P 自然冷却，每隔 30 s（或自定）记录此时的 T_2 值。根据测量值计算出散热速率 $\dfrac{\Delta Q}{\Delta t}$。

3. 金属导热系数的测量（选做）

（1）将圆柱体金属铝棒（厂家提供）置于发热圆盘与散热圆盘之间。

（2）当发热盘与散热盘达到稳定的温度分布后，T_1、T_2 值为金属样品上下两个面的温度，此时散热盘 P 的温度为 T_3 值。因此测量 P 盘的冷却速率为：

$$\left.\frac{\Delta Q}{\Delta t}\right|_{T_1=T_3}$$

由此得到导热系数为

$$\lambda = m\cdot c\left.\frac{\Delta Q}{\Delta t}\right|_{T_1=T_3}\times\frac{h}{T_1-T_2}\times\frac{1}{m\cdot R^2}$$

测 T_3 值时可在 T_1、T_2 达到稳定时，将插在发热圆盘与散热圆盘中的热电偶取出，分别插入金属圆柱体上的上下两孔中进行测量。

当测量空气的导热系数时，通过调节三个螺旋头，使发热圆盘与散热圆盘的距离为 h，并用塞尺进行测量（即塞尺的厚度），此距离即为待测空气层的厚度。注意：由于存在空气对流，所以此距离不宜过大。

【数据记录及处理】

（1）完成表 3.19、表 3.20。

（2）计算稳态时的温度值。从表 3.21 中计算 T_1、T_2 的平均值。

（3）计算铜盘散热率。根据表 3.22，用坐标纸作 T-t 曲线，由稳态温度值 T_2 处切线斜率求出 $\dfrac{\Delta T}{\Delta t}$。

（4）由公式（3.54）计算出样品的导热系数。

铜的比热 $c = 0.091\,97\ \text{cal}\cdot\text{g}^{-1}\cdot{}^\circ\text{C}^{-1}$，密度 $\rho = 8.9\ \text{g}/\text{cm}^3$。

表 3.19　数据记录

散热盘 P：质量 $m =$ ________（g）；半径 $R_\text{P} = \dfrac{1}{2}D_\text{P} =$ ________（cm）

	1	2	3	4	5
D_P/cm					
h_P/cm					

表 3.20 数据记录

橡胶盘：半径 $R_B = \frac{1}{2}D_B =$ ____________（cm）

	1	2	3	4	5
D_B/cm					
h_B/cm					

表 3.21 数据记录

稳态时 T_1、T_2 的值（转换见附录的分度表）

$T_1 =$ ____________；$T_2 =$ ____________

	1	2	3	4	5
V_{T_1}/mV					
V_{T_2}/mV					

表 3.22 数据记录

散热速率：（转换见附录的分度表）

时间/s	0	30	60	90	120	150	180	210
V_{T_3}/mV								
T/°C								

导热系数单位换算：$1\ \text{cal}\cdot\text{cm}^{-1}\cdot\text{s}^{-1}\cdot\text{C}^{-1} = 418.68\ \text{W/m}\cdot\text{K}$

由 T-t 曲线求得斜率

$$\left.\frac{\Delta T}{\Delta t}\right|_{T=T_2} =$$

$$\lambda =$$

【注意事项】

（1）放置热电偶的发热和散热圆盘侧面的小孔应与杜瓦瓶同一侧，避免热电偶线相互交叉。

（2）实验中，抽出被测样品时，应先旋松加热圆筒侧面的固定螺钉。样品取出后，小心将加热圆筒降下，使发热盘与散热盘接触，注意防止高温烫伤。

【附录】 铜—康铜热电偶分度表（表 3.23）

表 3.23　铜—康铜热电偶分度表

温度/°C	热电势/mV									
	0	1	2	3	4	5	6	7	8	9
0	0.000	0.039	0.078	0.117	0.156	0.195	0.234	0.273	0.312	0.351
10	0.391	0.430	0.470	0.510	0.549	0.589	0.629	0.669	0.709	0.749
20	0.789	0.830	0.870	0.911	0.951	0.992	1.032	1.073	1.114	1.155
30	1.196	1.237	1.279	1.320	1.361	1.403	1.444	1.486	1.528	1.569
40	1.611	1.653	1.695	1.738	1.780	1.882	1.865	1.907	1.950	1.992
50	2.035	2.078	2.121	2.164	2.207	2.250	2.294	2.337	2.380	2.424
60	2.467	2.511	2.555	2.599	2.643	2.687	2.731	2.775	2.819	2.864
70	2.908	2.953	2.997	3.042	3.087	3.131	3.176	3.221	3.266	2.312
80	3.357	3.402	3.447	3.493	3.538	3.584	3.630	3.676	3.721	3.767
90	3.813	3.859	3.906	3.952	3.998	4.044	4.091	4.137	4.184	4.231
100	4.277	4.324	4.371	4.418	4.465	4.512	4.559	4.607	4.654	4.701
110	4.749	4.796	4.844	4.891	4.939	4.987	5.035	5.083	5.131	5.179

【思考题】

谈谈你完成该实验后的体会。

实验 12　空气比热容比的测量

理想气体的定压比热容 c_p 与定容比热容 c_V 之间满足关系：$c_p - c_V = R$，其中 R 为气体普适常数；二者之比 $\gamma = c_p / c_V$ 称为气体的比热容比，也称气体的绝热系数，它在热力学理论及工程技术的实际应用中起着重要的作用，例如：热机的效应及声波在气体中的传播特性都与空气的比热容比 γ 有关。

【实验目的】

学习用振动法测空气的比热容比的方法。

【实验原理】

这里介绍一种通过测定钢球在特定容器中的振动周期来计算 γ 值的方法。实验基本装置如图 3.22 所示，振动物体（钢球）的直径比玻璃管直径仅小 0.01 ~ 0.02 mm。它能在此精密的玻璃管中上下移动，在瓶子的壁上有一小口，并插入一根细管，通过它气泵流出的气体可以注入到烧瓶中。

钢球 A 的质量为 m，半径为 r（直径为 d），当瓶子内压力 p 满足下面条件时，钢球 A 处于力平衡状态。这时 $p = p_L + \frac{mg}{\pi r^2}$，式中 p_L 为大气压力，g 为重力与质量的比值，通常取 $g =$ 9.8 N/kg。为了补偿由于空气阻尼引起振动钢球 A 振幅的衰减，通过气体注入口 C 管一直注入一个小气压的气流，在精密玻璃管 B 的中央开设有一个小孔。当振动钢球 A 处于小孔下方的半个振动周期时，注入气体使容器的内压强增大，引起钢球 A 向上移动，而当钢球 A 处于小孔上方的半个振动周期时，容器内的气体将通过小孔流出，容器内压强减小，钢球 A 下沉。以后重复上述过程，只要适当调整气泵、控制注入气体的流量，钢球 A 能在玻璃管 B 的小孔附近做上下简谐振动，振动周期可以利用计时装置来测得。

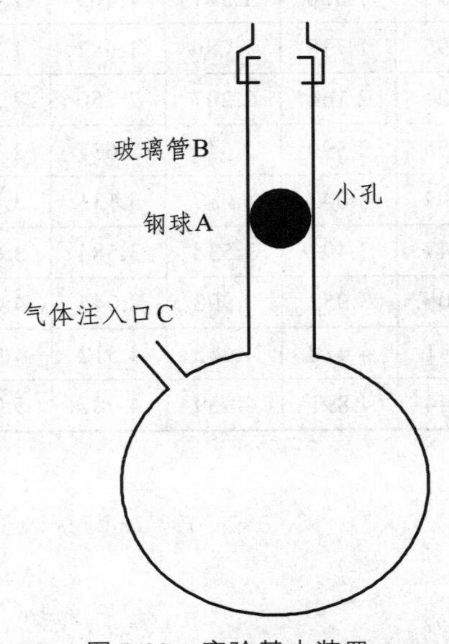

图 3.22　实验基本装置

若钢球偏离平衡位置一个较小距离 x，则容器内的压力变化 dp，物体（钢球）的运动方程为

$$m\frac{\mathrm{d}^2 x}{\mathrm{d}t^2} = \pi r^2 \mathrm{d}p \tag{3.55}$$

因为物体振动过程相当快，所以可以看作绝热过程，绝热方程

$$pV^r = 常数 \tag{3.56}$$

将（3.56）式求导数得出

$$\mathrm{d}p = -\frac{p\gamma \mathrm{d}V}{V}，\quad \mathrm{d}V = \pi r^2 x \tag{3.57}$$

将（3.57）式代入（3.55）式得

$$\frac{\mathrm{d}^2 x}{\mathrm{d}t} + \frac{\pi^2 r^4 p\gamma}{mV} x = 0$$

此式即为熟知的简谐振动方程，它的解为

$$\omega=\sqrt{\frac{\pi^2 r^4 p\gamma}{mV}}=\frac{2\pi}{T} \tag{3.58}$$

由（3.58）式解得

$$\gamma=\frac{4mV}{T^2 pr^4}=\frac{64mV}{T^2 pd^4} \tag{3.59}$$

（3.59）式中各量均可方便测得，因而可算出 γ 值。

由气体运动论可以知道，γ 值与气体分子的自由度数有关，对单原子气体（如氩）只有三个平均自由度，双原子气体（如氢）除上述 3 个平均自由度外还有 2 个转动自由度。对多原子气体，则具有 3 个转动自由度，比热容比 γ 与自由度 f 的关系为 $\gamma=\frac{f+2}{f}$。理论上得出：

单原子气体（Ar，He）：$f=3$；$\gamma=1.67$；

双原子气体（N_2，H_2，O_2）：$f=5$；$\gamma=1.40$；

多原子气体（CO_2，CH_4）：$f=6$；$\gamma=1.33$。

且与温度无关。

【实验仪器】

HLD-ATC-II 型空气比热容比测定仪由振动法测量装置、微型气泵、光电门计时器等组成。如图 3.23 所示：

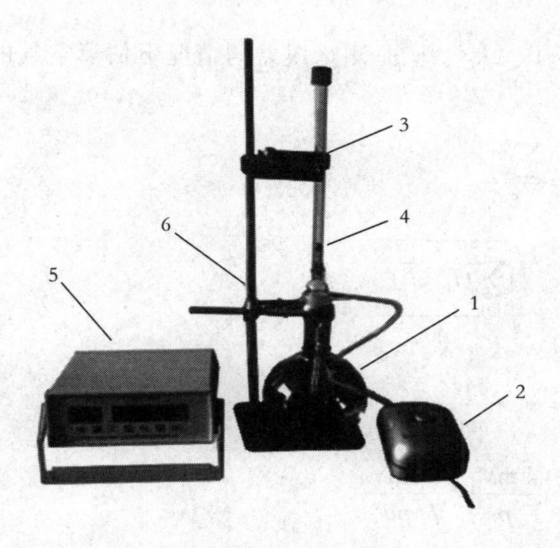

图 3.23　HLD-ATC-II 型空气比热容比测定仪

1—集气瓶；2—气泵；3—光电门；4—小钢球；5—仪器主机（光电数字计时器）；6—钢支架

【实验内容】

（1）先将气泵上的出气量调节旋钮逆时针旋到最小位置（此步骤是必需的，以免气流过大将小球冲出管外造成钢球或瓶子损坏），然后接通电源，调节气泵上气量调节旋钮，使小球在玻璃管中以小孔为中心上下振动。

（2）把光电门固定在玻璃管中的小孔附近，使小球的每一次经过光电门都能遮断一次光路。

（3）利用光电计时器来记录小球振动 30 次的平均周期时间，重复测量 5 次，将结果记录。

（4）取出振动物体（钢球）（取钢球的方法见注意事项 2），然后用螺旋测微计测出钢球的直径 d，重复测量 5 次，用物理天平测出钢珠的质量 m，将结果记录。

（5）烧瓶容积由实验室给出（或用注水排水法测量），大气压力由气压表自行读出，并换算成 N/m^2（1 个标准大气压为 101 325 Pa = 760 mmHg = 1.013×10^5 N/m^2），根据公式（5）计算气体分子的比热容比。

【数据记录】（见表 3.24）

表 3.24 数据记录

$p =$ ______

次数	1	2	3	4	5
t/s					
T/°C					

$d = 10$ mm；$\Delta d = 0.004$ mm；$m = 4.00$ g；$\Delta m = 0.05$ g；$V = 1\ 451$ cm^3

【数据处理】

在忽略容器体积 V、大气压 p_L 测量误差的情况下估算空气的比热容比及其不确定度 $\gamma\pm\Delta\gamma$

$$\overline{T}=\frac{\sum T_i}{5}$$

$$\Delta T=\sqrt{\frac{\sum_{i=1}^{5}(T_i-\overline{T})^2}{4}}$$

$$p=p_L+\frac{mg}{\pi r^2}$$

$$\gamma=\frac{4\text{ mV}}{T^2pr^4}=\frac{64\text{ mV}}{T^2pd^4}$$

$$E_r=\sqrt{\left(\frac{\Delta m}{m}\right)^2+\left(2\frac{\Delta T}{T}\right)^2+\left(4\frac{\Delta d}{d}\right)^2}\times100\%$$

$$\Delta\gamma=E_r\cdot\overline{r}$$

$$\gamma=\overline{r}\pm\Delta r$$

【注意事项】

（1）气流过大或过小会造成钢球不以玻璃管壁上小孔为中心的上下振动，调节时需要用手挡住玻璃管上方，以免气流过大将小球冲出管外造成钢球或瓶子损坏。

（2）本实验装置主要系玻璃制成，且对玻璃管的要求特别高，振动钢球 A 的直径仅比玻璃管内径小 0.01 mm 左右，因此振动钢球 A 表面不允许擦伤。平时它停留在玻璃管的下方（用弹簧托住）。若要将其取出，只需在它振动时，用手指将玻璃管壁中间的小孔堵住，稍稍加大气流量钢球便会上浮到管子上方开口处，就可以方便地取出，或将此管由瓶上取下，将球倒出来。

【思考题】

（1）测量比热容的理论依据是什么?

（2）本实验产生误差的主要原因是什么?

实验 13 热温变化测量实验

【实验目的】

（1）测量热学系统的散热系数及研究其温升规律。

（2）学习用单对数坐标纸处理实验数据等。

【实验原理】

考虑一热学系统，例如：带空调的一间房屋、供暖的一座住宅楼，实验时一个电量热杯。当其温度 T 高于（或低于）环境温度 T_1，在没有人为供（取）热量时，系统的温度变化速率与温差 $(T-T_1)$ 成正比。

$$\frac{\mathrm{d}T}{\mathrm{d}t}=-K(T-T_1) \tag{3.60}$$

此即牛顿总结出的冷却定律，式中 t 为时间，K 为系统的散热系数。当以一定的功率 P 给系统加热量时，其温度的时间变化速率不仅与 $(T-T_1)$ 相关而且还和系统的热容量相关。

$$C=\sum_{i=1}^{n}c_i m_i \tag{3.61}$$

式中 m_i 为第 i 种物质的质量，c_i 为其比热容，n 为热学系统内的物质个数。C 值可以用类似于本实验的方法分别测出，在此我们从表 3.25 中查得：

表 3.25　一些物质在 20 °C 下的比热容 c_i

比热容 \ 物名	水	玻璃	铁	铜	铝
$c\Big/\dfrac{\text{cal}}{\text{g}\cdot{}^\circ\text{C}}$	0.999	0.14 ~ 0.22	0.107	0.0919	0.211
$c\Big/\dfrac{\text{J}}{\text{g}\cdot{}^\circ\text{C}}$	4.176	0.585 ~ 0.920	0.447	0.378	0.882

其中 g 为物质质量的克数（10^{-3} kg），cal 为热量的卡路里数，J 为焦耳数，°C 为摄氏温度数。

从一般的教科书中得知

$$\frac{\mathrm{d}T}{\mathrm{d}t}=\frac{P}{C}-K(T-T_1) \tag{3.62}$$

若 P 值用直流电源供给则

$$P=V\cdot I \quad \text{或} \quad A=V\cdot I\cdot t \tag{3.63}$$

式中，V 的单位为伏特，I 的单位为安培，（3.62）式的 C 值应取（$\dfrac{\text{J}}{{}^\circ\text{C}}$）数。

解（3.60）式，设 $t=t_4$ 时 $T=T_4$

$$\int_{T_4}^{T}\frac{\mathrm{d}T}{T-T_1}=\int_{t_4}^{t}-K\mathrm{d}t \tag{3.64}$$

式中，T_4 为初始温度值，（T 为 t 时刻系统的温度值）取自然对数，有

$$\ln(T-T_1)=\ln(T_4-T_1)-K(t-t_4) \tag{3.65}$$

即在半（自然）对数坐标纸上，以 t 为横坐标（均匀刻度）；以（$T-T_1$）值为纵坐标，则关系图即为一直线，其斜率即为散热系数

$$K=\frac{\ln(T_4-T_1)-\ln(T-T_1)}{(t-t_4)} \tag{3.66}$$

将（3.62）式整理为 $\dfrac{\mathrm{d}\left[\dfrac{P}{C}-K(T-T_1)\right]}{\left[\dfrac{P}{C}-K(T-T_1)\right]}=-K\mathrm{d}t$

然后积分，有 $\ln\left[\dfrac{P}{C}-K(T-T_1)\right]=-Kt+\ln a$

式中 $\ln a$ 为由初始条件决定积分常数，设 $t=0$ 时，$T-T_2$，则

$$a=\left[\frac{P}{C}-K(T_2-T_1)\right] \tag{3.67}$$

于是有 $\left[\dfrac{P}{C}-K(T-T_1)\right]=\left[\dfrac{P}{C}-K(T_2-T_1)\right]\mathrm{e}^{-kt}$

整理后

$$T=\frac{1}{K}\left\{\frac{P}{C}-\left[\frac{P}{C}-K(T_2-T_1)\right]\mathrm{e}^{-kt}\right\}+T_1 \tag{3.68}$$

如果实验从 T_1 开始，即（T_2-T_1），则有

$$T=\frac{P}{K\cdot C}(l-\mathrm{e}^{-kt})+T_1 \tag{3.69}$$

（3.68）、（3.69）就是较普遍适用的，包含有散热在内、加热源的系统温变方程。我们的实验就是用（3.65）式中测出系统的散热系数 K 值后，用（3.68）、（3.69）研究温升规律，生产、生活实际中的用温、用热问题。

实验装置如图 3.24 所示：

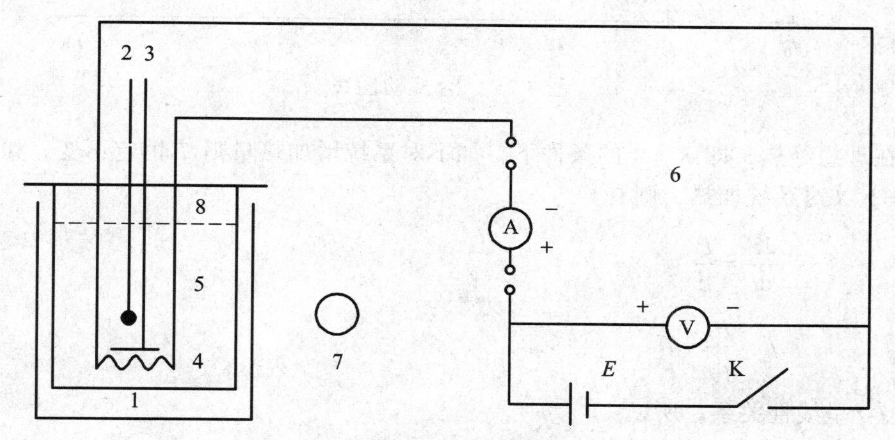

图 3.24　实验装置图

1—量热杯（未加隔离热罩）；2—温度计；3—搅拌器；4—电炉丝；5—蒸馏水；6—热温变化测量仪；7—计时器；8—泡沫塑料盖（防蒸发）

【实验内容】

（1）从墙壁温度计上读出环境温度 T_1。

（2）测记量热杯的质量（电极、电炉丝，搅拌器等的质量 $m_{Cu}=28\times10^{-3}$ kg）。

（3）按图 3.24，在量热杯内充以蒸馏水（热容量的份额值占绝大多数）。

（4）从温度计上读出 T_2 值，因水的蒸发，实际上 $T_2<T_1$，操作时，应在通电前就开始搅拌，在 $T=T_1$（$=T_2$）开始计时，就使以后计算时简单。

（5）合上开关，同时记录开始的时间 t，和 V，I 值。

（6）温度逐渐上升，每一分钟，记下当时的温度值，或每升 2 °C 记下时刻值，为使系统均匀升温，需搅拌（但所作之功、增加的热量可忽略不计）先升得快，后升得慢，当散热损失功率 $K\cdot C\cdot(T-T_1)$ 和 $V\cdot I$ 相等时，温度就不再上升。当 $T=T_3$ 时，停止加热（断开电源），同时记下 t 值。

（7）停止加温后，因电热丝上的温度比水介质温度高，所以，停止加温后 T 值也会在 T_3 的基础上略有变化，而且同时还存在动态地散失热量而降温。查任随其变化，在 $T=T_4$ 时，才从容地作散热系数测量实验，记下开始的时刻 t_4。和可能变化一点儿 T' 然后作出散热时的 T-t 测量。整个 T（°C）-t（s）图，如图 3.25 所示。

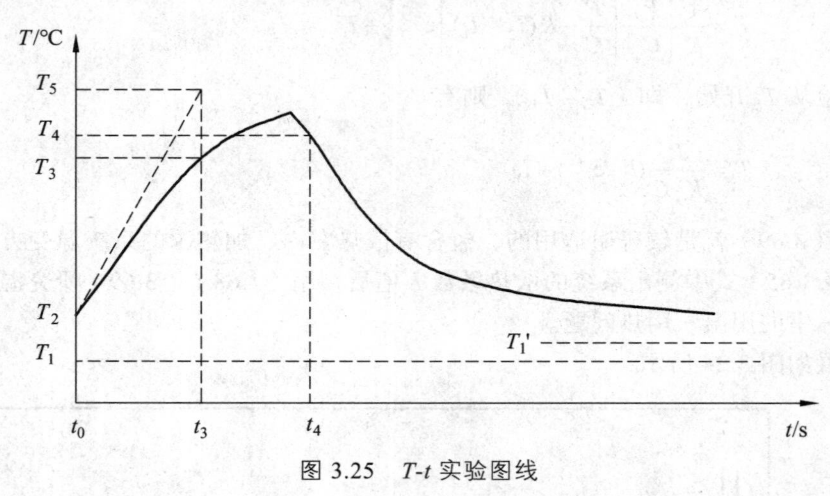

图 3.25　T-t 实验图线

附：在理想绝热，即 $K=0$ 的条件下，如不对系统增加热量则 T 恒定不变，如果对系统以功率 $P=V\cdot I$ 对系统加热，则有

$$\frac{\mathrm{d}T}{\mathrm{d}t}=\frac{P}{c} \tag{3.70}$$

$$T=\frac{P}{c}t+T_2 \tag{3.71}$$

可见 T-t 呈线性关系。所以

$$(T_5-T_2)=\frac{P}{c}(t_3-t_0) \tag{3.72}$$

（3.72）式即测比热容和热功当量的理论式。理想的绝热条件是不可能的，但根据（3.65），（3.69）式可以从温度的起始点（T_A）、终止点（T_B）值，使满足

$$T_B-T_1=T_1-T_A$$

使实验的前阶段的对环境的额外吸热值近似等于后阶段的额外散热值，以消除非理想绝热实验条件所造成的影响。

注意：在做温变规律研究时，不用量热杯周围的绝热（泡沫塑料）罩；作比热容和热功当量测量时需加绝罩，用热功当量时 P 值以焦耳计，而比热容以 $\mathrm{cal}\cdot°\mathrm{C}^{-1}\cdot\mathrm{kg}^{-1}$ 计，由此计算出热功当量比值。

【注意事项】

（1）搅拌时，一只用压住绝热盖即可，不能用手捂住量热杯，否则影响测量值（散热系统是不一样的）。

（2）温度计须读至十分之一度（即 0.1 °C）。

（3）温度计的热容量值只估算到淹至水中的部分。

（4）实验室门窗间的无序对流风不能吹实验的测量系统。

（5）实验完毕，必须将烧杯中的水倒掉，以免电极生锈。

【思考题】

（1）为什么可以不计及量热杯的绝热盖的热容值。

（2）假定搅拌器的质量为 10 g，在整个升温阶段，上、下搅动的距离为 5 cm，共 3 000 次，试计算所做的功，对实验造成的影响是否可以忽略（水的阻力忽略不计）。

【技术指标】

（1）热温装置。

① 加热电炉丝电阻值约为 15 Ω 左右。

② 烧杯外直径 84 mm，高度 87 mm。

③ 烧杯玻璃比热容值 $c = 0.75\ \text{J/°C} \times 10^{-3}\ \text{kg}$。

④ 电极、电热丝等总质量 $28 \times 10^{-3}\ \text{kg}$，比热容量值 $c = 0.45\ \text{J/°C} \times 10^{-3}\ \text{kg}$。

⑤ 隔离层内壁质量 $m_{\text{Fe}} = (92.0 \pm 1.0) \times 10^{-3}\ \text{kg}$。

⑥ 温度计一支（1 °C 分度）。

（2）热温变化测量仪：

① 适合电源 ~ 220 V，50 Hz；

② 输出电压 1.2 V—30 V；

③ 输出电流 0—2.0 A；

④ 仪器上所装电压表、电流表虽为 2.5 级表头。生产时用 0.5 级表对该表的额定值（30 V，2.0 A）两点进行校正，此两点误差均小于 1%。可按 1.0 级表误差计算。用户也可另用级别高的电表进行实验。

⑤ 电路原理图如图 3.26 所示。

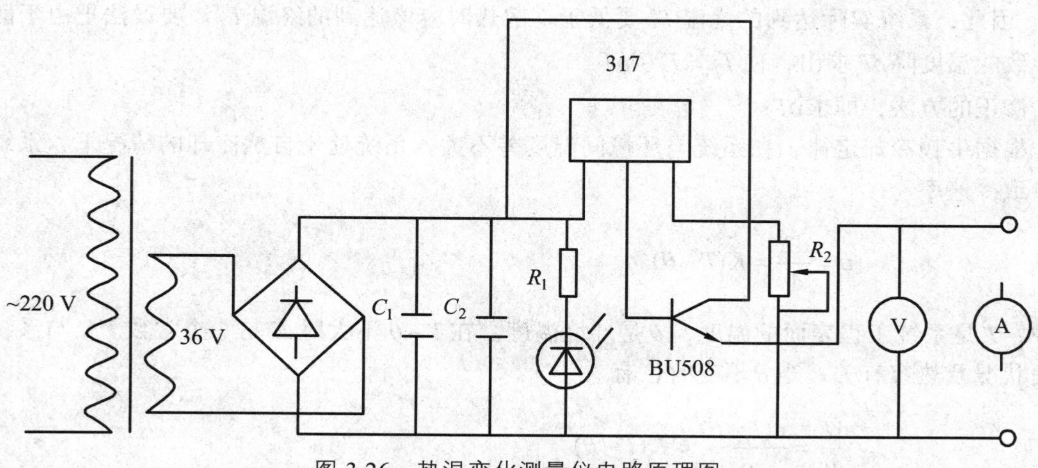

图 3.26　热温变化测量仪电路原理图

（3）蒸馏水、测时计自备。

实验 14 电热法测定热功当量

【实验目的】

（1）用电热发测定热功当量。

（2）另一种散热修正的方法——修正终温。

（3）比较该种散热修正方法与补偿法的区别。

【实验原理】

1. 用电热法测定热功当量

加在电阻两端的电压为 V，通过电阻的电流为 I，通电时间为 t，则电场力做功

$$A = VIt$$

式中，V 的单位是 V，I 的单位是 A，t 的单位是 s，A 的单位是 J。

如果这些功全部转化为热量，使一个盛水的量热器系统的温度从 T_0 °C 升高到 T_f °C，则系统所吸收的热量为

$$Q = (m_0 c_0 + m_1 c_1 + 0.46\delta V)(T_f - T_0)$$

式中，m_0 和 c_0 是水的质量和比热容，m_1 是量热器系统内所有铜质器件，包括搅拌器、电阻丝、接线柱等的比质量（事先给出）。$c_1 = 1.00\ \text{Cal}\cdot\text{g}^{-1}\cdot{}^\circ\text{C}^{-1}$。$\delta V$ 是水银温度计浸入水中部分的体积（cm^3）。如果在过程中没有热量散失，则 $A = JQ$

$$J = A/Q\ (\text{J}\cdot\text{Cal}^{-1})$$

2. 散热修正

实际上，在用电流加热使系统升温的过程中系统是向外散热的（设系统温度高于环境温度）。因此，系统实际达到的终温 T_f'' 要低于不散热时应该达到的终温 T_f。要设法把由于散热而导致的温度降 δT 求出，使 $T_f = T_f'' + \delta T$

修正的方法，即求 δT：

根据牛顿冷却定律，在系统与环境间温度差不大，系统处于自然冷却的情况下，系统的散热致冷速率

$$\upsilon = \frac{\mathrm{d}T}{\mathrm{d}t} = K(T - \theta)$$

式中，T 是系统工程表面的温度，θ 是环境温度。在 $T-\theta$ 不大时 K 是一个常数。K 与系统的表面状况及热容有关。当 θ 不变时，有

$$\frac{\mathrm{d}T}{\mathrm{d}t} = \frac{\mathrm{d}(T-\theta)}{\mathrm{d}t} = K(T - \theta)$$

取 $t = 0$ 时 $T = T_0'$，上式可解出

$$K = \frac{1}{t}\ln\frac{T_f' - \theta}{T_0' - \theta}(1/\min) \tag{3.73}$$

T_f' 为系统 t 分钟后的温度值。T_f' 比 T_0' 下降时，求得 $K<0$，说明系统是降温。每分钟降温

$$\mathrm{d}T = \left|K(T-\theta)\right| \tag{3.74}$$

每隔 1 分钟记下系统在加热至降温过程中的温度 T_0、T_1、T_2、$T_3\cdots$，以 $\frac{1}{2}(T_0+T_1)$、$\frac{1}{2}(T_1+T_2)$、$\frac{1}{2}(T_2+T_3)$ ……作为 1、2、3、……分钟内系统的平均温度，根据（3.74）式可以求出第 1、第 2、第 3……分钟内由于散热而导致的温度降低值 $\mathrm{d}T_1$，$\mathrm{d}T_2$，$\mathrm{d}T_3$……，这样，第 1，2，3……分钟末了系统由于散热而导致的温度降为

$$\delta T = \mathrm{d}T_1 + \mathrm{d}T_2 + \mathrm{d}T_3 + \cdots + \mathrm{d}T_t$$

（K 值可由（3.73）式求出）

【实验仪器】

量热器、温度计（0—50.00 °C 二支、0—100.00 °C 一支）、加热电阻丝、稳压电源、安培计、伏特计、变阻器、物理天平、停表等。

【实验内容】

（1）实验装置如图 3.27 所示。A 为量热器外筒，B 为量热器内筒，C 为绝缘垫圈，D 是绝缘盖，L 是接线柱，F 是电阻加热器，H 是温度计，E 是稳压电源，V 取约 3 伏特。

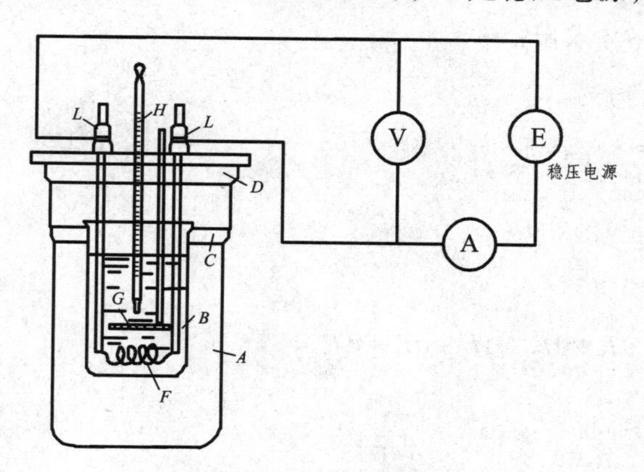

图 3.27　实验装置图

（2）通电后隔 1 min 记下系统温度。断电后继续记温，到系统自然冷却一段时间后再停止。通电前稳定温度为 T_0，断电后的最高温度为 T_f''。自然冷却过程资料用于计算 δT。列表。

（3）隔一定时间记下 V、I 数值，取平均。列表。

（4）自始至终必须不断搅拌，这样才能使温度计的示数代表系统表面的温度。

（5）温度计不得靠近加热炉丝，注意搅拌器、加热器、量热器内筒不要短路。

【数据记录与处理】

数据记录见表 3.26、3.27。

表 3.26　数据记录

$\theta=$ °C	$T_0=$ °C	$U=$ V	$I=$ A
$V_{水}=$ ml	$m_0=$ g	$m_1=$ g	$\delta V=$ cm^3

表 3.27　数据记录　　单位：°C

通电后每隔 1 分钟的温度	$T_0=$	$T_1=$	$T_2=$	$T_3=$	$T_4=$	$T_5=$
断电后每隔 1 分钟的温度	$T_0'=$	$T_1'=$	$T_2'=$	$T_3'=$	$T_4'=$	$T_5'=$

（1）由 $K=\frac{1}{t}\ln\frac{T_f'-\theta}{T_0'-\theta}$ (1/min) 解出：

$$K_1=$$
$$K_2=$$
$$K_3=$$
$$K_4=$$
$$K_5=$$

所以 $$\overline{K}=$$

（2）由 $\mathrm{d}T=|K(T-\theta)|$ 求出：

$$\mathrm{d}T_1=$$
$$\mathrm{d}T_2=$$
$$\mathrm{d}T_3=$$
$$\mathrm{d}T_4=$$
$$\mathrm{d}T_5=$$

则 $$\delta T=\mathrm{d}T_1+\mathrm{d}T_2+\mathrm{d}T_3+\mathrm{d}T_4+\mathrm{d}T_5=$$

（3）$T_f=T_f''+\delta T=$ 　　　　°C

（4）$A=UIt=$ 　　　　J

$$Q=(m_0C_0+m_1C_1+0.46V)(T_f-T_0)= \qquad \text{cal}$$

（5）热功当量 $J=A/Q=$ 　　　　J/cal

【思考题】

（1）T_0是否一定要是系统加热前的温度？可否任选？是否开始加热就必须计时？

（2）如何判断散热修正结果的正确性？修正后终温该如何取？

3.3　电磁学实验

实验 15　静电场的描绘

模拟法的本质是用一种易于实现、便于测量的物理状态或过程模拟不易实现、不便测量的状态和过程，要求这两种状态或过程有一一对应的两组物理量，且满足相似的数学形式及边界条件。

一般情况，模拟可分为物理模拟和数学模拟，对一些物理场的研究主要采用物理模拟（物理模拟就是保持同一物理本质的模拟），例如用光测弹性模拟工件内部应力的分布等。数学模拟也是一种研究物理场的方法，它是把不同本质的物理现象或过程，用同一数学方程来描绘。对一个稳定的物理场，若它的微分方程和边界条件一旦确定，其解是唯一的。两个不同本质的物理场如果描述它们的微分方程和边界条件相同，则它们的解是一一对应的，只要对其中一种易于测量的场进行测绘，并得到结果，那么与它对应的另一个物理场也就知道了。由于稳恒电流场易于实现测量，所以就用稳恒电流场来模拟与其具有相同数学形式的其他物理场。

所谓模拟法即在导电纸平面（或其他导电溶液内）放一适当电极系统，通上直流电使之在导电纸平面（或其他导电溶液内）产生稳定电流场。如果经过分析或计算，这时稳定电流场的分布情况和某电极系统产生的静电场有相同的微分方程、边界条件以及相同的数学规律、函数形式，则这个稳定电流场就叫该静电场的“模拟电场”。产生这个稳定电场的电极系统叫作“模拟电极系”。模拟法就是通过对模拟电极系产生的模拟稳定电流场的测绘，从而了解被模拟的静电场的分布。

我们还要明确，模拟法是在实验和测量难以直接进行，尤其是理论难以计算时，采用的一种方法，它在工程设计中有着广泛的应用。

【实验目的】

（1）加深对电场强度和电位概念的理解。

（2）学习用模拟法测绘静电场的原理和方法。

【实验原理】

静电场与稳恒电流场是两种不同的场，但是它们之间在一定的条件下具有相似的空间分布，即两种场遵守的规律在形式上相似，它们都可以引入电位 U 和电场强度 $E=-\nabla U=-\dfrac{\mathrm{d}U}{\mathrm{d}L}$，它们的 U 和 E 都遵守高斯定理和安培环路定律。

对静电场，电场强度矢量 E 在无源区域内满足以下积分关系：

$$\oint_s E\cdot \mathrm{d}s=0 \qquad \oint_l E\cdot \mathrm{d}l=0$$

对于稳恒电流场，电流密度矢量 J 在无源区域内也满足类似的积分关系：

$$\oint_s J \cdot \mathrm{d}s = 0 \qquad \oint_l J \cdot \mathrm{d}l = 0$$

由此可见，E 和 J 在各自区域中满足同样的数学规律。若稳恒电流场空间均匀地充满了电导率为 σ 的不良导体，不良导体的电场强度矢量 E' 与电流密度矢量 J 之间遵循欧姆定律

$$J = \sigma E'$$

那么，E 和 E' 在各自的区域中也满足同样的数学规律。在相同边界条件下，有电动力学的理论可以严格证明：对于具有相同边界条件的相同方程，其解也相同。因此，可以用稳恒电流场来模拟静电场。也就是说，静电场的电力线和等势线与稳恒电流场的电流密度矢量和等位线具有相似性的分布。因此，测定了稳恒电流场的电位分布，也就求得了与它相似的静电场的电场分布。

对于同轴长圆柱形电缆的静电场，可以利用稳恒电流场与相应的静电场在空间形式上的一致性来进行模拟。只要保证电极形状一定，电极电位不变，空间介质均匀，在任何一个考察点，均有“$U_{稳恒} = U_{静电}$”或“$E_{稳恒} = E_{静电}$”。下面以同轴圆柱形电缆的静电场和相应的模拟场-稳恒电流场来讨论这种等效性。

如图 3.28（a）所示，在真空中有一半径为 r_a 的长圆柱形导体 A 和一个内径为 r_b 的长圆筒形导体 B，它们同轴放置，分别带等量异号电荷。由高斯定理可知，在垂直与轴线的任一个截面 S 内，都有均匀分布的辐射状电力线，这是一个与坐标 z 无关的二维场。在二维场中，电场强度 E 平行于 xy 平面，其等位面为一簇同轴圆柱面。因此，只需研究任一垂直横截面上的电场分布即可。

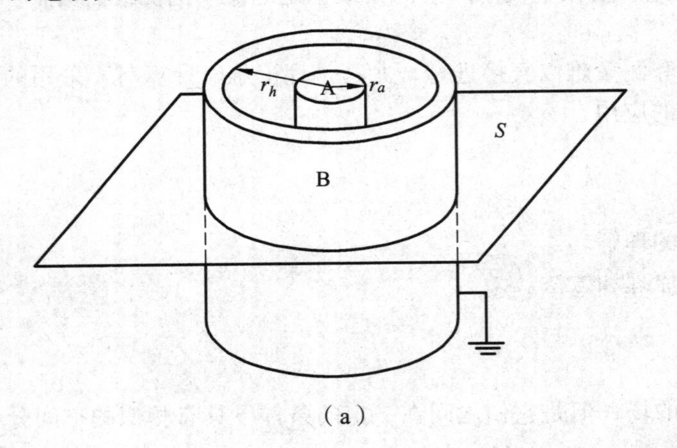

（a）

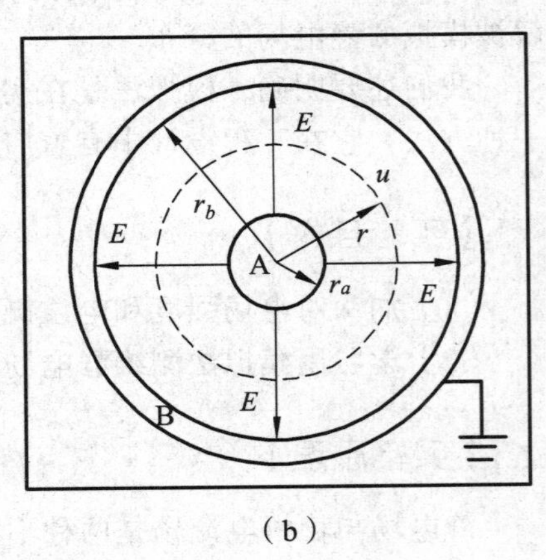

（b）

图 3.28　同轴电缆线的模拟模型

距轴心 O 半径为 r 处［见图 3.28（b）］的各点电场强度为

$$E = \frac{\lambda}{2\pi\varepsilon_0 r}$$

式中，λ 为 A（或 B）的电荷密度。其电位为

$$U_r = U_a - \int_{r_a}^{r} E \cdot \mathrm{d}r = U_a - \frac{\lambda}{2\pi\varepsilon_0} \ln \frac{r}{r_a} \tag{3.75}$$

若 $r = r_b$ 时，$U_b = 0$，则有

$$\frac{\lambda}{2\pi\varepsilon_0} = \frac{U_a}{\ln \frac{r_b}{r_a}}$$

代入式（3.75）得

$$U_r = U_a \ln \frac{r_b}{r} \Big/ \ln \frac{r_b}{r_a} \tag{3.76}$$

距中心 r 处电场强度为

$$E_r = -\frac{\mathrm{d}U_r}{\mathrm{d}r} = \frac{U_a}{\ln \frac{r_b}{r_a}} \cdot \frac{1}{r} \tag{3.77}$$

若上述圆柱形导体 A 与圆筒形导体 B 之间不是真空，而是均匀地充满了一种电导率为 σ 的不良导体，且 A 和 B 之间分别与直流电源的正负极相连（见图 3.29），则在 A、B 间将形成径向电流，建立起一个稳恒电流场 E_r'，可以证明不良导体中的电场强度 E_r' 与原真空中的静电场 E_r 是相同的。

取厚度为 l 的圆柱形同轴不良导体片来研究。材料的电阻率为 $\rho = 1/\sigma$，则任意半径 r 到 $r + \mathrm{d}r$ 的圆周间的电阻是

$$\mathrm{d}R = \rho \cdot \frac{\mathrm{d}r}{2\pi r l} = \frac{\rho}{2\pi l} \cdot \frac{\mathrm{d}r}{r}$$

则从半径为 r 的圆周到半径为 r_b 的圆周之间的不良导体薄块的电阻为

$$R_{rr_b} = \frac{\rho}{2\pi l} \int_{r}^{r_b} \frac{\mathrm{d}r}{r} = \frac{\rho}{2\pi l} \ln \frac{r_b}{r}$$

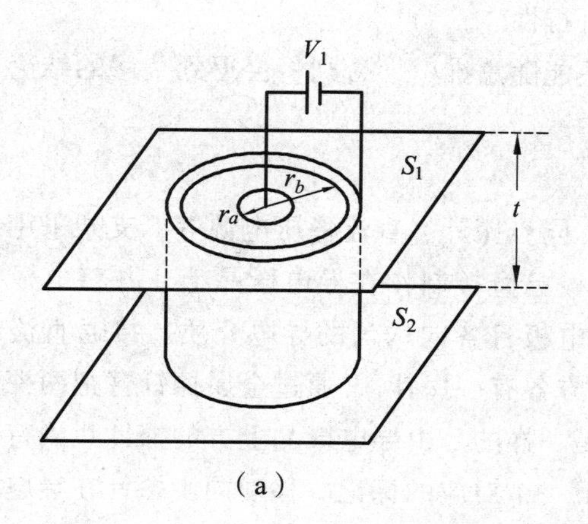

（a）

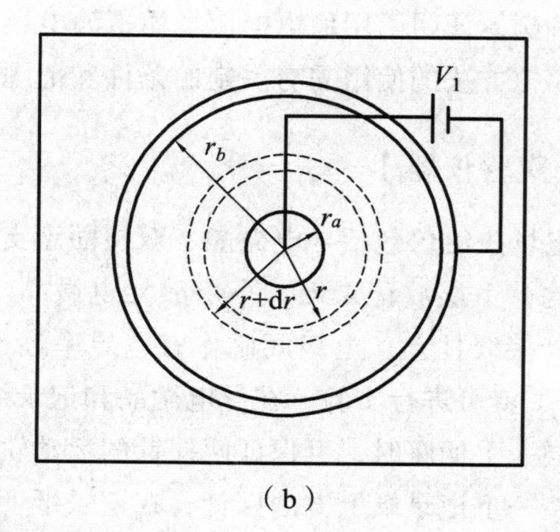

（b）

图 3.29　同轴电缆连接电源

由此可知，总电阻，即半径 $r_a \sim r_b$ 之间圆柱片的电阻为

$$R_{r_a r_b} = \frac{\rho}{2\pi l} \ln \frac{r_b}{r_a}$$

若设 $U_b = 0$，则径向电流为

$$I = \frac{U_a}{R_{r_a r_b}} = \frac{2\pi l U_a}{\rho \ln \frac{r_b}{r_a}}$$

距中心 r 处的电位为

$$U_r' = IR_{r r_b} = U_a \ln \frac{r_b}{r} \Big/ \ln \frac{r_b}{r_a} \tag{3.78}$$

则稳恒电流的电场强度为

$$E_r' = -\frac{\mathrm{d}U_r'}{\mathrm{d}r} = \frac{U_a}{\ln \frac{r_b}{r_a}} \cdot \frac{1}{r} \tag{3.79}$$

可见式（3.78）与式（3.79）具有相同形式，说明稳恒电流场与静电场的电位分布函数完全相同，即柱面之间的电位 U_r 与 $\ln r$ 均为直线关系，并且 U_r / U_a 即相对电位都是坐标函数，与电场电位的绝对值无关。显而易见，稳恒电流的电场强度 E' 与静电场强度 E 的分布也是相同的，因为

$$E' = \frac{\mathrm{d}U_r'}{\mathrm{d}r} = \frac{\mathrm{d}U_r}{\mathrm{d}r} = E$$

实际上，并不是每种带电体的静电场及模拟场的电位分布函数都能计算的，只有在 σ 分布均匀而且几何形状对称规则的特殊带电体的场分布，才能用理论严格计算。上面只是通过一个特例，证明了用稳恒电流场模拟静电场的可行性。

模拟方法的使用需有一定的条件和范围，不能随意推广，否则将会得到荒谬的结论。

【实验仪器】

电场描绘仪包括导电微晶、双层固定支架、同步探针、直流稳压电源等，支架采用双层式结构，上层放记录纸，下层放导电微晶。电极已直接制作在导电微晶上，并将电极引线接到外接线柱上，电极间制作有电导率远小于电极且各向均匀的导电介质。接通直流电源（10 V）就可进行实验。在导电微晶和记录纸上方各有一探针 ，通过金属探针臂把两探针固定在同一手柄座时，可保证两探针的运动轨迹是一样的。由导电微晶上方的探针找到待测点后，按一下记录纸上方的探针，在记录纸上留下一个对应的标记。移动同步探针在导电微晶上找出若干电位相同的点，由此即可描绘出等位线。

【实验内容】

1. 描绘同轴电缆的静电场分布

（1）利用图 3.29（b）所示模拟模型，将导电微晶上内外两电极分别与直流稳压电源的正负极相连接，电压表正负极分别与同步探针及电源负极相连接，移动同步探针测绘同轴电缆的等位线簇。要求：相邻两等位线间的电位差为 2 V（即：2 V、4 V、6 V、8 V），以每条等位线上各点到原点的平均距离 $\bar{r}$ 为半径画出等位线的同心圆簇。

（2）根据电力线与等位线正交原理，再画出电力线，并指出电场强度方向，得到一张完整的电场分布图。

（3）由式（3.76）可导出圆形等位线半径 $r_{理}$ 的表达式为

$$r_{理}=\frac{r_b}{\left(\dfrac{r_b}{r_a}\right)^{\frac{U_r}{U_a}}}$$

试讨论 U_r 及 E_r 与 r 的关系，说明电力线的疏或密随 r 值的不同如何变化。

（4）由上式给出的 $r_{理}$ 的表达式算出每个等位线圆半径的理论值 $r_{理}$，与实验测定的等位线圆半径 r 比较，求百分误差，分析误差原因。

2. 描绘聚焦电极的电场分布

利用图 3.30 所示模拟模型，测绘阴极射线示波管内聚焦电极间的电场分布。要求测出 5～7 条等位线，相邻等位线间的电位差 2 V（1 V、3 V、5 V、7 V、9 V）。该场为非均匀电场，等位线是一簇互不相交的曲线，每条等位线的测量点应取得密一些。画出电力线，可了解静电透镜聚焦场的分布特点和作用，加深对阴极射线示波管聚焦原理的理解。

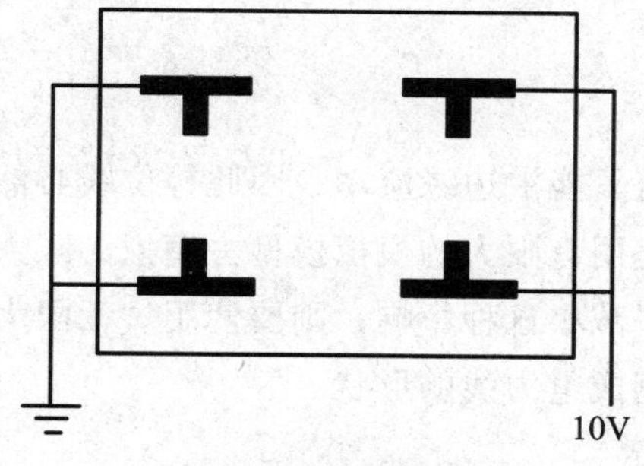

图 3.30　模拟模型

【数据处理】

1. 无限同轴导体圆柱面间静电场

（1）确定电极系中心。

（2）作等势线。

（3）作电场线。

2. 画 U_r-r 电场分布曲线

（1）用直尺量出各等势线的半径 r。填入表 3.28。

（2）计算各等势线半径（$r_a=0.5\ \text{cm}$，$r_b=6.5\ \text{cm}$）

$$r_{理}=\frac{r_b}{\left(\dfrac{r_b}{r_a}\right)^{\frac{U_r}{U_a}}}$$

（3）作 U_r-r 曲线，由 $E=\dfrac{U_a}{\ln\dfrac{r_b}{r_a}}\cdot\dfrac{1}{r}$ 算出 $r=2\ \text{cm}$ 处的场强。

表 3.28 数据记录

电位 U_r /V	r/cm	$r_{理}$ /cm	相对误差/%
2			
4			
6			
8			

3. 示波管聚焦电极静电场

（1）描绘等势线。

（2）作电场线。

【注意事项】

由于导电玻璃边缘出电流只能沿边缘流动，因此等位线必然与边缘垂直，使该处的等位线和电力线严重畸变，这就是用有限大的模拟模型去模拟无限大的空间电场时，必然会受到的“边缘效应”的影响。如果减小这种影响，则要使用“无限大”的导电玻璃进行实验，或者认为地将导电玻璃的边缘割成电力线的形状。

【思考题】

（1）用电流场模拟静电场的理论依据是什么？

（2）等位线与电力线之间有何关系？如果电源电压 U_0 增加 1 倍，等位线和电力线的形状是否发生变化？电场强度和电位分布是否发生变化？为什么？

（3）根据测绘所得等位线和电力线的分布，分析哪些地方场强较弱，哪些地方场强较强？

（4）在描绘同轴电缆的等位线簇时，如何正确确定圆形等位线簇的圆心，如何正确描绘圆形等位线？

实验 16　制流电路与分压电路

【实验目的】

（1）了解基本仪器的性能和使用方法。

（2）掌握制流与分压两种电路的联结方法，性能和特点，学习检查电路故障的一般方法。

（3）熟悉电磁学实验的操作规程和安全知识。

【实验原理】

1. 制流电路

电路如图 3.31 所示，图中 E 为直流电源；R 为滑线变阻器，mA 为数字电流表；R_Z 为负载；本实验采用电阻箱；K 为电源开关；它是将滑线变阻器的滑动头 C 和任一固定端（如 A 端）串联在电路中，作为一个可变电阻，移动滑动头的位置可以连续改变 AC 之间的电阻 R_{AC}，从而改变整个电路的电流 I，由全电路的欧姆定律得：

$$I=\frac{E}{R_Z+R_{AC}}$$

当 $R_{AC}=0$　　$\mathrm{I}\to I_{\max}=\frac{E}{R_Z}$

$R_{AC}=R_0$　　$\mathrm{I}\to I_{\min}=\frac{E}{R_Z+R_0}$

电压调节范围，$\frac{R_Z}{R_0+R_Z}E$ —— E

相应的电流变化范围为 $\frac{E}{R_0+R_Z}$ —— $\frac{E}{R_Z}$

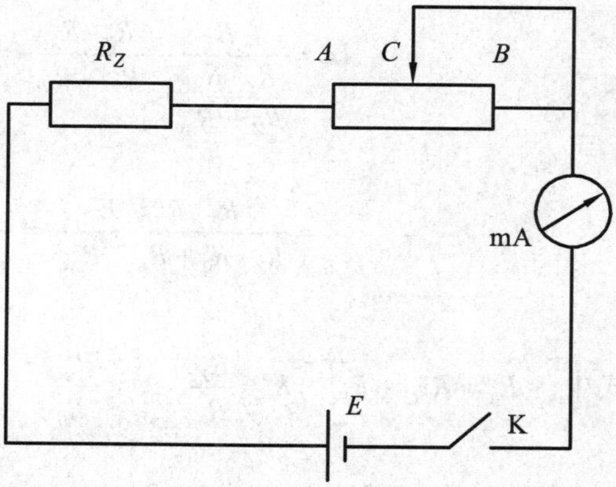

图 3.31　制流电路

一般情况下负载 R_Z 中的电流为

$$I=\frac{E}{R_Z+R_{AC}}=\frac{\frac{E}{R_0}}{\frac{R_Z}{R_0}+\frac{R_{AC}}{R_0}}=\frac{I_{\max}K}{K+X}$$

式中，$K=\frac{R_Z}{R_0}$，$X=\frac{R_{AC}}{R_0}$。

2. 分压电路

分压电路如图 3.32 所示，当滑动头 C 由 A 端滑至 B 端，负载上电压由 0 变至 E，调节的范围与变阻器的阻值无关，当滑动头 C 在任一位置时，AC 两端的分压值 U 为

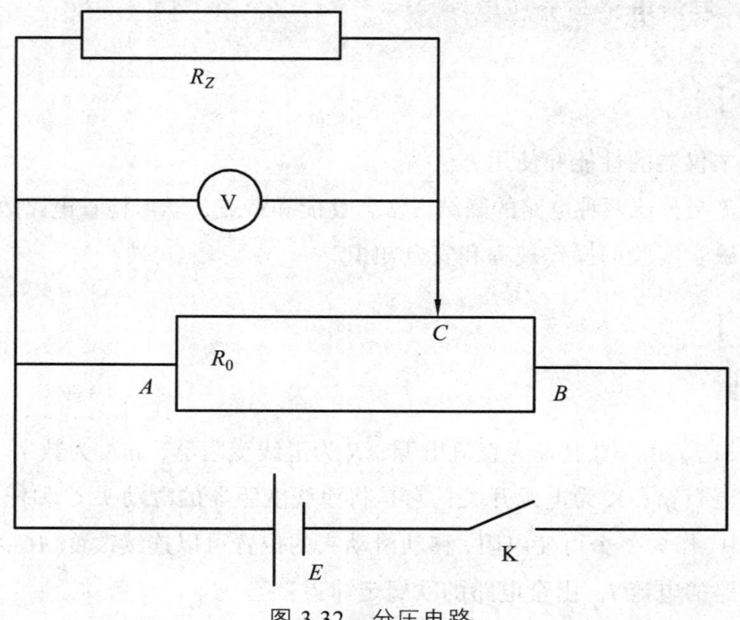

图 3.32 分压电路

$$U=\frac{E}{\frac{R_Z\cdot R_{AC}}{R_Z+R_{AC}}}\cdot\frac{R_Z\cdot R_{AC}}{R_Z+R_{AC}}=\frac{E}{1+\frac{R_{BC}(R_Z+R_{AC})}{R_Z\cdot R_{AC}}}=\frac{ER_ZR_{AC}}{R_Z(R_{AC}+R_{BC})+R_{BC}R_{AC}}$$

$$=\frac{R_Z\cdot R_{AC}\cdot E}{R_Z\cdot R_0+R_{BC}\cdot R_{AC}}=\frac{\frac{R_Z}{R_0}\cdot R_{AC}\cdot E}{R_Z+\frac{R_{AC}}{R_0}\cdot R_{BC}}=\frac{K\cdot R_{AC}\cdot E}{R_Z+R_{BC}X}$$

式中，$R_0=R_{AC}+R_{BC}$，$K=\frac{R_Z}{R_0}$，$X=\frac{R_{AC}}{R_0}$

【实验仪器】

WYT-2 A 直流稳压电源、DM-A_3 数字电流表、DM-V_4 数字电压表、BX7-13 型变阻器（065 A，500Ω）、ZX21 型直流电阻箱子（0.5W）、万用电表、开关、导线。

【实验内容】

（1）记下所用电阻箱的级别，功率，各档次的最大容许电流值.

（2）用万用表测一下所用滑线变阻器的全电阻是多少/检查一下滑动端 C 移动是时，R_{AC} 的变化是否正常？

（3）制流电路特性的研究。

① 图 3.31 电路进行实验，取 $K=1$（即 $\frac{R_Z}{R_0}=1$），确定 $R_Z=$？根据所用电阻箱的最大容许电流（应小于），确定实验时的最大电流 I_{max} 及电源电压 E 值。

② 联结电路（注意电源电压及 R_Z 取值，R_0 取最大值）复查一次电路后，闭合电源开关K（如发现电流过大要立即断电源）移动 C 点观察电子计的变化是否符合设计要求。

③ 移动变阻器滑动头 C，在电流从最大到最小过程中，测量10次电流值及相应C点在标尺上的位置，并做好记录。

④ 测在 I 最大和最小时，C 移动1小格时电流值的变化 ΔI。

⑤ 取 $K = 0.1$，重复上述测量（保持电流与上一样）。

⑥ 以 $\dfrac{R_{AC}}{R_0}$ 及 $\dfrac{L}{L_0}$ 为横坐标，电流 I 为纵坐标作制流特性曲线图。

数据记录见表3.29。

表3.29　数据记录

K	单位	0	1	2	3	4	5	6	7	8	9	10
1	mA											
0.1	mA											

4. 分压电路特性的研究

（1）按图3.32电路进行实验，用电阻箱当负载 R_Z，取 $K = 2$ 确定 R_Z 值，参照变阻器的额定电流和 R_Z 的容许电流，确定电源电压 E 之值.

（2）移动变阻器滑动头 C，使加到负载 R_Z 上的电压从最小变到最大，在此过程中，测量10次电压值 U，及 C 点在标尺上的位置 L，并做好记录；

（3）测当电压值最小和最大时，C 移动0.1小格时电压值的变化 $\triangle U$；

（4）取 $K = 0.1$，重复上述测量.（保持电压不变）；

（5）以 L/L_0 横坐标，U 为纵坐标作分压特性曲线图。

数据记录见表3.30。

表3.30　数据记录

K	单位	0	1	2	3	4	5	6	7	8	9	10
2	V											
0.1	V											

附：实例

1. 制流电路

（1）用万用表测得 $R_0 = 500\ \Omega$，取 $K = 1$，则 $R_0 = 500\ \Omega$。查电阻箱最大允许通过的电流为100 mA，从而计算出电源电压最大值为50 V，但考虑电源电压，取20 V。

（2）按图3.31连结电路，并检查无误后，接通电源，移动 C 点观察电流值的变化是否符合设计要求。

（3）将变阻器等分10份，移动滑动端 C，使电流由大到小，依次测量，并记录数据。

（4）数据记录及处理（见图 3.33）。

K		0	1	2	3	4	5	6	7	8	9	10	ΔI高	ΔI低
0.1	mA	20.1	10.9	7.4	5.4	4.2	3.5	3	2.6	2.4	2.1	1.9	0.1	2.5
0.2	mA	20.1	14.3	10.5	8.3	6.9	5.9	5.1	4.5	4.1	3.7	3.4	0.1	0.9
1	mA	20.1	18.5	17	15.4	14.4	13.4	12.5	11.7	11.1	10.5	10	0.1	0.3
2	mA	20.1	19.4	18.5	17.6	16.9	16.2	15.5	15	14.4	13.9	13.5	0.1	0.1

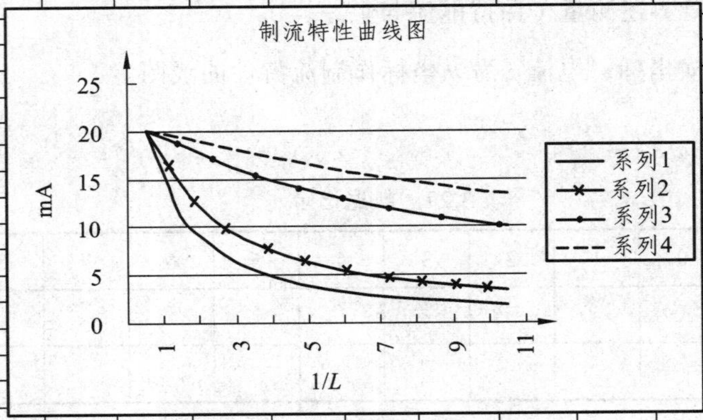

图 3.33 数据记录及处理

（5）结论：从制流曲线可以清楚地看到电路有以下几个特点：

① K 越大电流调节范围越小；

② $K \geqslant 1$ 时调节的线性较好；

③ K 较小时（即 $R_0 \geqslant R_Z$），X 接近 0 时电流变化很大，细调程度较差；

④ 不论 R_0 大小如何，负载 R_Z 上通过的电流都不可能为零.

2. 分压电路

（1）按图 3.32 电路进行实验，用电阻箱当负载 R，取 $K=2$ 确定 R_Z 值，参照变阻器的额定电流和 R_Z 的容许电流，确定电源电压 E 之值（10 V）。

（2）动变阻器滑动头 C，使加到负载 R 上的电压从最小变到最大，共测 10 次电压值及 C 点在标尺上的位置 l。

（3）当电压值最小和最大时，C 移动 1 mm 时电压值的变化量。

（4）取 $K=0.1$，重复上述实验。

（5）以 $1/L$ 为横坐标，U 为纵坐标作电压特性曲线图。

（6）数据记录与处理（见图 3.34）。

（7）实验结果与讨论：

从曲线可以清楚看出分压电路有以下特点。

① 论 R_0 的大小，负载 R_Z 的电压调节范围均可以从 0——E；

② 越小电压调节越不均匀；

③ K 越大电压调节越均匀，因此要电压 U 在 0 到 $U_{\max}$ 整个范围内均匀变化，则取 $K>1$ 比较合适，实际 $K=2$ 那条曲线可近似作为直线，故取 $R_0 \leqslant R_Z/2$ 即可认为电压调节已达到一般均匀的要求了。

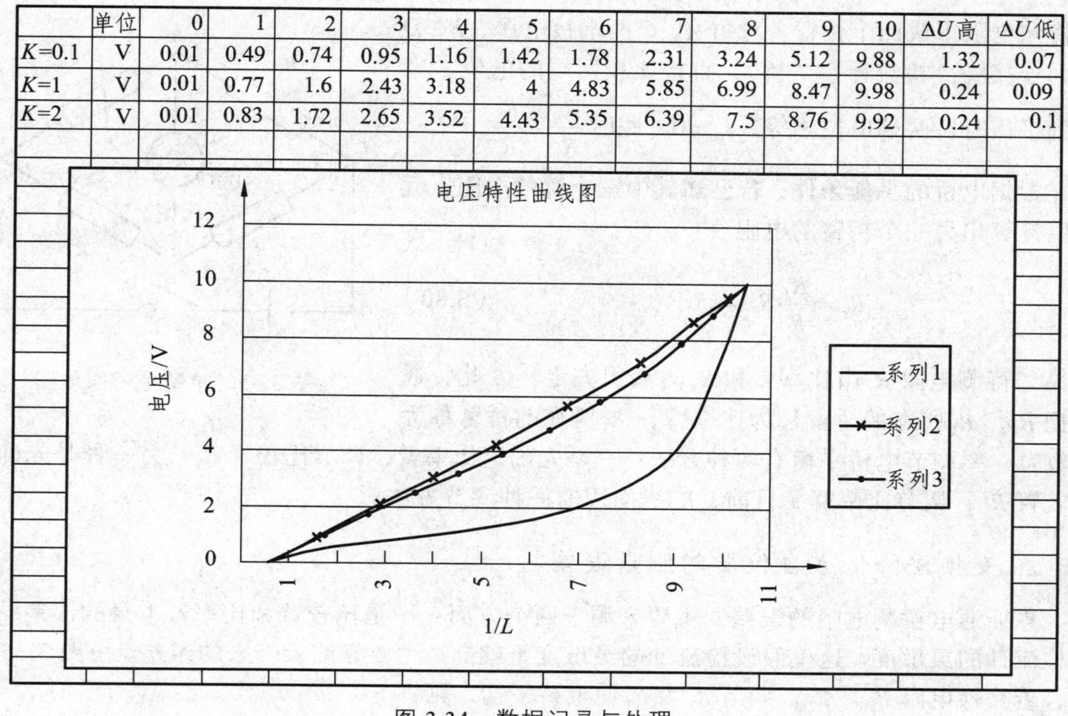

	单位	0	1	2	3	4	5	6	7	8	9	10	ΔU高	ΔU低
K=0.1	V	0.01	0.49	0.74	0.95	1.16	1.42	1.78	2.31	3.24	5.12	9.88	1.32	0.07
K=1	V	0.01	0.77	1.6	2.43	3.18	4	4.83	5.85	6.99	8.47	9.98	0.24	0.09
K=2	V	0.01	0.83	1.72	2.65	3.52	4.43	5.35	6.39	7.5	8.76	9.92	0.24	0.1

图 3.34　数据记录与处理

④ 从ΔU的值分析，当 $K \gg 1$时，$(\Delta U)_{\min}$为一个常数，它表示在整个调节范围内调节的精细程度处处一样。从调节的均匀度考虑，R_0越小越好，但 R_0上的功耗也将变大，因此还要考虑到功耗不能太大，则 R_0不宜取得过小，取 $R_0 = R_Z/2$ 即可兼顾两者的要求。

实验 17　惠斯通电桥测电阻

电桥是一种利用电位比较的方法进行测量的仪器，因为具有很高的灵敏度和准确性，在电测技术和自动控制测量应用极为广泛。电桥可分为直流电桥与交流电桥。直流电桥又分直流单电桥和直流双电桥。直流单臂电桥（惠斯通电桥）适于测量 $10 \sim 10^6\ \Omega$中阻值电阻。直流双电桥（开尔文电桥）适于测量 $10^{-5} \sim 10\ \Omega$ 低阻值电阻。下面介绍用单臂电桥测电阻的方法。

【实验目的】

（1）掌握用单臂电桥的结构和原理。
（2）学会正确使用箱式电桥测电阻的方法。

【实验原理】

1. 惠斯通电桥的工作原理

单臂电桥的原理如图 3.35 所示，惠斯通电桥是最常用的直流电桥。由三个精密电阻及一个待测电阻组成四个桥臂。对角 A、C 两端接电源，B、D 之间连接一个检流计作“桥”，直接比较两端的电位。当达到平衡时桥两端电位相等，$I_g=0$。此时 $\dfrac{R_x}{R_3}=\dfrac{R_2}{R_1}$。

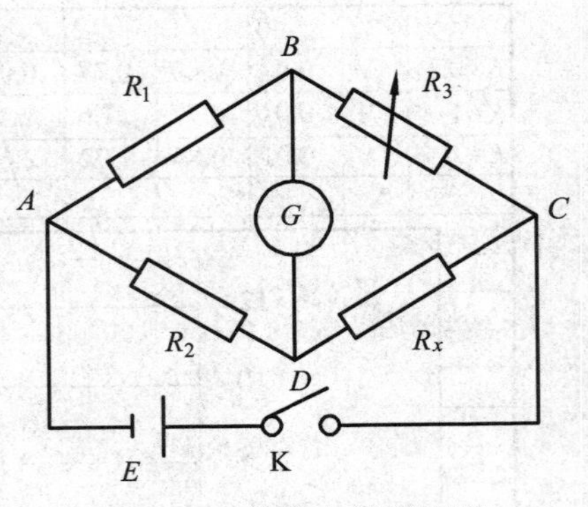

图 3.35　单臂电桥原理图

根据电桥的平衡条件，若已知其中三个臂的电阻，就可以计算出另一个桥臂的电阻

$$R_x=\frac{R_2}{R_1}R_3=kR_3 \qquad (3.80)$$

可见，待测电阻 R_x 由比率 k 和 R_3 的乘积决定。因此，通常把 R_1，R_2 所在的桥臂称为比率臂，R_3 所在的桥臂称为比较臂。要调节电桥平衡有两种方法：一是先确定比率臂，调节比较臂 R_3；另一种是先确定比较臂 R_3，调节比率臂。目前，广泛使用前一种调节方法。

2. 交换法降低来自仪器的测量误差

惠斯通电桥测电阻的误差，主要来源于两个方面：一是比较臂和比率臂本身的误差；二是检流计的灵敏度。这里假设检流计的灵敏度足够高，主要靠前者带来的误差。由图 3.35 可知，若交换电阻 R_1、R_2，调节 R_3 为 R_3' 使电桥平衡，则：

$$R_X=\frac{R_1}{R_2}R_3=k'R_3' \qquad (3.81)$$

由式（3.80）和式（3.81），得

$$R_x=\sqrt{R_3R_3'} \qquad (3.82)$$

由式（3.82）可知，R_x 的误差只与 R_3 的仪器误差有关。即

$$\frac{\Delta R_x}{R_x}=\frac{\Delta R_3}{R_3} \qquad (3.83)$$

因此可以提高测量值的准确度。

【实验仪器】

非平衡电桥（DHQJ-3 型）、ZX38/10-11 型交直流电阻箱、导线若干。

【实验内容】

（1）按原理图连接好测量线路。

（2）确定比率臂，即定好 R_1、R_2 具体的阻值。

（3）电源电压一般取 3 V，按下电路的通断开关，调节 R_3 电阻，直至数显表指示为零，这时表示电桥已经平衡，如果灵敏度太低，可将工作电源加到 6 V 或 9 V，记录此时对应的 R_3 的阻值。

（4）将 R_1、R_2 位置交换，调节 R_3 使电桥再平衡，对应的阻值为 R_3'。

（5）利用式（3.82）算出待测电阻的阻值，并计算由 R_3 带来的测量误差。

（6）可选取不同比率臂（如 0.1，1，10）分别测量其阻值，比较一下，可得出什么结论？

【注意事项】

（1）电桥使用时，应避免将 R_1、R_2、R_3 同时调到零值附近测量，这样可能出现较大的工作电流，测量精度也会下降。

（2）仪器使用完毕后，务必关闭电源。

【思考题】

（1）如何适当选择比倍率？

（2）在电桥测量中，哪些因素影响测量精度。

（3）电桥平衡后，如果将电源和检流计的位置互换，电桥能否保持平衡？为什么？

实验 18　用电位差计测电动势

电位差计是一种利用补偿原理精密测量电动势（电压）的仪器。他不像电压表那样从待测电路中分流，从而干扰待测电路。他测量的准确度仅依赖于标准电池、标准电阻的准确度以及检流计的灵敏度。它的准确度可高达 0.001%。它还常被用以间接测量电流和电阻、校正电表和直流电桥等直读式仪表。在科学研究和工程技术中广泛使用电子电势差计进行自动控制和自动检测。

【实验目的】

（1）了解电位差计的结构，正确使用电位差计。

（2）掌握补偿法测电动势的基本原理。

（3）掌握线式电位差计测量电动势的方法。

【实验原理】

电源的电动势在数值上等于电源内部没有净电流通过时两极间的电压。如果直接用电压表测量电源的电动势，其实测结果为端电压，而非电动势。因而，为准确测量电动势，必须是通过的电流为零。

1. 补偿原理

图 3.36 中用已知可调的电动势 E_0 去抵消未知被测电动势 E_x。当完全抵消时（检流计 G 指零），可知电动势 E_0 的大小就是被测电动势 E_x 的大小，此方法为补偿法，其中可知电动势为补偿电动势。

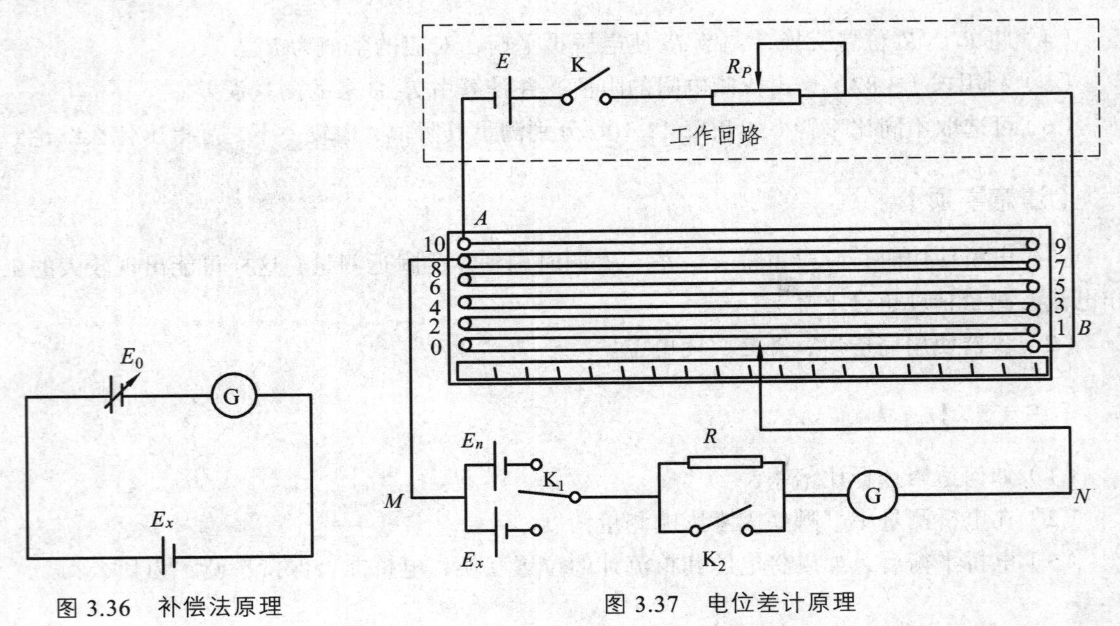

图 3.36　补偿法原理　　　　图 3.37　电位差计原理

2. 电位差计的原理

图 3.37 是电位差计的原理图。其中辅助工作回路由电源 E、限流电阻 R_P、11 m 长粗细均匀电阻丝 AB 串联成一闭合回路；MN 为补偿电路，由已知电动势 E_n、待测电动势 E_x 和检流计 G 组成。电阻箱 R_P 用来调节回路工作电流 I 的大小，通过调节 I 可以调整每单位长度电阻丝上电位差 V_0 的大小，M、N 为电阻丝 AB 上的两个活动触点，可以在电阻丝上移动，以便从 AB 上取适当的电位差来与测量支路上的电位差补偿，它相当于补偿电路图中的 E_n，提供了一个可变电源。当回路接通时，根据欧姆定律可知，电阻丝 AB 上任意两点间的电压与两点间的距离成正比。因此，可以改变 MN 的间距，使检流计 G 读数为 0，此时 MN 两点间的电压就等于待测电动势 E_x。要测量电动势（电位差）E_x，必须分两步进行。

（1）定标。

利用标准电源 E_n 高精确度的特点，使得工作回路中的电流 I 能准确地达到某一标定值 I_0，这一调整过程叫电位差计的定标。

本实验采用滑线式十一线电位差计，电阻 R_{AB} 是 11 m 长粗细均匀电阻丝。根据定标原则，开关 K_1 接 E_n，移动滑动触头 M、N，将 M、N 之间的长度固定在 L_{MN} 上，调节工作电路中的电阻 R_P，使补偿回路中的定标回路达到平衡，即流过检流计 G 的电流为零，此时：

$$E_n = V_{MN} = I_0 R_{MN} = I_0 \frac{\rho}{S} L_{MN}$$

在工作过程中，辅助工作回路中工作电流保持不变，因电阻 $\overline{R_{AB}}$ 是均匀电阻丝，令

$$V_0 = \frac{\rho}{S} I_0$$

那么有

$$E_n = V_0 L_{MN}$$

很明显 V_0 是电阻丝 R_{AB} 上单位长度的电压降，单位是 V/m。在实际操作中，只要确定 V_0，也就完成了定标过程。

（2）测量 E_x。

测量待测电动势 E_x 的过程与定标的过程正好相反。

当上面定标结束后，将开关 K_1 接 E_x，调节 M、N 之间长度为 $L_{M'N'}$，使 M'、N' 两点间电位差 $V_{M'N'}$ 等于待测电动势 E_x，达到补偿，此时流过检流计 G 的电流为零。即

$$E_x = V_{M'N'} = I_0 \frac{\rho}{S} L_{M'N'}$$

结合公式 $V_0 = \frac{\rho}{S} I_0$ 得：

$$E_x = V_0 L_{M'N'}$$

所以，当 V_0 确定时，只需测量长度就可以求出待测电动势 E_x。

【实验仪器】

电位差计试验仪（THMV-1 型）、板式电位差计、导线。

【实验内容】

（1）按图 3.37 连接线路。R_P 用电阻箱，注意电源正负极的连接。

（2）定标。取 $V_0 = 0.100\ 0$ V/m。将 MN 间长度 L_{MN} 固定在 10.186 0 m 处，断开 K_2，将 K_1 倒向 E_n，合上 K。调整 R 使检流计大致指零，合上 K_2 并反复调 R，直到检流计再次指零。此时，$V_0 = 0.100\ 0$ V/m。

（3）分别测量未知电动势 E_{x1}, E_{x2}。断开 K_2，将 K_1 倒向 E_x，合上 K。调整 MN 间长度 $L_{M'N'}$，使检流计大致指零，合上 K_2 并反复调 MN 之间距离，直到检流计再次指零，记下此时 $L_{M'N'}$，则待测电池电动势 $E_x = V_0 L_{M'N'}$。

（4）取 $V_0 = 0.200\ 0$ V/m，则取 $L_{MN} = 5.093\ 0$ m；重复步骤（2），（3）。

（5）计算未知电动势 E_x 的大小。

【数据记录】

数据记录见表 3.31。

表 3.31　电位差计侧电动势数据记录表

	E_n/V	V_0/V	L_{MN}/m	E_x/V
E_{x1}	1.018 6	0.100 0		
		0.200 0		
E_{x2}		0.100 0		
		0.200 0		

【注意事项】

（1）十一线电位差计实验板上的电阻丝不要任意拨动，以免影响电阻丝的长度和粗细均匀。

（2）实验仪中的标准电源不允许通过大电流，否则将使电动势下降，与标注值不符。

【思考题】

（1）用什么方法可以精确测量电位差？

（2）使用电位差计时，有三次调节均使检流计指零各表示什么意思？其顺序能否调换？

实验 19　电子示波器的使用

电子示波器是利用阴极射线管作为显示器所构成的一种电子测试仪器。它不但能定性地观察电信号的动态过程，还可以定量测量表征电信号特性的参数，如电压或电流的幅值、频率、相位和脉冲幅度等；根据需要可以同时观测两个或多个电信号的动态过程；借助一定的转换设备，可以观测温度、速度等非电物理量的变化情况。它作为一种测量仪器，在科学领域和生产实践中，得到了极为广泛的应用。

【实验目的】

（1）了解示波器显示波形的原理，了解示波器各主要组成部分及其作用。

（2）熟悉使用示波器和低频信号发生器的基本方法。

（3）学会用示波器测量波形的电压幅度和频率。

【实验原理】

示波器由示波管、扫描整步系统、Y 轴和 X 轴放大系统和电源四部分组成。

1. 示波管

示波管左端为一电子枪，电子枪加热后发出一束电子，电子经电场加速以高速打在右端的荧光屏上，屏上的荧光物发光形成一亮点。亮点在偏转板电压的作用下，位置也随之改变。在一定范围内，亮点的位移与偏转板上所加电压成正比。示波管结构如图 3.38 所示。

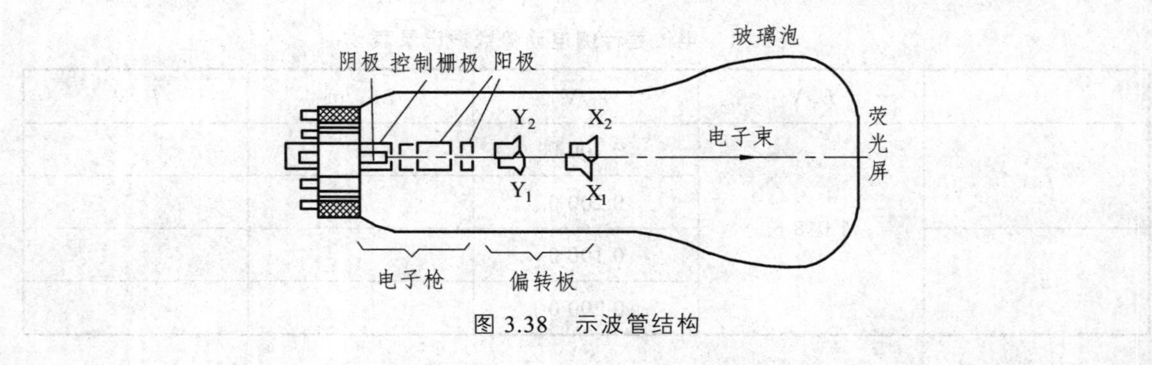

图 3.38　示波管结构

2. 扫描与整步的作用

如果在 X 轴偏转板加上波形为锯齿形的电压，在荧光屏上看到的是一条水平线，如图 3.39 所示。

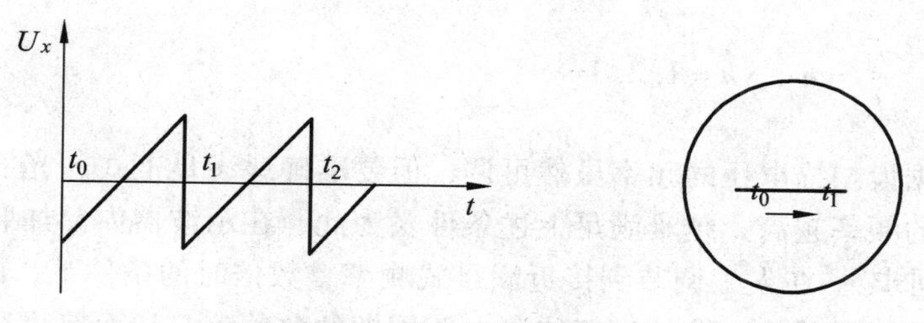

图 3.39　锯齿波扫描电压

如果只在 Y 轴偏转板上加正弦电压，而 X 轴偏转板不加任何电压，则电子束的亮点在纵方向随时间作正弦式振荡，在横方向不动。我们看到的将是一条垂直的亮线，如图 3.40 所示。

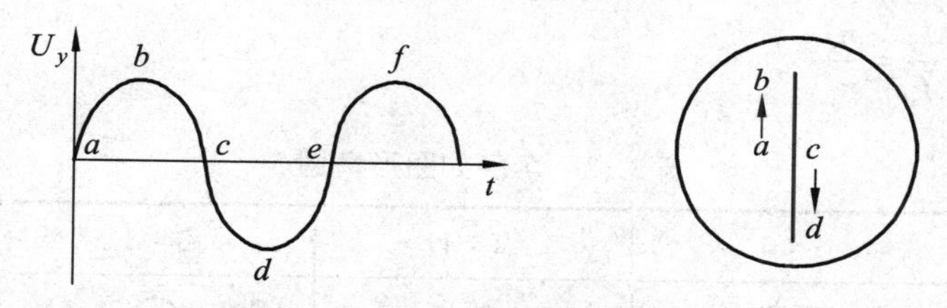

图 3.40　Y 偏转板加正弦交流电压

如果在 Y 轴偏转板上加正弦电压，又在 X 轴偏转板上加锯齿形电压，则荧光屏上的亮点将同时进行方向互相垂直的两种位移，其合成原理如图 3.41 所示，描出了正弦图形。如果正弦波与锯齿波的周期（频率）相同，这个正弦图形将稳定地停在荧光屏上。但如果正弦波与锯齿波的周期稍有不同，则第二次所描出的曲线将和第一次的曲线位置稍微错开，在荧光屏上将看到不稳定的图形或不断地移动的图形，甚至很复杂的图形。由此可见：

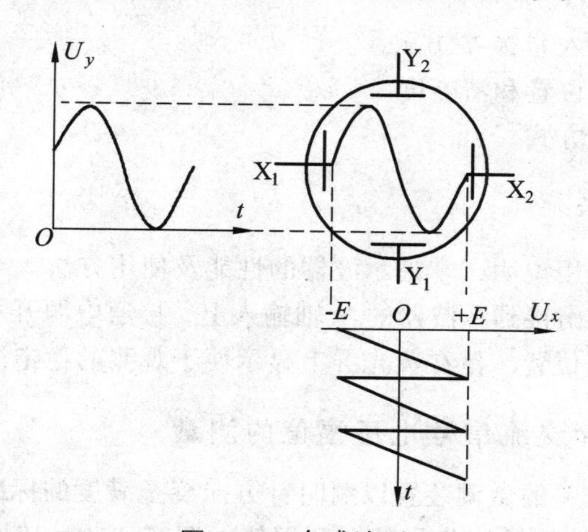

图 3.41　合成波形

（1）要想看到 Y 轴偏转板电压的图形，必须加上 X 轴偏转板电压把它展开，这个过程称为扫描。如果要显示的波形不畸变，扫描必须是线性的，即必须加锯齿波。

（2）要使显示的波形稳定，Y 轴偏转板电压频率与 X 轴偏转板电压频率的比值必须是整数，即：

$$\frac{f_y}{f_x}=n \qquad n=1, 2, 3\cdots$$

示波器中的锯齿扫描电压的频率虽然可调，但要准确地满足上式，光靠人工调节还是不够的，待测电压的频率越高，越难满足上述条件。为此，在示波器内部加装了自动频率跟踪的装置，称为“同步”。在人工调节到接近满足式频率整数倍时的条件下，再加入“同步”的作用，扫描电压的周期就能准确地等于待测电压周期的整数倍，从而获得稳定的波形。

（3）如果 Y 轴加正弦电压，X 轴也加正弦扫描电压，得出的图形将是李萨如图形，如表 3.32 所示。李萨如图形可以用来测量未知频率。令 f_y、f_x 分别代表 Y 轴和 X 轴电压的频率，n_x 代表 X 方向的切线和图形相切的切点数，n_y 代表 Y 方向的切线和图形相切的切点数，则有

$$\frac{f_y}{f_x}=\frac{n_x}{n_y}$$

表 3.32　李萨如图形举例表

$f_y : f_x$	1 : 1	2 : 1	3 : 1	5 : 1
李萨如图形	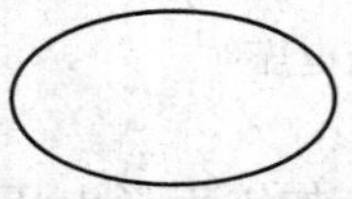			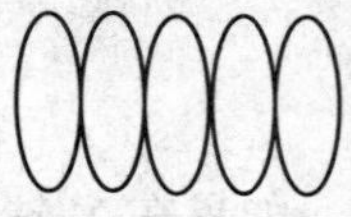

如果已知 f_x，则由李萨如图形可求出 f_y。

【实验内容】

1. 示波器的调整

（1）不接外信号，进入非 X-Y 方式。

（2）调整扫描信号的位置和清晰度。

（3）设置示波器工作方式。

2. 正弦波形的显示

（1）熟读示波器的使用说明，掌握示波器的性能及使用方法。

（2）把信号发生器输出接到示波器的 Y 轴输入上，接通电源开关，把示波器和信号发生器的各旋钮调到正常使用位置，使在荧光屏上显示便于观测的稳定波形。

3. 示波器的定标和交流信号电压幅值的测量

把“VOCIS/DIV”开关的微调装置以顺时针方向旋至满度的标准位置，这样就可以按照“VOCIS/DIV”的指示值计算被测信号的电压幅值。调节“VOCIS/DIV”开关使波形在屏幕

中显示幅度适中，调节“电平”旋钮使波形稳定，分别调节Y轴和X轴位移，使波形显示值方便读取。读出相应数值记入表格3.33，画出波形图，并根据“VOCIS/DIV”指示值和波形在垂直方向显示的坐标（DIV），按下式求电压幅值：

$$V_{P-P}=V/\mathrm{DIV}\times H(\mathrm{DIV})$$

4. 交流信号频率的测量

对于重复信号的频率测量，可先测该信号的周期，按照测量电压幅值的操作方法，使波形获得稳定同步后，根据该信号周期或需要测量的两点间在水平方向的距离乘以“SEC/DIV”开关的指示值，读出相应数值记入表格3.34，按照下式计算信号频率：

$$f(\mathrm{Hz})=\frac{1}{T(\mathrm{s})}=\frac{N(\text{周期数})}{S/\mathrm{DIV}\times(\mathrm{DIV})}$$

【实验仪器】

YB1600系列函数信号发生器、YB4328/4328D示波器、导线。

【数据记录】

数据记录见表3.33和表3.34。

表3.33　交流信号电压数据记录表

	V_0/V	V/DIV	H/DIV	V_{P-P}/V
1	9.0			
2	12.0			

表3.34　交流信号频率数据记录表

	f_0/Hz	N	t/DIV	D/DIV	f/kHz
1	5.0				
2	50.0				

根据测量值和标准值分别求交流信号电压和频率的相对误差。

【注意事项】

（1）接入电源前，要检查电源电压和仪器规定的使用电压是否相符。

（2）为保护荧光屏不被灼伤，使用示波器时，光电亮度不要太强，而且不要使光点长时间在同一位置。

【思考题】

请说明“TIME/DIV”和“VOLTS/DIV”这两个旋钮所表示的物理意义？

实验 20　磁滞回线的测绘

【实验目的】

（1）学会用示波器测定磁感应强度。

（2）掌握测绘磁滞回线的方法。

【实验原理】

铁磁物质具有保持原先磁化状态的性质，称为磁滞。这是铁磁物质的一个重要特性，不可决逆的磁化导致磁滞。给绕有线圈的硅钢片铁芯通以磁化电流，从零逐渐增大，则铁芯中的磁感应强度 B 随磁场强度 H 的变化而变化，如图 3.42 所示。图中各量表示为：

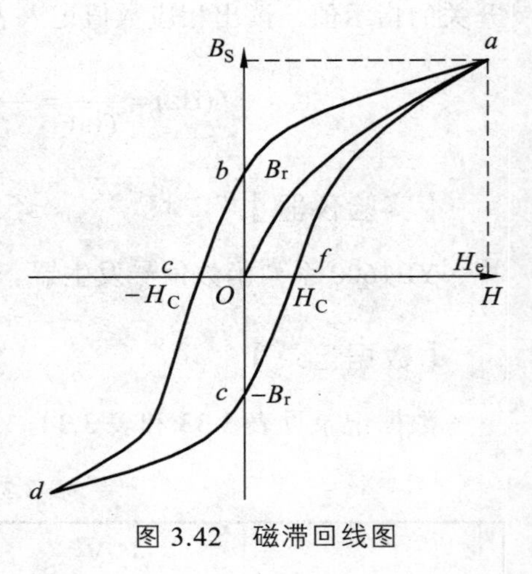

图 3.42　磁滞回线图

oa 段曲线为基本磁化曲线；$abcdefa$ 为磁滞回线；H_S 为饱和磁感应强度；H_C 为矫顽力；B_r 为剩磁。

当初始状态从 $H=0, B=0$ 时用交流电源供给初级线圈产生交变磁场强度 H 时，在磁场由弱到强的逐渐境增加过程中，可以得到面积由小到大的一个个磁滞回线，各磁滞回线的正顶点的连接线 oa 称为铁磁物质的基本磁化曲线，达到饱和后，停止增加磁场强度 H，即呈现出磁滞回线 $abcdefa$。可以看出，铁磁材料中 B 和 H 不是线性关系，即磁导率 $\mu=B/H$ 不是常数。

1. 示波器 X 轴输入正比于磁场强度 H

如图 3.43 所示，示波器 X 轴输入电压 $U_X=I_1R_1$，所以电子束在 X 轴上的偏转距离跟磁化电流 I_1 成正比，根据安培环路定理：

$$I_1N_1=HL$$

式中，N_1 为被样品初级线圈的匝数，L 为铁芯的平均磁路。于是 R_1 两端的电压即示波器 X 输入为

$$U_X=\frac{LR_1}{N_1}H \tag{3.84}$$

上式表明，在交变磁场下，任一时刻 t 电子束在 X 轴偏转正比于磁场强度 H。

2. 示波器 Y 轴输入正比于磁感应强度 B

如图 3.43 所示，样品中的交变磁感应强度 B 的瞬时值与副线圈中的感应电动势 ε_2 成正比。

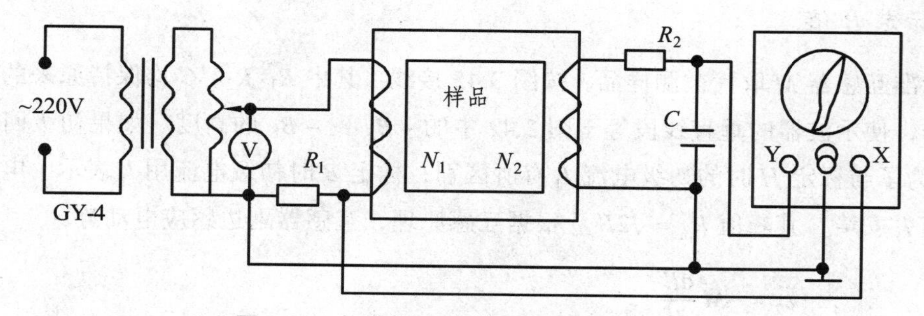

图 3.43　示波器 Y 轴输入与磁感应强度

$$\varepsilon_2 = \frac{\mathrm{d}\phi}{\mathrm{d}t}N_2 = \frac{\mathrm{d}B}{\mathrm{d}b}N_2 S \tag{3.85}$$

式中，N_2 为样品的次级线圈的匝数，S 为样品铁芯的截面积。

$$\mathrm{d}B = \frac{1}{N_2 S}\varepsilon_2 \mathrm{d}t \tag{3.86}$$

对（3.86）式进行积分得

$$B = \frac{1}{N_2 S}\int \varepsilon_2 \mathrm{d}t \tag{3.87}$$

为此，样品副线圈输出的电动势 ε_2 经如图 3.44 所示的 R_2C 积分电路处理后，即能代表 B，送入示波器的 Y 轴。（注：关于 R_2C 积分电路知识请参看有关电子学书籍）。

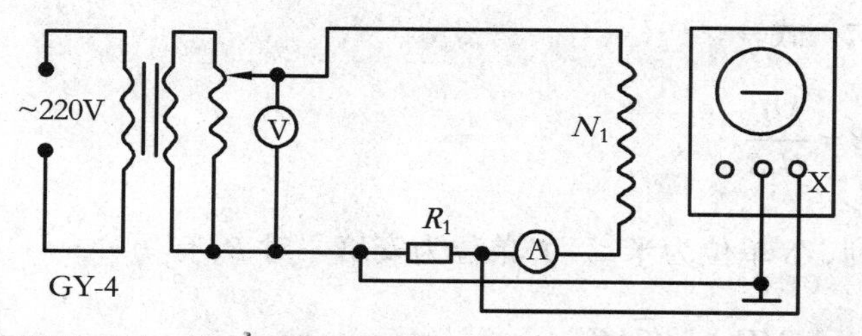

图 3.44　调节调压器，使显示在荧光屏上水平线段恰与 $\pm H_S$ 间的水平距离相等

3. 标定 H_S 值

对于显示在荧光屏上的磁滞回线如图 3.42 所示，首先记录下 $\pm H_S$ 和 $\pm B_S$ 的位置，然后在保持示波器的增益不变的条件下来进行标定。

将图 3.43 线路中样品原边保持 R_1 数值不变，并接入电流表，如图 3.44 所示，调节调压器，使显示在荧光屏上水平线段恰与 $\pm H_S$ 间的水平距离相等。若这时电流表读数为 I_1（电流表指示的是正弦波的有效值，其峰值 $I_{1m} = \sqrt{2}I_1$）。根据安培环路定律：

$$H_S = \frac{I_{1m}N_1}{L} = \frac{\sqrt{2}I_1 N_1}{L}\ （安匝/米） \tag{3.88}$$

式中，I_1 的单位用安培，L 的单位用米。

4. 标定 B 值

用标准互感器 M 取代被测样品，按图 3.45 接线。其中 R_1、R_2、C 均保持原来的数值，调节调压器，使示波器的垂直线段等于图 3.42 中的 $+B_S$ 到 $-B_S$ 的高度。如果初级回路中电流为 I_1'，（为了与标定 H 时的初级电流 I_1 有所区别，标定 B 时初级电流用 I_1' 表示）电流表指示的有效值 I_1' 安培，其峰值 $I_{1m}' = \sqrt{2}I_1'$。根据互感原理，互感器副边感应电动势 ε_2

$$\varepsilon_2 = -M\frac{dI_1'}{dt} \tag{3.89}$$

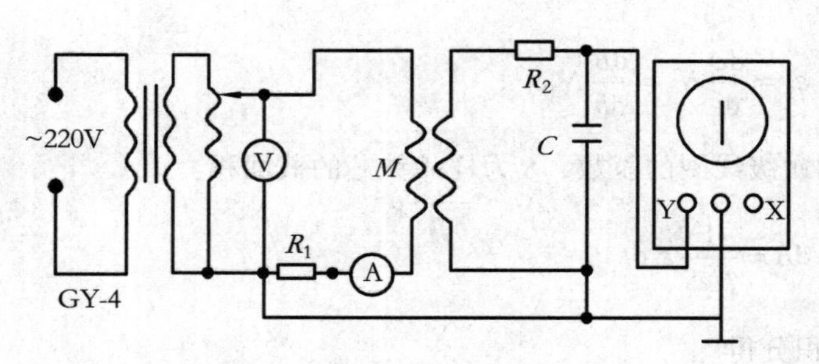

图 3.45　定标 B 值

对（3.89）式进行积分

$$\int \varepsilon_2 dt = M\int dI_1' = MI_1' \tag{3.90}$$

（3.90）式代入（3.87）式

$$B = \frac{MI_1'}{N_2 S} \tag{3.91}$$

式中，M 单位为亨利，S 单位为米 ^{2}，I_1' 单位为安培。对 B_S 有

$$B_S = \frac{MI_{1m}'}{N_2 S} = \frac{\sqrt{2}MI_1'}{N_2 S} \tag{3.92}$$

实验装置技术参数：

标准互感器 M：0.1 H；

初级线圈 N_1：2 000 匝；次级线圈 N_2：121 匝；

平均磁路 L：0.132 m；样品横截面积 S：$0.208\times10^{-3}\ m^2$；

样品磁导率 μ_r：2.8×10^3。

【实验仪器】

CY-4 可调隔离变压器、CZ-2 磁滞回线装置、CA8010 示波器（10 MHz）、BH-01 标准互感器（$M = 0.1$ H，$I = 0.3$ A）、DT9505 数字万用表。

【实验内容】

1. 测绘基本磁化曲线

（1）如图 3.43 接好线路，变压器输出电压回零，接通电源。

（2）逐渐升高变压输出电压至 90 V 左右，观察示波器上的磁滞回线出现的区域，调节示波器的增益，使图形对称显示在示波器屏幕的方格内。

（3）保持示波器的增益不变，逐渐减小变压器输出电压至零——交流退磁。

（4）又逐渐增加输出电压，观察逐渐的磁滞回线在坐标系第一象限中的顶点 a 所划过的轨迹，即基本磁化曲线。记录顶点的几组坐标值于表 3.35 中。

表 3.35　基本磁化曲线位置坐标记录

所取点数	1	2	3	4	5	6	7	8
H/mm								
B/mm								

2. 测定磁滞回线

保持示波器的增益不变，当电压升至 90 V 左右时，记录磁滞回线的八个坐标点于表 3.36 中。

表 3.36　磁滞回线坐标记录

所取点数	1	2	3	4	5	6	7	8
H/mm								
B/mm								

记录下 $\pm H_S$、$\pm B_S$、$\pm H_C$、$\pm B_r$ 于表 3.37 中。

表 3.37　磁滞回线数据记录表　　单位：mm

单位	$+H_S$	$-H_S$	$+H_C$	$-H_C$	单位	$+B_S$	$-B_S$	$+B_r$	$-B_r$
mm					mm				

3. 标定 H_S

断开前述实验的电源，重新按图 3.44 接线，接通电源，在保持示波器的增益不变的情况下，调节电源电压，使示波器 X 方向的直线恰在 $+H_S$ 和 $-H_S$ 之间，从安培表中记录下电流 I_1 值于表 3.38 中。

表 3.38　定标 H_S 数据记录表

$+H_S=$ ________mm；$-H_S=$ ________mm

次数	1	2	3	$\bar{I}_1=$　　mA	$H_S=$　　安匝/米
I_1/mA					

4. 标定 B_S

断一前述实验的电源，重新按图 3.45 接线，接通电源，在保持示波器的增益不变的情况下，调节电源电压，使示波器 Y 方向的曲线恰在 $+B_S$ 和 $-B_S$ 之间，从安培表中记录下电流 I_1' 之值于表 3.39 中。

表 3.39 标定 B_S 数据记录表

$+B_S=$ ________mm；$-B_S=$ ________mm

次数	1	2	3	$\overline{I_1'}=$ ______（mA）	$B_S=$ 特斯拉
I_1'/mA					

利用标定之值，将表 3.35、3.36、3.37 中的数据 H 单位为“安匝/米”、B 单位为“特斯拉”，在坐标纸上描绘基本磁化曲线和磁滞回线。

【思考题】

（1）什么叫铁磁物质的“剩磁”和“矫顽力”？

（2）在测磁化曲线之前，为什么要将磁性材料退磁？怎样进行交流退磁？

（3）为何从测量基本磁化曲线开起到实验结束前都不改变示波器的增益？

（4）从 B-H 磁化曲线可以了解哪些磁特性？

实验 21 霍尔效应

1879 年，24 岁的美国人霍尔在研究载流导体在磁场中所受力的性质时，发现了一种电磁效应，即如果在电流的垂直方向上加上磁场，则在同电流和磁场垂直的方向上将建立一个电场。这个效应后来被称为霍尔效应，产生的电压（V_H），叫作霍尔电压。根据霍尔效应制作的霍尔器件，就是以磁场为工作媒体，将物体的运动参量转变为数字电压的形式输出，使之具备传感和开关的功能，广泛地应用于工业自动化技术、检测技术及信息处理等方面。通过霍尔效应实验测定的霍尔系数，能够判断半导体材料的导电类型、载流子浓度及载流子迁移速率等重要参数。

【实验目的】

（1）认识霍尔效应，理解产生霍尔效应的机理。

（2）测量霍尔电压与工作电流的关系、霍尔电压与励磁电流的关系。

（3）学会用“对称测量法”消除负效应的方法。

【实验原理】

1. 霍尔效应

一块长方形金属薄片或者半导体薄片，若在某方向上通入电流 I_S，在其垂直方向上加一

磁场 B，则在垂直于电流和磁场的方向上将产生电位差 V_H，这个现象称为霍尔效应。V_H 称为霍尔电压。它们之间有如下关系：$V_H = R_H \frac{I_S B}{d}$。

上式中，R_H 称为霍尔系数，d 是薄片的厚度。

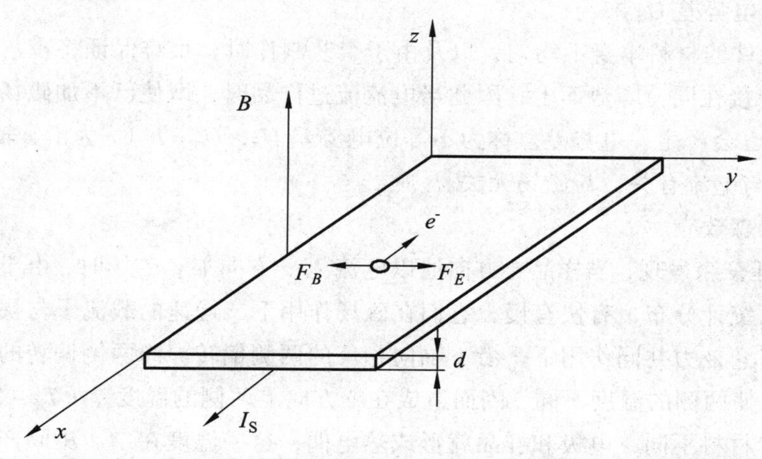

图 3.46　霍尔效应

霍尔电压的产生可以用洛仑兹力来解释。如图 3.46 所示，半导体块的厚度为 d、宽度为 b，各种物理量的方向如图上所示，则自由电子以平均速度 v 沿 x 轴负方向做定向运动，所受洛仑兹力为

$$F_B = ev \times B$$

在此力的作用下自由电子向板的侧端面聚集，同时在另一个侧端面上出现同样的正电荷。这样就形成了一个沿 y 方向的横向电场，使自由电子同时也受到电场力 F_E 的作用。

$$F_E = eE = eV_H / b$$

最后在平衡状态下，有

$$F_B = F_E$$

即 $evB = eV_H/b$，化简得到

$$V_H = vBb \tag{3.93}$$

设块体内的载流子浓度 n，则电流 I_S 与载流子平均速 v 的关系为

$$v = \frac{I_S}{dbne} \tag{3.94}$$

将上式代入式（3.93）得

$$V_H = \frac{I_S B}{ned} \quad 或 \quad V_H = K_H I_S B \tag{3.95}$$

其中，K_H 为霍尔元件的灵敏度。单位是 V/(A・T)。

2. 霍尔效应的副效应

在测量霍尔电压 U_H 时，不可避免地会产生一些副效应，由于这些副效应产生的附加电势差会叠加到霍尔电压 U_H 上，形成测量中的系统误差。这些副效应有：

（1）不等位电势差 U_σ。

由于霍尔元件的材料本身不均匀，以及由于工艺制作时，很难保证将霍尔片的电压输出电极（A、B）焊接在同一等势面上，因此当电流流过样品时，即使已不加磁场，在电压输出电极 A、B 之间也会产生一电势差。称为不等位电势差 U_σ，$U_\sigma = Ir$（r 为沿 x 轴方向 A、B 间的电阻）。U_σ只与电流有关，与磁场无关。

（2）厄廷豪森效应。

1897 年厄廷豪森发现，当样品 x 方向通以电流 I，z 方向加一磁场时，由于霍尔片内部的载流子速度服从统计分布，有快有慢，它们在磁场作用下，慢速的载流子与快速的载流子将在霍尔电场和洛仑兹力共同作用下，沿 y 轴向相反的两侧偏转。向两侧偏转的载流子的动能将转化为热能，使两侧的温度不同，因而造成在 y 方向上两侧的温度差（$T_A - T_B$）。因为霍尔电极和样品两者材料不同，电极和样品就形成热电偶，这一温度在 A、B 间产生温差电动势 U_E，$U_E \propto IB$。U_E 的正负，大小与 I、B 的大小和方向有关，这一效应称为厄廷豪森效应。

3. 能斯特效应

由于两个电流电极与霍尔样品的接触电阻不同，样品电流在电极处产生不同的焦耳热，引起两电极间的温差电动势，此电动势又产生温差电流（又称热电流）Q，热电流在磁场的作用下将发生偏转，结果在 y 方向产生附加的电势差 U_N，且 $U_N \propto QB$。U_N 的正、负只与 B 的方向有关，这一效应称为能斯特效应。

4. 里纪-勒杜克效应

以上谈到的热流 Q 在磁场作用下，除了在 y 方向产生电势差外，还由于热流中的载流子的迁移率不同，将在 y 方向引起样品两侧的温差，此温差在 y 方向上产生附加温差电动势 $U_R \propto QB$，U_R 只和 B 有关，和 I 无关。

以上 4 种副效应所产生的电势差总和，有时甚至远大于 U_H，形成测量中的系统误差，以致使 U_H 难以测准。为了减少和消除这些效应引起的附加电势差，利用这此附加电势差的正负与样品电流 I，磁场 B 的方向关系，测量时改变 I 和 B 的方向可以消除这些附加电势差的影响，具体方法如下：

① 当（$+B$、$+I$）时，$U_1 = U_H + U_\sigma + U_E + U_N + U_R$

② 当（$+B$、$-I$）时，$U_2 = -U_H - U_\sigma - U_E + U_N + U_R$

③ 当（$-B$、$+I$）时，$U_3 = U_H - U_\sigma + U_E - U_N - U_R$

④ 当（$-B$、$-I$）时，$U_4 = -U_H + U_\sigma - U_E - U_N - U_R$

当① − ② + ③ − ④，并取平均值时，则得

$$\frac{1}{4}[U_1 - U_2 + U_3 - U_4] = U_H + U_E \qquad (3.96)$$

这样除了厄廷豪森效应以外的其他副效应产生的电势差全部消除了，而厄廷豪森效应所产生的电势差 U_E 要比 U_H 小得多，所以将实验测出的 U_1、U_2、U_2、U_4 值代入（3.96）式，即可基本消除副效应引起的系统误差。

【实验仪器】

霍尔效应实验仪（TH-R/H 型）、霍尔效应测试仪（TH-H 型）。

【实验电路】

实验电路如图 3.47 所示。

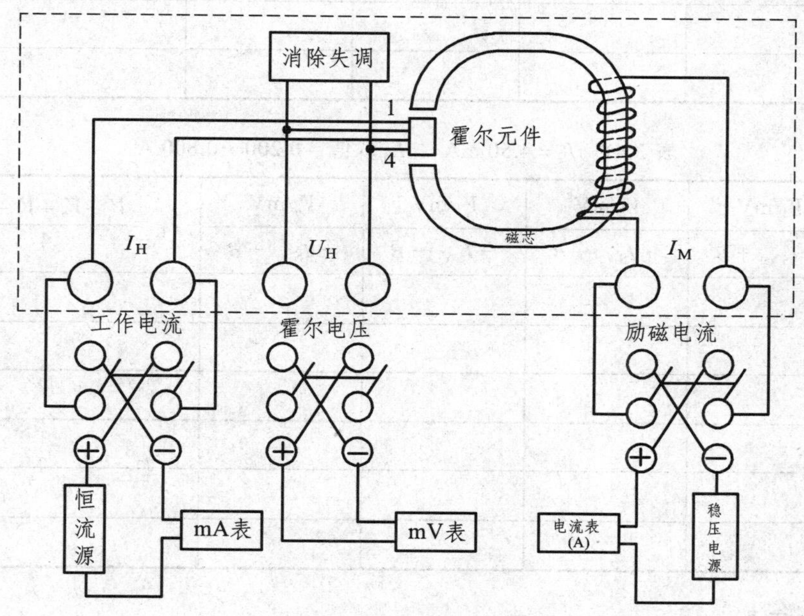

图 3.47　霍尔效应电路

【实验内容】

（1）熟悉实验仪器，了解实验原理，按图 3.47 连接好仪器。

（2）调节霍尔效应元件探杆支架的 x、y 方向的旋钮，慢慢地将霍尔效应元件移到励磁线圈的中心位置。

（3）测绘 V_H-I_S 曲线。

取 $I_M = 0.45$ A，并在测量过程中保持不变。依次按照表 3.40 所列数据调节 I_S，测出相应的 V_1、V_2、V_3、V_4 值，记入表 3.40 并绘制 V_H-I_S 曲线。

（4）测绘 V_H-I_M 曲线。

取 $I_S = 8.00$ mA，并在测试过程中保持不变。依次按照表 3.41 所列数据调节 I_M，测出相应的 V_1、V_2、V_3、V_4 值，记入表 3.41 并绘制 V_H-I_M 曲线，求出霍尔系数，并确定霍尔片的类型。

【数据记录】

表 3.40　$I_M = 0.45$ A　I_S 取值：1.00—4.00 mA

I_S/mA	V_1/mV	V_2/mV	V_3/mV	V_4/mV	$V_H = \frac{V_1 - V_2 + V_3 - V_4}{4}$（mV）
	$+I_S$、$+B$	$+I_S$、$-B$	$-I_S$、$-B$	$-I_S$、$+B$	
1.00					
1.50					
2.00					
2.50					
3.00					
4.00					

表 3.41　$I_S = 4.50$ mA　I_M 取值：0.200—0.800 A

I_M/A	V_1/mV	V_2/mV	V_3/mV	V_4/mV	$V_H = \frac{V_1 - V_2 + V_3 - V_4}{4}$（mV）
	$+I_S$、$+B$	$+I_S$、$-B$	$-I_S$、$-B$	$-I_S$、$+B$	
0.300					
0.400					
0.500					
0.600					
0.700					
0.800					

【注意事项】

（1）不要将引线接错，易损坏半导体材料。

（2）霍尔元件工作电流不得长时间超过 10 mA，否则会因过热而损坏。

（3）接线时注意 I_S、I_M 和线的正负极，易判定电流方向、磁场方向和 V_H 的正负。

【思考题】

（1）什么叫作霍尔效应？为什么此效应在半导体中特别显著？

（2）采用对称测量法的目的？

实验 22　霍尔效应测螺线管磁场

霍尔效应是磁电效应的一种。1879 年美国霍普金斯大学研究生院二年级研究生霍耳在研究载流导体在磁场中受力的性质时发现：处在磁场中的载流导体，如果磁场方向和电流方向垂直，则在与磁场和电流方向都垂直的方向上将出现横向电场，这就是“霍尔效应”。本实验是利用霍尔效应测量螺线管磁场。

【实验目的】

（1）了解霍尔效应及产生的条件。
（2）掌握用霍尔元件测量通电螺线管轴向磁场的原理和方法。
（3）掌握用图解法处理实验数据的基本原理和方法。
（4）了解通电长直螺线管轴线上的磁感应强度分布。

【实验原理】

如图 3.48 所示，一长为 l 、宽为 b 、厚为 d 的矩形半导体锗薄片（N 型半导体），沿长度的两个端面 D 、D' 引出两个电极，从宽度的上下两个端面 A 、A' 引出另外两个电极。将其置于磁场中，使其磁感应强度 B 垂直于薄片平面，当 D 、D' 电极通入电流 I_S 时，在 A 、A' 电极间将出现电势差 V_H，称为“霍尔电势差”。其产生的原因是由于半导体中作定向运

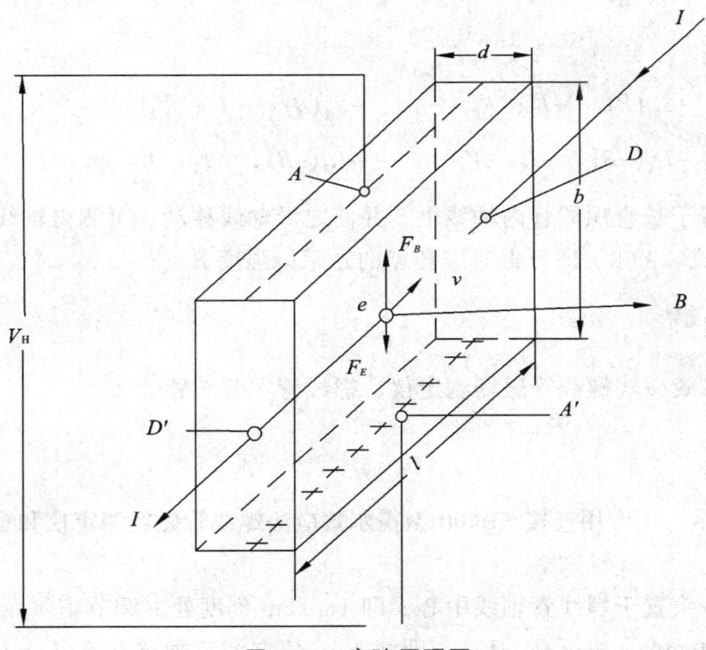

图 3.48　实验原理图

动的载流子受洛伦兹力 F_B 的作用而偏转，使 A 、A' 所在端面累积形成电场，该电场又给载流子一个与 F_B 反向的电场力 F_E。当电场力 F_E 与受洛伦兹力 F_B 达到平衡时，霍尔电压 V_H 一定，且

$$V_H = \frac{1}{ned} I_S B \tag{3.97}$$

n 为单位体积中载流子的数量，称载流子浓度，e 为载流子的电量，d 为薄片厚度。

令 $R_H = \frac{1}{ne}$，称为霍尔元件的霍尔系数，而将 $K_H = \frac{R_H}{d}$ 称为霍尔元件的灵敏度，$K_H = 194\ \text{mV}/(\text{mA}\cdot\text{T})$，则式（3.97）为

$$V_H = K_H I_S B \tag{3.98}$$

R_H 和 K_H 是霍尔元件的重要参数。K_H 的意义是在单位磁感应强度和单位控制电流下霍尔元件产生的霍尔电势差的大小。单位为：$\text{mV}\cdot\text{mA}^{-1}\cdot\text{kGS}^{-1}(1\ \text{kGS} = 0.1\ \text{T})$。

必须注意，式（3.98）是在理想情形下得到的，在产生霍尔效应的同时，还伴随着多种副效应，如不等式电势差、厄廷豪森电流磁效应、能斯脱热效应、里纪-勒杜克热磁效应等四种副效应。由于这些副效应引起的附加电势差的大小与电流及磁场的方向有关，可以证明，为了基本上消除这些附加电势差，可以在保持工作电流 I_S 和励磁电流 I_M（即磁场 B）大小不变的情况下，使它们的方向依以下四种组合测出相应的 A、A' 两点间的电压 V_1、V_2，V_3 和 V_4，然后按下式即可求得基本消除附加电势差的霍尔电势差 V_H

$$V_H = \frac{1}{4}|(V_1 - V_2 + V_3 - V_4)| = \frac{1}{4}(|V_1| + |V_2| + |V_3| + |V_4|) \tag{3.99}$$

四组测量方式

$+I_M(B)$，$+I_S$：V_1　　　$+I_M(B)$，$-I_S$：V_2

$-I_M(-B)$，$-I_S$：V_3　　　$-I_M(-B)$，$+I_S$：V_4

将霍尔元件置于长直螺线管内轴线上，并使之沿轴线移动，可测得轴线上不同位置的霍尔电势差 V_H，由式（3.98）即可得对应各点的磁感应强度 B。

【实验仪器】

FB400 型霍尔效应法螺线管磁场测定仪、螺线管实验装置。

【实验内容】

如图 3.49 所示，用专用连接 FB400 型霍尔效应法螺线管磁场测定仪和螺线管实验装置接好，接通电源。

（1）把测量探头置于螺线管轴线中心，即 16.0 cm 刻度处，调节霍尔元件工作。

电流 $I_S = \pm 5.00\ \text{mA}$，按下 (V_H / V_σ)，即测 V_H。依次调节励磁电流 $I_M = 0 \sim \pm 1\,000\ \text{mA}$，每次改变 100 mA，测量霍尔电压，把数据记录到相应的表格中。通过作图证明霍尔电势差 V_H 与励磁电流 I_M 成正比。

（2）放置测量探头于螺线管中心，即 16.0 cm 刻度处，调节励磁电流 $I_M = \pm 500\ \text{mA}$，调节霍尔工作电流为：$I_S = 0 \sim \pm 5.00\ \text{mA}$，每次改变 $\pm 0.50\ \text{mA}$，测量对应的霍尔电压，记录到表格中，并证明霍尔电势差 V_H 与霍尔电流 I_S 成正比。

（3）调节励磁电流 $I_M = \pm 500\ \text{mA}$，调节霍尔工作电流 $I_S = \pm 5.00\ \text{mA}$，测量螺线管轴线上刻度为：$X = 0.0 \sim 16.0\ \text{cm}$，每次移动 1 cm，测量其霍尔电势差，记录在表格中。

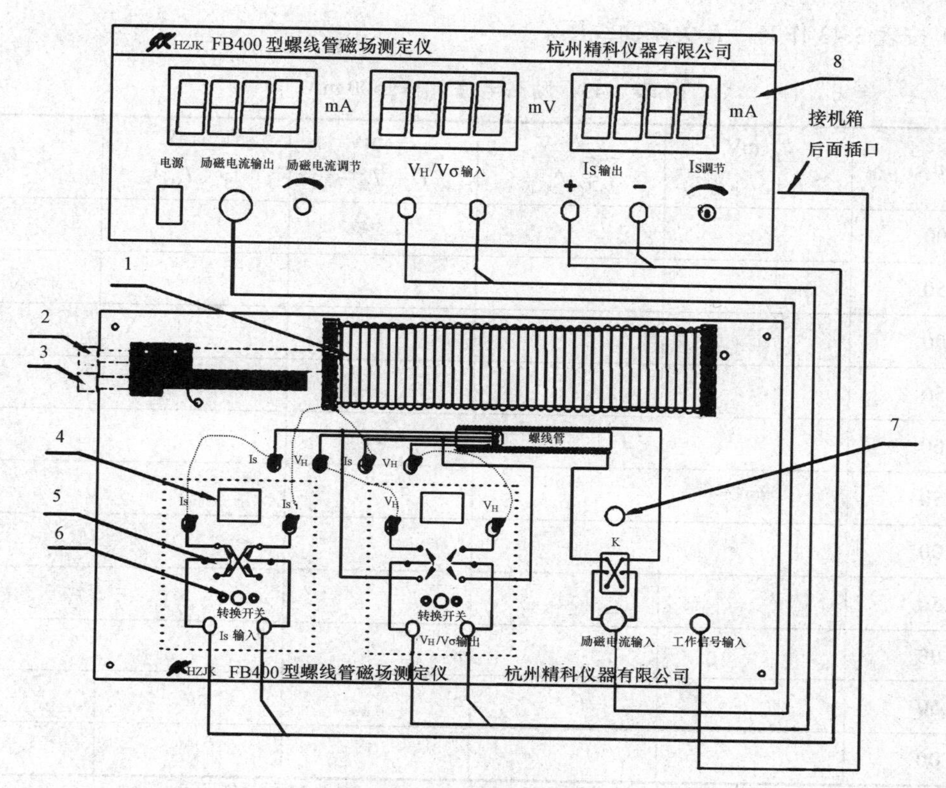

图 3.49　螺线管实验图

【数据表格】

（1）按表 3.42 作 $V_H - I_M$ 关系曲线图。

表 3.42　霍尔工作电流 $I_S = \pm 5.00$ mA

I_M/mA	V_1/mV I_S+, I_M+	V_2/mV I_S+, I_M-	V_3/mV I_S-, I_M-	V_4/mV I_S-, I_M+	V_H/mV
0					
100					
200					
300					
400					
500					
600					
700					
800					
900					
1 000					

（2）按表 3.43 作 $V_H - I_S$ 关系曲线图。

表 3.43　励磁电流 $I_M = \pm 500$ mA

I_s/mA	V_1/mV I_S+, I_M+	V_2/mV I_S+, I_M-	V_3/mV I_S-, I_M-	V_4/mV I_S-, I_M+	V_H/mV
0.00					
0.50					
1.00					
1.50					
2.00					
2.50					
3.00					
3.50					
4.00					
4.50					
5.00					

（3）通电螺线管轴向磁场分布测量，作 $B - X$ 关系曲线图。

表 3.44　霍尔工作电流 $I_S = \pm 5.00$ mA，励磁电流 $I_M = \pm 500$ mA，$K_H = 194$ mV/(mA·T)

X/cm	V_1/mV I_S+, I_M+	V_2/mV I_S+, I_M-	V_3/mV I_S-, I_M-	V_4/mV I_S-, I_M+	V_H/mV	B/mT
5.0						
6.0						
7.0						
8.0						
9.0						
10.0						
11.0						
12.0						
16.0						

$$B = \frac{V_H}{K_H I_S} \tag{3.100}$$

【数据处理】

将表 3.44 中数据用公式（3.99）和（3.100）分别计算出横轴 X 处霍尔电压 V_H 及对应的磁感强度 B 的值。

（1）用坐标纸，以 X 为横坐标、以 B 为纵坐标作螺线管轴线上 X-B 关系曲线图。由此图求出螺线管轴线上中部的磁感强度值（即 $B'_{中}$）。

（2）与理论值比较求百分误差。

无限长直螺线管轴线上中心点的磁感应强度为

$$B_{中}=\frac{\mu\cdot N\cdot I_M}{\sqrt{L^2+D^2}}$$

螺线管轴线上两端面上的磁感应强度为

$$B_{端}=\frac{1}{2}B_{中}=\frac{1}{2}\cdot\frac{\mu\cdot N\cdot I_M}{\sqrt{L^2+D^2}}$$

式中，μ 为磁介质的磁导率，真空中 $\mu_0=4\pi\times10^{-7}(\mathrm{T\cdot m/A})$；$N$ 为螺线管的总匝数，为 2550 T；I_M 为螺线管的励磁电流；L 为螺线管的长度 0.26 m；D 为螺线管的平均直径 0.035 m。

将上述理论值与实验结果测得的实验值进行比较并计算出百分误差

$$\frac{\left|B'_{中}-B_{中}\right|}{B_{中}}\times100\%=$$

【注意事项】

（1）实验仪与测试仪之间 I_S、I_M 及 V_H 的连接绝对不能连错，否则霍尔元件会即刻烧坏。

（2）测 I_S、I_M 方向不同四组组合值时，应在一种组合各点值测量结束后，再测下一种组合。

【思考题】

（1）简述测量霍尔元件的灵敏度 K_H 的方法。

（2）用霍尔效应原理设计一种磁感应强度测试仪，简述其仪器工作原理。

实验 23　电子束实验

【实验目的】

（1）了解带电粒子在电磁场中的运动规律，电子束的电偏转、电聚焦、磁偏转、磁聚焦的原理。

（2）掌握用外加电场、磁场使电子束聚焦与偏转的原理和方法，加深对电子在电场、磁场中运动规律的理解。

（3）掌握测量电子的荷质比 e/m 的方法。

【实验原理】

1. 电子束的电聚焦

电子在纵向不均匀电场作用下的运动：

电子在示波管中的加速和聚焦等工作靠电子枪来实现，电子枪的内部构造见图 3.50 所示。

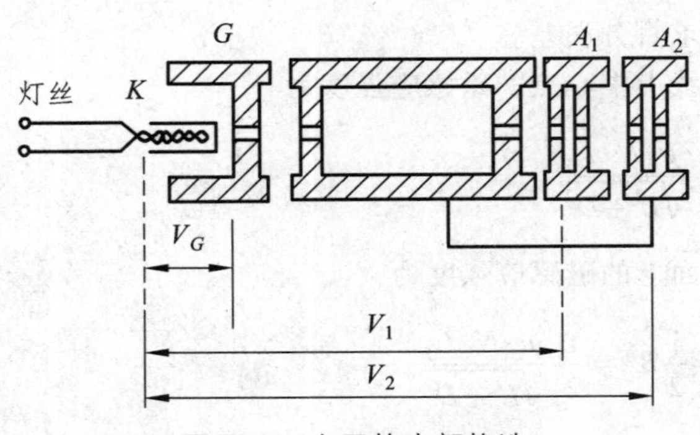

图 3.50　电子枪内部构造

从阴极 K 发射的电子在加速电场作用下，通过控制栅极 G 小孔后，电子束散开，为了在屏上得到一个又亮又小的会聚光点必须把散开的电子束会聚起来。为此我们在控制栅前面设置了 A_1 和 A_2 两个阳极，它们分别称为第一阳极和第二阳极。它们构成由相邻的圆筒组成的聚焦系统，在 A_1、A_2 上分别相对阴极 K 加上不同的电压 V_1、V_2，当 $V_2 \neq V_1$ 时在 V_1 和 V_2 之间会形成纵向不均匀电场，该电场对 z 轴是对称分布的。

电子束中某个散离轴线的电子沿轨道进入聚焦电场，在电场的前半区，$\bar{F}$ 可分解为垂直指向轴线的分力 F_T 与平行于轴线的分力 $F_{//}$。F_T 的作用使电子向 z 轴靠拢（或远离），$F_{//}$的作用使电子沿 z 轴方向得到加速。在电场的后半区，电子受到的电场力 $\bar{F}'$ 可分解为相应的 F_T' 和 $F_{//}'$ 两个分量。$F_{//}'$ 仍使电子沿 z 轴方向加速，而 F_T' 却使电子远离（或靠拢）轴线，但因为在整个电场区域里电子都受到同方向的沿 z 轴的作用力 $F_{//}$和 $F_{//}'$ 的作用，电子在后半区的轴向速度比在前半区的大得多，因此电子在后半区停留的时间比在前半区停留的时间短，所以受的作用时间也短得多，这样电子只要在前半区受到的拉向轴线得作用与后半区受到的离开轴线的作用配合得当，总的效果是就可使电子到达屏上时恰好聚于一点。适当调节 A_1 和 A_2 上的电压比值改变电极间的电场分布，可使所有散离电子都汇集成为很细的电子束打到荧光屏上，看到一个小亮点，实现电子束的电聚焦。因此只要找到电子枪的加速电压 V_2 和聚焦电压 V_1 之间的适当组合，都可以使电子束在荧光屏上聚焦。在实际使用中，我们把第二阳极 A_2 接地，改变 V_2 时实际上是通过改变阴极对地的电压来实现。

从与几何光学之间的类比，引进静电透镜折射率的概念，我们有

$$n = \sqrt{V_2 / V_1}$$

式中，n 为静电透镜的折射率，V_2 是加速电压，V_1 是聚焦电压。

从理论上导出静电透镜的方程，把示波管的有关参数代入可得方程

$$(n-1)^2(n+1)-\frac{3}{4}n^2=0$$

可以看出这是关于折射率 n 的一个三次代数方程，解出 n 的三个根中有一个是负根，没有物理意义，还有两个正根存在，表明从实验上应该可以找到电子枪的加速电压 V_2 和聚焦电压 V_1 之间有两种不同组合，都可以使电子束在荧光屏上聚焦，本实验要求学生分别找出两个不同的聚焦条件，测定有关电压，以检验理论分析结果的正确性。

2. 电子束的电偏转

电子在横向电场作用下的运动：

这个实验，要求学生掌握电子束在不同电场作用下加速和偏转的工作原理，然后在不同的加速电压下，分别测量电子束在横向电场作用下，偏转量随偏转电压大小之间的变化关系。

（1）偏转电场的形成及简化。

在电子束通过的空间，平行于电子入射方向水平放置两块平行板，在其上加上电压，就可以形成偏转电场。在平行板间的距离 d 比其长度 b 小得多时，可以认为它形成的空间电场是均匀的（一般认为示波管的偏转板近似满足这个条件），且平行板界外电场为零。这时电场强度有

$$E=\frac{U}{d}\text{（界内）}$$

$$E=0\text{（界外）}$$

式中，E 沿垂直于电子入射的方向，U 为在极板上加的电压。

（2）电偏转原理。

我们先选定坐标：取 z 轴沿示波管的轴线方向，即电子入射的方向，y 轴与电场 E 的方向相反，如图 3.51 所示，在示波管的两块偏转板 Y_1、Y_2 上加电压后，形成了垂直于电子束运动方向的横向电场，正是这一横向电场使电子束产生了 Y 方向的偏转。

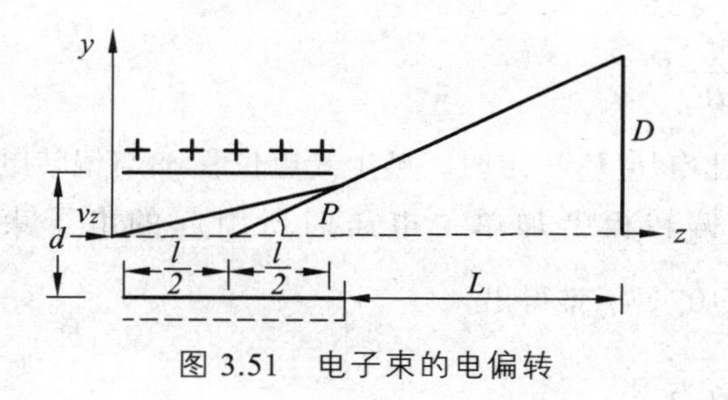

图 3.51　电子束的电偏转

由于从阴极被加热逸出的电子动能较小，近似认为初速度为零，电子被第二阳极加速后从电子枪口（阳极 A_2 的小孔）射出的速度（约 10^7 m/s 的数量级）为 v_z，获得的功能是 $\frac{1}{2}mv_z^2$。若加速电压为 V_2，则有

$$\frac{1}{2}mv_z^2=eV_2 \tag{3.101}$$

式中，m 为电子质量，e 为电子电荷。

设偏转板间距为 d，板长度为 b（$d \ll b$），两板间电位差为 V_y，则板间电场强度为

$$E_y = \frac{V_y}{d} \tag{3.102}$$

当电子进入横向电场后受电场力 eE_y 的作用，产生的加速度为

$$a_y = \frac{eE_y}{m} = \frac{e}{m}\frac{V_y}{d} \tag{3.103}$$

电子通过偏转板的时间 $t_b = \dfrac{b}{v_z}$，从板右端到达屏的时间 $t_l = \dfrac{l}{v_z}$，电子刚离开偏转板右端时的垂直位移为

$$y_b = \frac{1}{2}a_y \cdot t_b^2 = \frac{1}{2}\frac{e}{m}\frac{V_y}{d}\left(\frac{b}{v_z}\right)^2 \tag{3.104}$$

此时电子在 y 方向的速度为 $v_y = a_y \cdot t_b = \dfrac{e}{m}\dfrac{V_y}{d}\left(\dfrac{b}{v_z}\right)$，电子离开电场后作匀速直线运动，因此在 t_1 内电子的垂直位移为

$$y_l = v_y \cdot t_l = \frac{eV_y}{md}\left(\frac{b}{v_z}\right)\left(\frac{l}{v_z}\right) \tag{3.105}$$

电子在荧光屏上总位移为

$$y = y_b + y_l = \left(\frac{ebV_y}{mdv_z^2}\right)\left(\frac{b}{2}+l\right) \tag{3.106}$$

令 $\left(\dfrac{b}{2}+l\right) = L$，并将（3.101）式代入（3.106）式得

$$y = \frac{bL}{2dV_2}V_y \tag{3.107}$$

式（3.107）表明：当加速电压 V_2 一定时，屏上光电位移 y 与偏转电压 V_y 成正比。电偏转灵敏度（S_e）：定义为当偏转板上加单位电压时所引起的电子束在荧光屏上的位移。$S_e = \dfrac{y}{V_y}(\text{mm/V})$ 由式（3.107）不难得出

$$S_e = \frac{bL}{2d}\frac{1}{V_2} \tag{3.108}$$

即电偏转灵敏度 S_e 与加速电压 V_2 成反比。式（3.108）中 V_y 为偏转板电压，V_2 为加速阳极的电压，d 为偏转板的距离。

3. 电子束的磁偏转

在这个实验题目下，我们可以做两方面的实验内容：

第一部分实验内容是与静电偏转进行对比，要求学生测定在几个不同加速电压 V_2 之下，电子束的偏转量随横向磁场螺线管电流 I_S 的变化关系。根据理论分析结果表明，总的偏转量 D 满足下面的式（3.109），磁感强度大小 B 与电流 I_S 成正比，所以在 V_2 一定的条件下 D 与 I_S 成线性关系，我们可得出如下关系：

$$D \propto \frac{I_S}{\sqrt{V_2}} \tag{3.109}$$

然而，从（3.109）式可见，直线的斜率随加速电压 V_K 的变化规律与静电偏转情况下是不同的。对比（3.108）式和（3.109）式可知，静电偏转灵敏度与加速电压 V_2 成反比，而磁偏转情况下它与加速度电压 V_2 的平方根成反比。整理出偏转量 D 随 I_S 的变化关系式就可以从实验上发现这一规律：所有实验点作图后归拢在同一直线上，对磁偏转实验直线斜率为 $\dfrac{I_S}{Z\sqrt{V_K}}$。（Z 为某一常数）。进行这样的对比分析，不仅加深了学生对电子在电场和磁场中运动规律在感性上和理性上的认识，留下深刻的印象，而且给他们提供了一个生动而又简明的例子，如何从理论分析得出的规律，设计相应的实验并加以检验。

$$D = \frac{leB}{\sqrt{2meV_K}}\left(L + \frac{1}{2}l\right) \tag{3.110}$$

电子束的磁偏转情况，如图 3.52 所示。

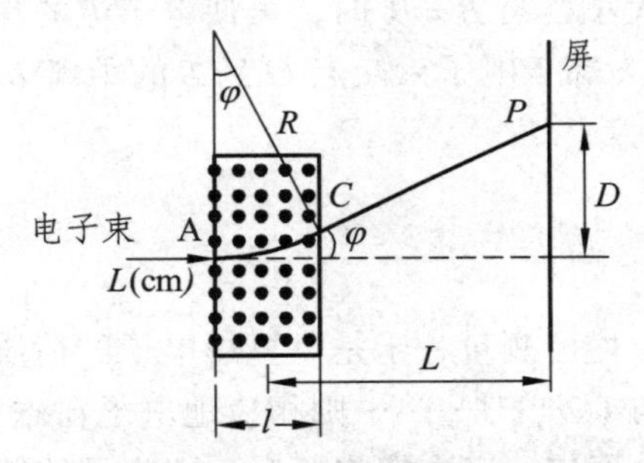

图 3.52　电子束的磁偏转

第二部分实验内容，要求我们分析地磁场对电子束运动的影响，并通过实验进行观察研究。将整个仪器旋转 360°，记下电子束偏转量的变化情况，确定当地地磁场的方向，与罗盘指示的方向进行比较，计算出地磁场水平分量的大小，与手册上的数据进行比较，在计算过程中，提示学生注意，电子从离开电子枪直到荧光屏的整个运动过程中，都受到地磁场的偏转作用，这与第一部分实验中只是局部加有横向磁场的情况不同。

4. 电子束的磁聚焦（测定电子荷质比）

在一个通电螺旋管中平行地放置一示波管，沿示波管轴线方向有一均匀分布的磁场，其磁感应强度为 B。在示波管的热阴极 K 及第二阳极 A_2 之间加有加速电压 V_2，经阳极小孔射出的细电子束流将沿轴线做匀速直线运动。

电子流的轴向速率为

$$v_{//} = \sqrt{2eV_2 / m} \tag{3.111}$$

电子运动方向与磁场平行，故磁场对电子运动不产生影响。

式中，e、m 分别为电子的电荷量和质量。若在一对偏转极板 D 上加一个幅值不大的交变电压，则电子流通过偏转极板 D 后就获得一个与管轴垂直的速度分量 $v_{\perp}$。如暂不考虑电子轴向速度分量 $v_{//}$的影响，则电子在磁场的洛仑兹力的作用下（该力与 $v_{\perp}$垂直），在垂直于轴线的平面上做圆周运动，即该力起着向心力的作用，$F = ev_{\perp}B = mv_{\perp}^2 / R$，由此可得到电子运动的轨道半径 $R = v_{\perp}\Big/ B\dfrac{e}{m} = \dfrac{mv_{\perp}}{eB}$，$v_{\perp}$ 越大轨道半径亦越大，电子运动一周所需要的时间（即周期）为

$$T = 2\pi R/v_{\perp} = \frac{2\pi m}{eB} \tag{3.112}$$

这说明电子的旋转周期与轨道半径及速率 $v_{\perp}$ 无关，若再考虑 $v_{//}$的存在，电子的运动轨迹应为一螺旋线。

$$h = v_{//}T \tag{3.113}$$

h 为一个周期内，电子前进的距离（称螺距）。

由于不同时刻电子速度的垂直分量 $v_{\perp}$不同，故在磁场的作用下，各电子将沿不同半径的螺线前进。然而，由于它们速度的平行分量 $v_{//}$均相同［式（3.111）］，所以经过距离 h，它们又重新相交，适当改变 B 的大小，当 $B = B_c$时，可使电子流的焦点刚巧落在荧光屏 S 上（这称为一次聚焦），这时，螺距 h 等于电子束交点 G 到 S 的距离 L。则由式（3.111）、（3.112）、（3.113）消去 $v_{//}$，即得

$$\frac{e}{m} = \frac{8\pi^2 V_2}{L_0^2 B_c^2} \tag{3.114}$$

（3.114）式中得 B_c、V_2 及 L。均可测量，于是可算得电子的荷质比，如继续增大 B，使电子流旋转周期相继减小为上述的 1/2，1/3……则相应地电子在磁场作用下旋转 2 周，3 周……后聚焦于 S 屏上，这称为二次聚焦，三次聚焦等等。因为示波管在聚焦线圈（长直线圈）中间部位，故有

$$B \approx \frac{4\pi N I_0 \times 10^{-7}}{\sqrt{D^2 + L^2}} \tag{3.115}$$

将（3.111）代入（3.110）得：$e / m = KV_2 / I_0^2$

式中，$K = (D^2 + L^2)\times 10^{14} / 2L_0^2 N^2$，为该台仪器常数。

D——螺线管线圈平均直径，$D = 0.094\ 5$ m；

L——螺线管线圈长度，$L = 0.233$ m；

N——螺线管线圈匝数，$N = 1\ 340$ T；

L——电子束从栅极 G 交叉至荧光屏的距离，即电子束在均匀磁场中聚焦的焦距；

L_0——0.199 m；

I_0——为光斑进行三次聚焦时对应的励磁电流的加权平均值。

保持 V_2 不变，设光斑第一次聚焦的励磁电流为 I，则第二次聚焦的电流应为 $I_2 = 2I_1$，此时磁感应强度 B 增加一倍，电子在管内绕 z 轴转两周，同理，第三次聚焦的电流应为 $I_3 = 3I_1$，所以

$$I_0 = \frac{I_1 + I_2 + I_3}{1+2+3} \tag{3.116}$$

改变 V_2 值，重新测量，实验时要求 V_2 分别取三个不同值，每个 V_2 值实现三次聚焦，测出 e/m，求出平均值，并与公认值 $e/m = 1.757 \times 10^{11}$ C/kg 比较，求出百分误差。

【实验仪器】

EB-IV 型电子束实验仪。

【实验内容】

1. 电子束的电聚焦和辉度控制

（1）将示波管插入仪器左边的后靠背，将坐标板放入示波管与光屏前面，接通电源。

（2）将 V_{dx}、V_{dy} 转换开关打到 V_{dx} 档，调节 V_{dx} 旋钮，进行偏转电压调零。

（3）示波管将显示出一个亮点，如果没有显示将栅极电压亮度稍微调高一点，然后调节调零电位器 X、Y，使示波管荧屏显示出一个亮点调为中心。

（4）第一聚焦调节条件：$V_1 < V_2$，检验第一聚焦条件，改变 V_1 和 V_K，使荧光屏上亮点达到最佳聚焦状态，测量 V_1 和 V_2，求出 $n = \sqrt{V_2 / V_1}$。

（5）加速电压对亮度的影响，将栅极电压调到适当位置，改变加速电压观察示波管荧屏上亮度的变化。

2. 电子束电偏转实验

（1）在电聚焦实验基础上开始实验。

（2）调节加速电压为 1 000 V，调节聚焦电压，使示波管荧屏亮点聚焦。将 V_{dx}、V_{dy} 转换开关打到 V_{dx} 档，调节 V_{dx} 旋钮，看示波管亮点，以每一大格（5 mm）记录一次偏转电压 V_{dx} 的数值，做 D 与 V 曲线，进行分析。

（3）比较 x 方向和 y 方向的电偏转灵敏度（并分析原因）。

3. 电子束磁偏转实验

（1）在实验 1 基础上进行仪器调整，做磁偏转实验。

（2）调节加速电压为 1 000 V，调节聚焦电压，使示波管荧屏亮点聚焦。将 V_{dx}、V_{dy} 转换开关打到 V_{dx} 档，调节 V_{dx} 旋钮，看示波管亮点调到坐标板中心，将磁偏转线圈插入示波管两侧，将 2 A 和 200 mA 转换开关打到 200 mA 档、调节 200 mA 旋钮以每大格（5 mm）记录一次偏转电流 I 的数值，做 D 与 I 的曲线，并进行分析。

（3）地磁偏转现象观察。

在不加偏转电场和磁场时，改变加速电压，荧光屏上光点位置也会随之改变，产生这个现象的原因之一就是地球磁场。把阴极射线管或整个仪器转动 360°，可找到光点上下移动的

最高位置和最低位置。能否找到阴极射线管放在某一方向时光点不会发生偏转？示波管轴线的方向与地球磁场方向之间有什么关系？找出光点偏转量最大时示波管轴线的取向，同时观察示波管地磁偏转现象。

4. 电子束的螺旋运动及电子荷质比测定

（1）将螺线管线圈套入示波管上，将 2 A 电流输出孔接通螺线管。

（2）在实验 1 基础上进行电子的螺旋运动及电子荷质比测定。

（3）调节加速电压为 1 000 V，调节聚焦电压为 300—400 V。栅极电压（即亮度）到适当位置。

（4）将 2 A、200 mA 转换开关打到 2 A 档，调节 2 A 旋钮进行实验。逐渐增大励磁电流，从荧光屏上第一次聚焦时开始，记下每一次聚焦时的励磁电流，继续增大电流，分别记录三次聚焦时的电流 I，计算加权平均值

$$I_0 = \frac{I_1 + I_2 + I_3}{1+2+3}$$

（5）代入公式（3.111）和（3.110），求得电子荷质比，与理论值 $e/m = 1.757 \times 10^{11}$ C/kg，求出百分比误差。

（6）改变加速电压，继续测量电子荷质比实验（建议在 900 ~ 1 100 V）进行实验。

【磁聚焦法测荷质比的数据记录表格】（见表 3.45）

表 3.45 磁聚焦法测荷质比数据记录

	电压	电流							平均
正向		I_1							
		I_2							
		I_3							
	电压	电流							平均
正向		I_1							
		I_2							
		I_3							
	电压	电流							平均
反向		I_1							
		I_2							
		I_3							
	电压	电流							平均
反向		I_1							
		I_2							
		I_3							

$I=$ ________________；$e/m=$ ________________；

平均值 $e/m=$ ________________；相对误差 = ________________。

【注意事项】

（1）本仪器使用时，周围应无其他强磁场及铁磁物质，仪器应南北方向放置以减小地磁场对测量精度的影响。

（2）螺线管不要长时间通以大电流，以免线圈过热。

（3）改变加速电压后，亮点的亮度会改变，应重新调节亮度，勿使亮点过亮，一则容易损坏荧光屏，同时亮点过亮，聚焦好坏也不易判断，调节亮度后，加速电压值也可能有了变化，再调到规定的电压值即可。

【思考题】

（1）电聚焦和磁聚焦的原理是什么？两者光斑收缩的情况是否相同？

（2）在聚焦实验中，为什么反向聚焦时光点较暗？

（3）在不同阳极电压下，为什么偏转灵敏度会不同？

3.4　光学实验

实验 24　薄透镜焦距的测量

【实验目的】

（1）学会调节光学系统共轴的方法，并了解视差原理的实际应用。

（2）学会光学中光路的建立与调节方法。

（3）掌握薄透镜焦距的常用测定方法。

【实验原理】

如图 3.53 所示，设薄透镜的像方焦距为 f'，物距为 s，对应的像距为 s'，则透镜成像的高斯公式为

$$\frac{1}{s'}+\frac{1}{s}=\frac{1}{f'} \qquad f'=\frac{ss'}{s+s'} \tag{3.117}$$

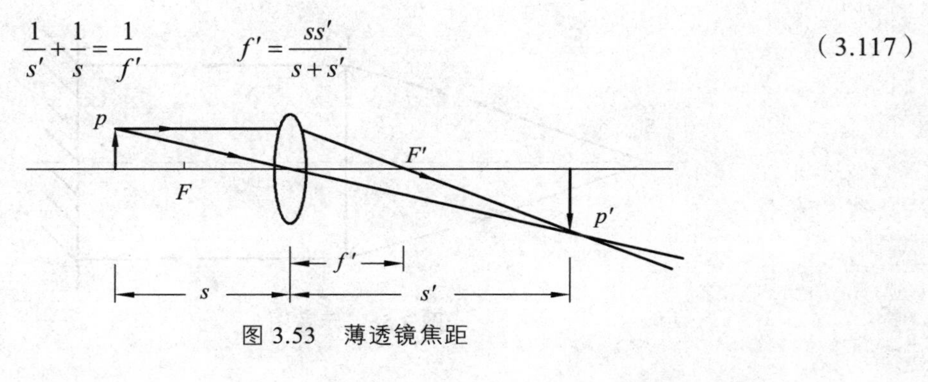

图 3.53　薄透镜焦距

应用式（3.113）时，必须注意各物理量所适用的符号定则。本书规定：距离自参考点（薄透镜光心）量起，与光线进行方向一致时为正，反之为负，运算时已知须添加符号，未知量则根据求得结果中的符号判断其物理意义。

1. 测量会聚透镜焦距的方法

（1）测量物距与像距求焦距，$f'=\dfrac{ss'}{s+s'}$。如图 3.54 所示。

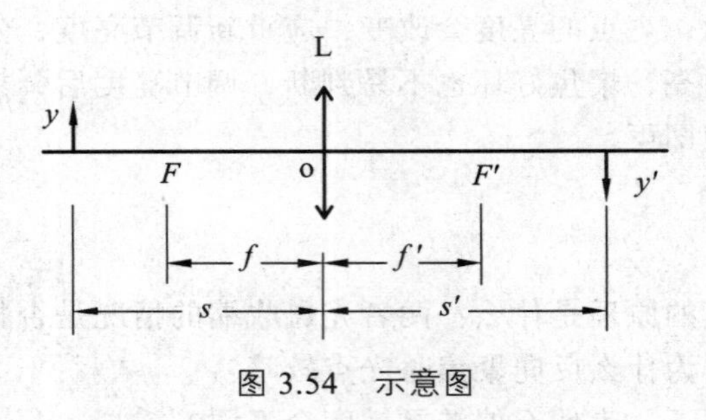

图 3.54 示意图

（2）由透镜两次成像求焦距。$f'=\dfrac{D^2-l^2}{4D}$。如图 3.55 所示。

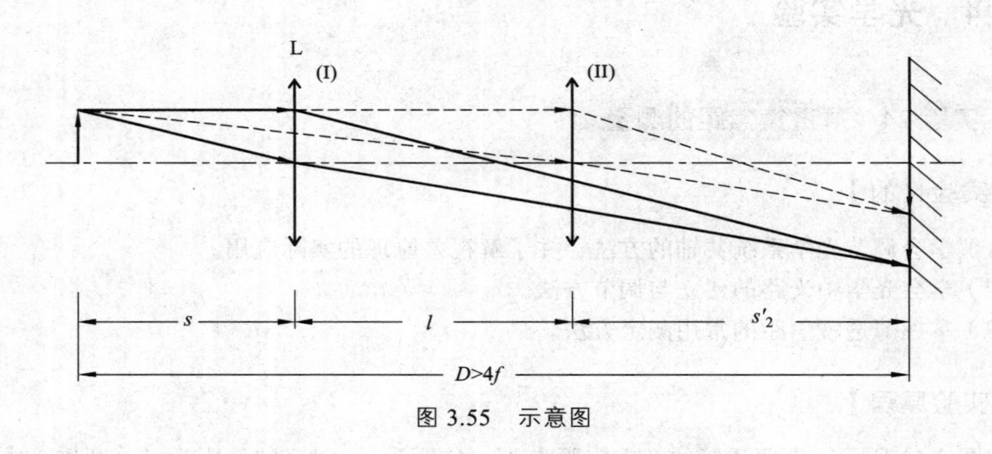

图 3.55 示意图

（3）由光的可逆性原理，借助平面镜的自准直法求焦距。直接读数。如图 3.56 所示。

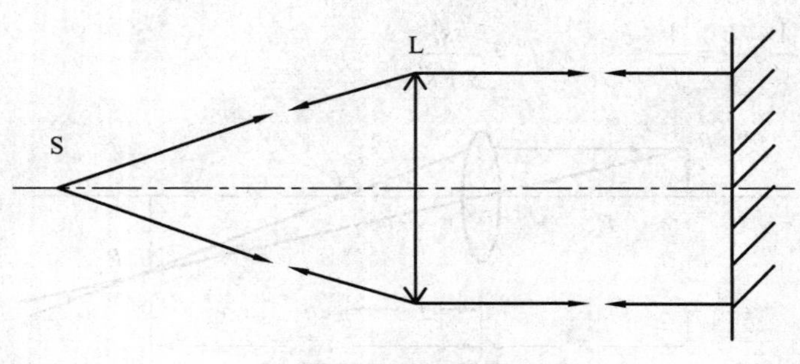

图 3.56 示意图

2. 测定发散透镜焦距的方法

（1）由辅助透镜成像求焦距。

如图 3.57 所示，$f' = \dfrac{ss'}{s+s'}$ （3.118）

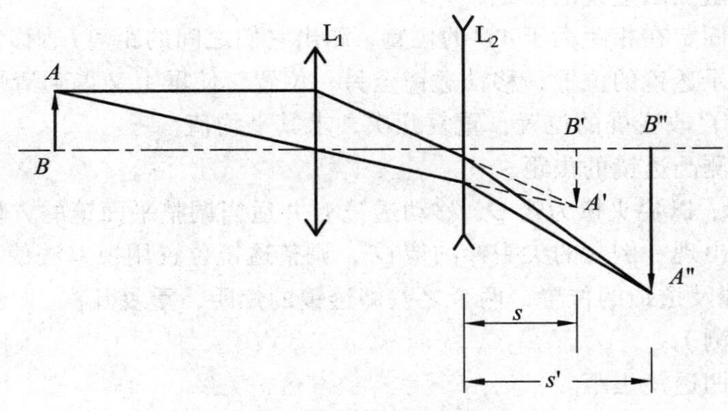

图 3.57 示意图

（2）由平面镜辅助确定虚像位置求焦距。

如图 3.58 所示，物体 P 经待测发散透镜 L 成正立的虚像于 P'。若在 L 前放置指针 Q 和平面镜 M，则观察者在 E 处可同时看到 P' 与 Q 在 M 镜中的反射像 Q'，移动 Q 调节 Q'，用视差法使 P' 与 Q' 重合，从而根据平面镜成像的对称性求出虚像的像距 $\overline{OP'}$，再由式（3.118）求焦距 f'

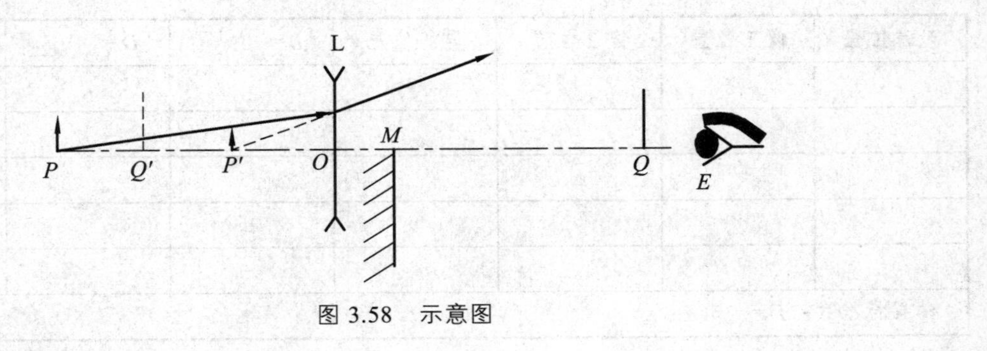

图 3.58 示意图

【实验仪器】

光具座（GJZ-15）、发散透镜、会聚透镜（两块）、狭缝光源、白屏、平面反射镜、座子配件、手电筒、螺丝刀、镜头纸。

【实验内容】

（1）测待测凸透镜的焦距 f'（方法自己选择）。

（2）调节：将照明光源、物屏、待测透镜和成像的白屏依次放在光具座的导轨上，按照图所示，调节各光学元件的光，使之共轴，并平行于光具座导轨的基线（等高）。

（3）由物距像距求凸透镜焦距。

用具有箭形开孔的金属屏为物，用准单色光照明。使物屏与白屏之间距离大于$4f'$，移动待测透镜，直到白屏上呈现出箭形物体的清晰像。记录物、像及透镜的位置，依式算出f'。改变屏的位置，重复几次，求其平均值。

（4）两次成像法测凸透镜的焦距。

将物屏与白屏固定在相距大于$4f'$的位置，测出它们之间的距离l，移动透镜，使屏上得到清晰的物像，记录透镜的位置，移动透镜至另一位置，使屏上又得到清晰的物像，再记录透镜的位置。求出f'改变屏的位置，重复几次，求其平均值。

（5）自准直法测凸透镜的焦距。

按图3.56所示，以尖头棒为物Q，移动透镜L并适当调整平面镜的方位，沿光轴方向可看到在尖头棒上方出现一倒立的尖头棒的像Q'，调整透镜位置用视差法使Q与Q'对齐（无视差），测出尖头棒及透镜的位置，两者之差即透镜的焦距，重复几次，（也可以不用尖头棒而用开孔的物屏去测）。

（6）透镜法测凹透镜焦距。

按图3.56，先用辅助会聚透镜L_1把物体P成像在P'处的屏上，记录P'的位置，然后将待测发散透镜L置于L_1与P'之间的适当位置，并将屏向处移，使屏上重新得到清晰的像P''，分别测出P'、P''及发散透镜L的位置，求出物距P和P'，代入式中算出f（注意物距P应取的符号）。改变凸透镜的位置，重复几次。

【数据记录】（见表3.46、3.47、3.48）

表3.46　两次成像法测凸透镜的焦距　　单位：cm

光源位置	像1位置	像2位置	屏的位置	$L=$	$D=$	焦距F
结果标准式：$F=$						

表3.47　自准直法测凸透镜的焦距　　单位：cm

光源位置（X1）	透镜位置（X2）	焦距（F）
结果标准式：$F=$		

表 3.48　透镜法测凹透镜焦距　　单位：cm

镜的位置	物的位置	像的位置	物距 S	像距 S_1	焦距 F
结果标准式：$F=$					

【注意事项】

（1）验证透镜成像规律，测定透镜焦距等实验，一般不直接使用发光物体或有三维分布的立体物为物体，而以平面的有一定几何形状的开孔金属屏为物体（或用扫划板、平面网格）。

（2）测量物、透镜及像的位置时，要检查滑块上的读数准线和被测平面是否重合？如果不一致，由这些位置算出的距离将有误差，可用T字型辅助棒去测位置，统一由辅助棒所在滑块的准线去读图，可防止上述不一致引入的误差。

【思考题】

（1）何用自准直法调节平行光？

（2）测凹透镜焦距时，在凸透镜和虚物之间插入凹透镜时，为什么要强调适当的位置？试述移动像屏而找不到像的原因。

（3）人眼对成像的清晰度的分辨能力不是很强，因而像屏在一小范围内移动时，人眼所见的像是同样清晰的，一些范围为景深。为了减少由此引入的误差，可由近向远和由远向近移动白屏，去探测像的位置，并取二位置的平均值为像的位置。

（4）透镜前加一口径 D 的光阑，可以满足近轴光线成像的条件，相对孔径（D/f'）越小像差越小，但是景深将增大，因此是否要加光阑、加多大的光阑要全面考虑。

实验 25　分光计的调整与三棱镜玻璃折射率的测量

折射率是描写介质材料光学性质的重要参量。分光计是用来精确测量入射光和出射光之间偏转角度的一种仪器。用它可以测量折射率、色散率、光波波长等。分光计的基本部件和调节原理与其他复杂的光学仪器（如摄谱仪、单色仪等）有许多相似之处，学习和使用分光计也为今后使用精密光学仪器打下良好的基础。分光计装置较精密，结构较复杂，调节要求也较高，对初学者有相当的难度。因此必须注意了解分光计的基本结构和光路，严格按调节方法和要求进行调节，才能掌握好它。

【实验目的】

（1）了解分光计的结构，学会正确的调节和使用方法。

（2）掌握三棱镜顶角和最小偏向角的测量方法，测定三棱镜（玻璃）的折射率。

（3）掌握分光计的调节要求，判断达到要求的方法。

【实验原理】

测三棱镜玻璃折射率 n 原理如下：

如图 3.59（a）所示，三角形 ABC 表示三棱镜的横截面，AB 和 AC 是透光的光学表面，又称折射面，其夹角 A 称三棱镜的顶角，BC 为毛玻璃面，称为三棱镜的底面。一束平行光射向三棱镜 AB 面，折射入三棱镜，又从 AC 面折射出。入射光与 AB 面法线的夹角为 i，出射光与 AC 面法线的夹角为 i'。入射光的延长线和出射光反向延长线之间的夹角 δ 称为“偏向角”。出射角 i'、偏向角 δ 将随入射角 i 的不同而不同。可以证明，如果某入射角 i 能与出射角 i' 相等，即 $i=i'$，则这时的偏向角 δ 将为最小，称为“最小偏向角”，用 $\delta_{\min}$ 表示［如图 3.59（b）所示］；并可以证明，此时进入三棱镜的光线将与底面 BC 面平行，棱镜玻璃的折射率 n 将与顶角 A、最小偏向角 $\delta_{\min}$ 有如下关系

$$n=\frac{\sin\dfrac{A+\delta_{\min}}{2}}{\sin\dfrac{A}{2}} \tag{3.119}$$

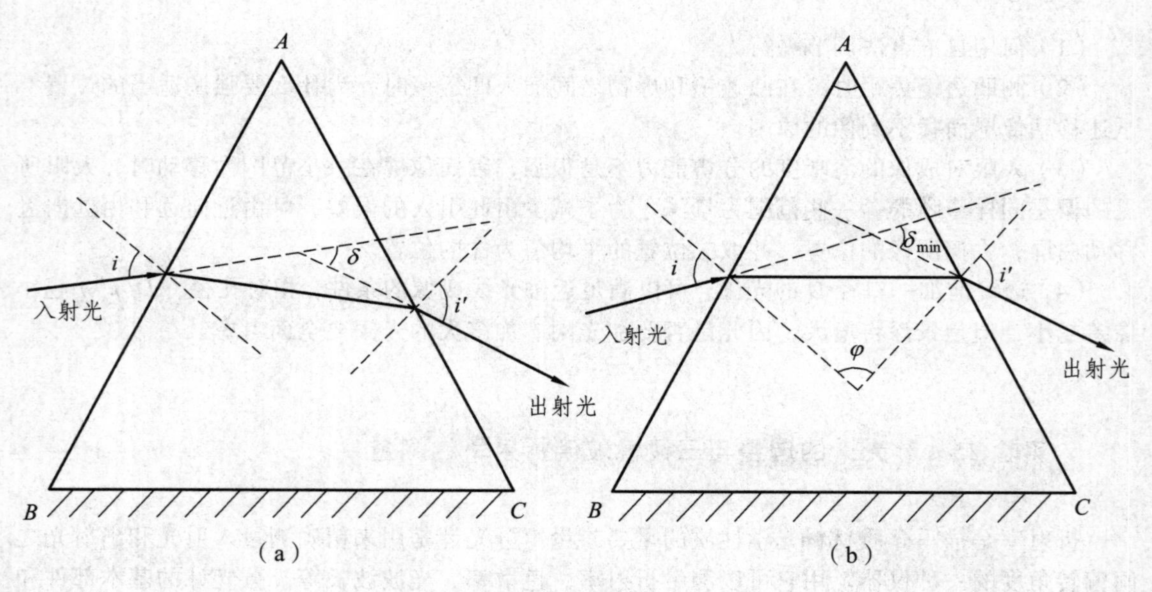

图 3.59　三棱镜

因此，用分光计测出顶角 A，找到并测出 $\delta_{\min}$，即可由式（3.119）测出三棱镜玻璃对该波长光的折射率 n。

【实验仪器】

1. 分光计结构简介

本实验使用 JJYl′型的分光计，如图 3.60 所示。该分光计由“阿贝”式自准直望远镜、装有可调狭缝的平行光管、可升降的载物平台及光学度盘游标读数系统等四大部分组成。

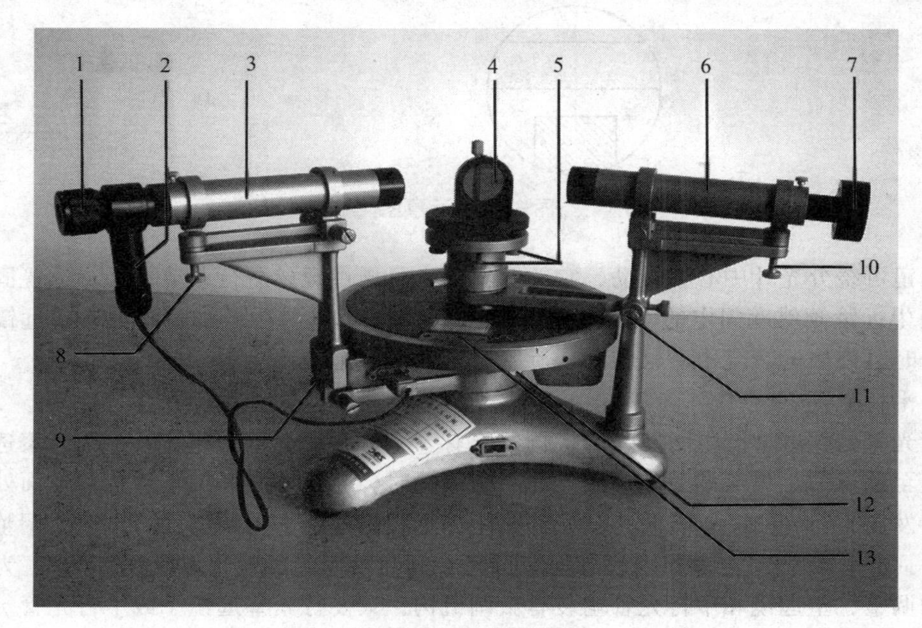

图 3.60 JJYl′型分光计

1—目镜；2—小灯；3—望远镜筒；4—平行平面镜；5—平台倾斜度调节螺丝；6—平行光管；
7—狭缝装置；8—望远镜倾斜度调节螺丝；9—望远镜微调螺丝；10—平行光管微调螺丝；
11—度盘微调螺丝；12—望远镜锁进螺丝；13—游标盘

现将各部分逐一介绍：

（1）“阿贝”式自准直望远镜。

装有“阿贝”目镜的望远镜称“阿贝”式自准望远镜。

它用以观察平行光进行的方向。与普通望远镜相类似，它由物镜与目镜组成。改变物镜至目镜的距离，可以使不同距离远处的物体成像清晰。望远镜调焦于无穷远时，则可使从无穷远处来的平行光成像最清晰。

为了测量，物镜与目镜之间有叉丝，目镜与叉丝，及目镜、叉丝相对于物镜的距离均可调节，叉丝应位于目镜焦平面上。

目镜是有场镜和接目镜组成的，常用的目镜有二种：一是高斯目镜，在它的场镜和接目镜间装了一片与镜筒成 45°角的薄玻璃片。当小灯的光经玻璃片反射后可将叉丝全部照亮。二是阿贝目镜，在目镜与叉丝之间装了一个全反射小三棱镜，小灯发出的光经小三棱镜反射后将叉丝的一部分照亮，而从目镜望去这照亮的部分刚好被小三棱镜遮住，故只能看到叉丝的其他部分，如图 3.61 所示。JJYl′型分光计采用的是阿贝目镜。

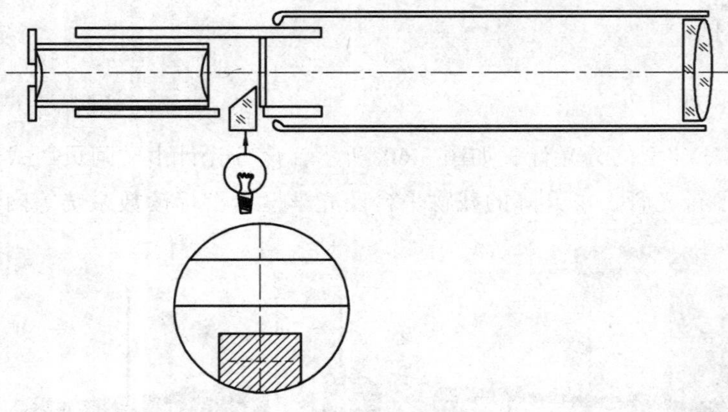

图 3.61 示意图

望远镜可绕分光计中心轴转动，它的倾斜度也可通过螺丝进行调节，而望远镜固定螺丝则起着把望远镜倾斜度固定的作用（见图 3.60）。在望远镜与中心轴相连处有望远镜锁紧螺丝，放松时可使望远镜绕中心轴转动，旋紧时可固定望远镜（见图 3.60）。

（2）平行光管。

平行光管是仪器中产生平行光的机构。它有一个可改变缝宽的狭缝及一个会聚透镜所组成，狭缝至透镜的距离可调节。当用光源照明狭缝时，若狭缝刚好位于透镜焦平面处，则平行光管将发出平行光。平行光管与分光计底座固定在一起，它的倾斜度可以通过调整螺丝进行调节，而平行光管固定螺丝则起着把平行光管倾斜度固定的作用（见图 3.60）。为了得到较精密的调整，望远镜和平行光管均装有微调机构，只要拧紧望远镜（或平行光管）的锁紧螺丝后，再转动其微调螺丝（见图 3.60），则望远镜（或平行光管）就能转动微小角度。

（3）升降的载物平台。

载物小平台可放光学元件，如三棱镜、光栅等。有三只调节螺钉 P，Q 和 R 可改变小平台倾斜度（见图 3.62）。载物台也有锁紧螺丝固定位置。

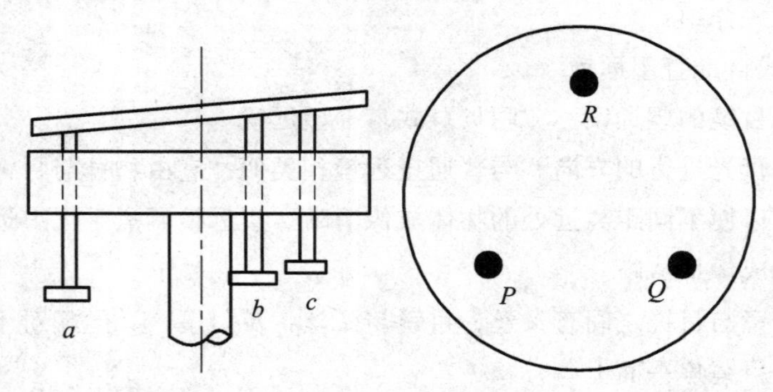

图 3.62 示意图

（4）读数装置。

望远镜和载物台分别与刻度盘和角游标相连，它们的相对转动角度可从读数窗中读出，读数窗有 A，B 二个，它们相隔 180°，从 A，B 两窗可分别读得望远镜转过的角度，然后取平均值，这样可消除中心轴可能存在的偏心。

本实验室中分光计角游标的最小分度为1′（主刻度盘上每小格为30′，角游标 30 分格的弧长与刻度盘 29 分格的弧长相等），游标每小格之差见图 3.63。

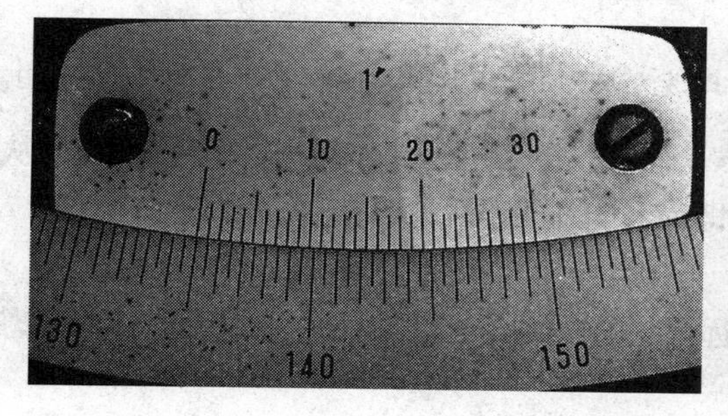

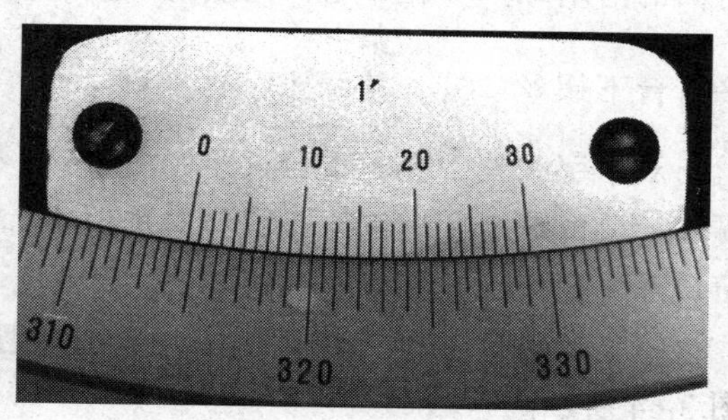

图 3.63　分光计角游标

例如：图 3.63 右图的读数应为：314°30′ + 11′ = 314°41′。

2. 望远镜与平行光管的调节要求和判断达到要求的方法

（1）望远镜。

① 调望远镜聚焦无穷远。

a. 调目镜 E 前后位置使能看清楚双十字叉丝及下部绿色亮区中的“黑十字”（“清楚”即清晰、最细）。以后目镜 E 前后位置一般不再调节。

b. 平台上置双面平面镜 M，放置方法如图 3.64（a），并正对望远镜。缓缓转动平台，仔细寻找从望远镜物镜穿出射向平面镜又被平面镜 M 反射再射入望远镜“绿十字”光斑。

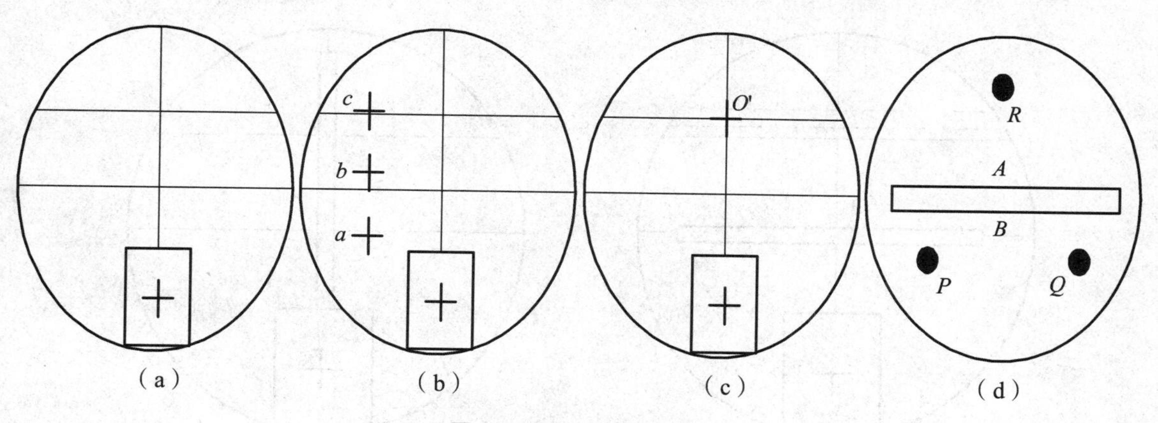

图 3.64　平面镜放置图

c. 使望远镜聚焦无限远（即能观察平行光）。移动叉丝筒前后，改变双叉丝相对于物镜的位置，使反射绿十字清晰。由“平面镜测凸透镜焦距”原理可知，当叉丝和十字窗口位于物镜焦点时，由小窗口射出的绿十字从物镜射出后即为平行光，被平面镜 M 反射后的平行光进入望远镜物镜后，将再聚焦于双叉丝平面处，因而从目镜中能看到清晰的反射回来的绿十字，说明望远镜已聚焦无限远，能观察平行光。

② 调望远镜轴与分光计转轴垂直。

用“各半调节法”调。先调望远镜下螺丝“8”及平台下螺丝 P 、Q，使望远镜视场中能出现反射绿十字。当平面镜 A 面正对望远镜时，如果视场中的图形如图 3.64（b）所示，反射回的清晰绿十字在 a 处，即应先调望远镜下螺丝“8”，使绿十字上移 $\frac{1}{2}ac$，至 b 处；再调平行台下螺丝“5”，使绿十字再上移 $\frac{1}{2}ac$，即至 c 处；可再微调望远镜或平台，使绿十字竖丝与双十字叉丝中竖丝重合，即如图 3.64（c）所示，此时望远镜轴即与平面镜垂直。从光路可知，反射绿十字应位于小窗口对称位置，即为“自准状态”（$O'X'$ 称为“上横叉丝”，与小窗口黑十字横丝对称）。

再将平台转过 180°，使平面镜 B 面对正望远镜，同样用各半调节法使视场为“自准状态”，如图 3.64 所示。

反复使 A 面与 B 面正对望远镜，若都能使视场为“自准状态”，则望远镜轴即与分光计中心转轴垂直。

（2）平行光管。

用已调好的望远镜为标准调平行光管。

① 调节平行光管产生平行光。去掉平面镜，点亮狭缝前的汞灯，将望远镜转至与平行光管成一直线，找到狭缝后，松开平行光管上的螺丝，移动狭缝筒的前后位置，直至望远镜中狭缝像清晰。

② 调平行光管轴与分光计转轴垂直。移动狭缝筒，使狭缝横向旋转，如图 3.65（a）所示，如狭缝像不与中横叉丝 OX 重合，则应调平行光管下螺丝“10”，使之重合。此时平行光管光轴与望远镜轴重合，也即与分光计转轴垂直。再使狭缝为垂直，如图 3.65（b）所示。

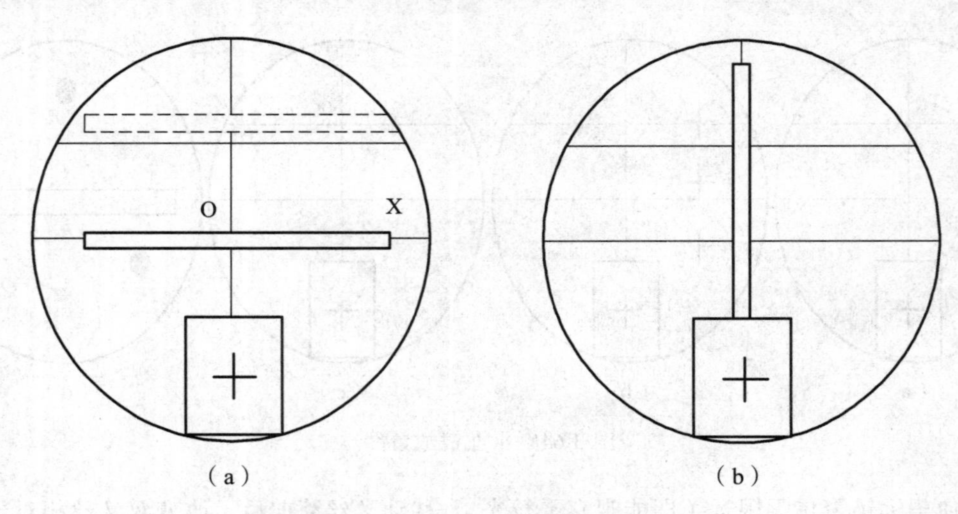

图 3.65　示意图

3. 自准法测三棱镜顶角 A

如图 3.66 所示。如果使分光计望远镜分别垂直正对三棱镜 AB 面和 AC 面，并且测出二垂直位置时的读数差为 φ，则顶角 A 为

$$A = 180° - \varphi \tag{3.120}$$

为判断望远镜是否垂直光学面 AB 和 AC，需用“自准法”：将望远镜正对光学面，则光学面即将射向其表面的“绿十字”反射进入望远镜，如反射绿十字能与双十字叉丝横丝、中竖丝重合［即如图 3.64（c）的自准状态图］，此时望远镜轴即与三棱镜光学面垂直。

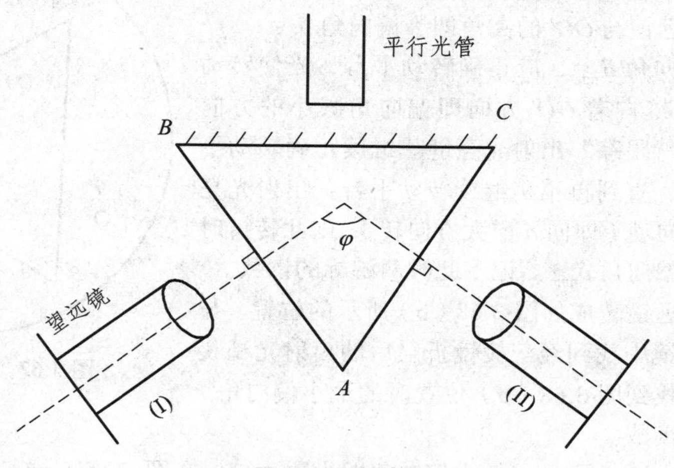

图 3.66　示意图

4. 三棱镜调节

为能用自准法测顶角，必须先将三棱镜放在分光计平台上调整好其光学面方位，使两个光学面均与分光计转轴平行，即与望远镜垂直。调节方法是：将三棱镜如图 3.67 放置，使光学面能与两调节螺丝的连线垂直（“G”与“R”的连线与某光学面如 AB 面平行）。先将调节好的望远镜正对 AB 光学面，转平台并仔细寻找被 AB 面反射回的绿十字光（比较暗淡，需仔细分辨）。如其横丝不与上横叉丝重合，则只能调螺丝 Q，使其为“自准状态”。再将 AC 面对正望远镜，为使其成为自准状态，只能调节 R。反复对正 AB 和 AC，使其均能为自准状态，则说明光学面 AB、AC 均与分光计转轴平行。

【实验内容】

1. 分光计调节及三棱镜调节

（1）使望远镜聚焦无限远，轴线与分光计转轴垂直。

（2）使平行光管产生平行光，轴线与分光计转轴垂直。

（3）调分光计平台。将平面镜照图 3.64（d）放置，使望远镜正对平面镜，只调螺丝 R，使绿十字为“自准状态”。

（4）调节三棱镜使两光学面平行分光计转轴。按图 3.67 放好三棱镜，调平台螺丝，照前述方法，使望远镜正对两光学面时，绿十字均为自准状态。

2. 自准法测三棱镜顶角 A

按图 3.64 所示，将三棱镜底面 BC 正对平行光管。拧紧平台下轴的螺丝，使平台固定不动。将望远镜正对 AB 面，当为自准状态时，再读出相应的两游标读数，将数据填入表 3.46 中。

3. 测最小偏向角 $\delta_{\min}$

旋转平台及望远镜，使其为如图 3.68（a）所示。转动望远镜，使能找到平行光管射出的经三棱镜折射后的出射光亮狭缝，此时望远镜与 OO' 的夹角即为偏向角 δ。

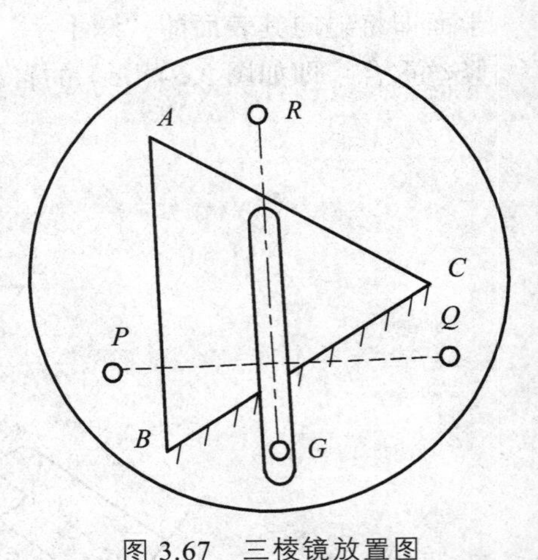

图 3.67　三棱镜放置图

为找到最小偏向角 $\delta_{\min}$，应正确转动平台，光使转动后出射后出射光狭缝向着 OO' 方向即偏向角减小的方向动，并转动望远镜“跟踪”出射光亮缝。继续正确转动平台，用望远镜跟踪，直到再稍稍继续转动平台，出射光亮缝即向 OO' 相反方向动（即向 δ 增大方向转），则此转折时的偏向角即为最小偏向角 $\delta_{\min}$。记下此时两游标的读数。

再将平台及望远镜转成如图 3.68（b）所示的位置。与上相同，先在望远镜中找到经三棱镜折射后的出射光亮狭缝，再按上述方法找到图 3.68（b）位置时的最小偏向角。读出此时两游标的读数。

由图 3.68（a）、（b）可见，最小偏向角即为同一游标在图 3.68（a）时的读数 θ_{11} 与在图 3.68（b）时的读数 θ_{12} 之差的一半，即

$$\delta_{\min}=\frac{1}{2}(\theta_{12}-\theta_{11}) \tag{3.121}$$

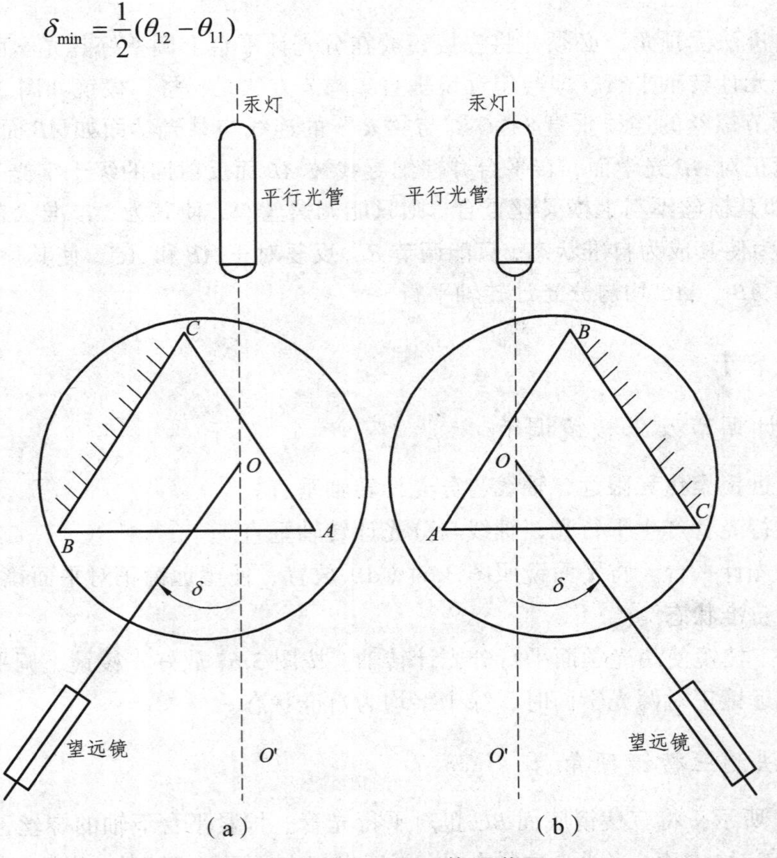

图 3.68　平台及望远镜调节图

【数据处理】

（1）由表 3.49 算出顶角 A 的平均值 $\overline{A}$。

（2）由表 3.50 算出最小偏向角 $\delta_{\min}$ 的平均值 $\overline{\delta}_{\min}$。由式（3.119）算出三棱镜玻璃的折射率。

表 3.49　自准法测三棱镜顶角 A　　单位：度

次数	1 游标 θ_{11}	2 游标 θ_{21}	3 游标 θ_{12}	4 游标 θ_{22}	$\varphi_1 = \lvert\theta_{12}-\theta_{11}\rvert$	$\varphi_2 = \lvert\theta_{22}-\theta_{21}\rvert$	$\overline{\varphi} = \frac{1}{2}(\varphi_1+\varphi_2)$	$A = 180° - \overline{\varphi}$	$\overline{A}$
1									
2									

表 3.50　测三棱镜最小偏向角 $\delta_{\min}$　　单位：度

次数	1 游标 θ_{11}	2 游标 θ_{21}	3 游标 θ_{12}	4 游标 θ_{22}	$2(\delta_{\min})_1 = \lvert\theta_{12}-\theta_{11}\rvert$	$2(\delta_{\min})_2 = \lvert\theta_{22}-\theta_{21}\rvert$	$\overline{\delta}_{\min} = \frac{1}{2}[(\delta_{\min})_1 + (\delta_{\min})_2]$
1							
2							

$n =$ ________________。

【注意事项】

（1）一定要认清每个螺丝的作用再调节分光计，掌握各个螺丝的作用可使分光计的调节与使用事半功倍，不能随便乱拧，以免造成仪器损坏。

（2）调节时应先调节好一个方向，再调另一个方向，这时已调好部分的螺丝不能再随便拧动，否则会造成前功尽弃。

（3）望远镜的调节是重点，一定要掌握好。

（4）三棱镜光学面不能用手触摸，小心操作勿将其摔坏。

【思考题】

（1）何谓视差？视差是怎样形成的？怎样消除？

（2）最小偏向角的定义是什么？为最小偏向角时光路有什么特点？

（3）测量前为什么要对分光计进行调节？调节的要求、方法及难点是什么？

（4）如果双十字叉丝不清楚而反射绿十字清楚该怎么调节？是否只是调节目镜？

实验 26　等厚干涉——劈尖干涉和牛顿环

光的干涉是重要的光学现象之一。劈尖干涉和牛顿环是分振幅法产生的等厚干涉现象，其特点是同一条干涉条纹所对应的两反射面间的厚度相等。利用劈尖干涉和牛顿环现象，可用来测量光波波长、薄膜厚度、微小角度、曲面的曲率半径以及检验光学器件的表面质量（如球面度、平整度和光洁度等），还可以测量微小长度的变化，因此等厚干涉现象在科学研究和工程技术中有着广泛的应用。

【实验目的】

（1）通过对等厚干涉图像的观察和测量，加深对光的波动性的认识。
（2）掌握读数显微镜的基本调节和测量操作。
（3）掌握测量薄片厚度和曲率半径的实验方法。
（4）学习用逐差法处理数据。

【实验原理】

1. 劈尖干涉

将两块平玻璃板叠起来，在一端垫一薄片，两板之间形成一层空气膜，形成空气劈尖，如图 3.69（a）所示。从光源发出的光经透镜变成平行光，在经过半透半反玻璃片射向空气劈尖，自劈尖上下两表面反射后形成相干光，利用显微镜，就能在劈尖的上表面观察到平行于棱边、明暗相间、均匀分布的干涉条纹，如图 3.69（b）所示。设两玻璃板之间的夹角为 q，劈尖的总长为 L，玻璃的折射率为 n_1，空气的折射率为 1。由于 q 角很小，在实验中，单色平行光几乎垂直地射向劈面，所以劈尖上下两表面的反射光线与入射光线近乎重合。设劈尖对应的厚度为 d，因为 $n_1 > 1$，所以劈尖表面有半波损失，因此上下两表面反射光的光程差为

$$\delta = 2d + \frac{\lambda}{2} \tag{3.122}$$

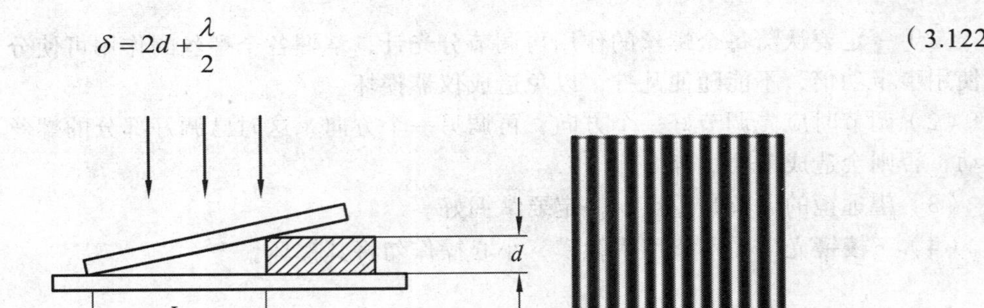

图 3.69 劈尖干涉

反射光是相干光，相干叠加明暗纹的条件是

$$\delta = k\lambda \quad （k = 1,2,3,\cdots）产生明条纹 \tag{3.123}$$

$$\delta = (2k+1)\lambda/2 \quad （k = 0,1,2,\cdots）产生暗条纹 \tag{3.124}$$

每一明条纹或暗条纹都与一定的 k 值对应，也就是与劈尖的厚度 d 相对应。在两玻璃片相接触处，劈尖的厚度 $d = 0$，由于半波损失的存在，所以在棱边处为暗条纹。任何相邻明条纹或暗条纹所对应的厚度差为 $\lambda/2$。若相邻两条明条纹或暗条纹之间的距离为 L_x，则可知

$$L_x \sin q = \lambda / 2 \tag{3.125}$$

因为角度很小，所以

$$L_x = \lambda / 2q \tag{3.126}$$

所以为使实验条纹明显，使 q 小，L_x 就越大，即干涉条纹越疏。当平面平整时，厚度均匀变化，条纹为直线。由（3.126）式可知，薄膜的厚度 d 可用如下式子计算出：

$$d = \frac{\lambda L}{2L_x} = \frac{\lambda L}{2} t \tag{3.127}$$

其中 t 为单位长度的条纹数。

2. 牛顿环

将一块曲率半径 R 较大的平凸透镜的凸面放在一个光学平板玻璃上，使平凸透镜的球面 AOB 与平面玻璃 CD 面相切于 O 点，组成牛顿环装置，如图 3.70 所示，则在平凸透镜球面与平板玻璃之间形成一个以接触点 O 为中心向四周逐渐增厚的空气劈尖。当单色平行光束近乎垂直地向 AB 面入射时，一部分光束在 AOB 面上反射，一部分继续前进，到 COD 面上反射。这两束反射光在 AOB 面相遇，互相干涉，形成明暗条纹。由于 AOB 面是球面，与 O 点等距的各点对 O 点是对称的，因而上述明暗条纹排成如图所示的明暗相间的圆环图样（见图 3.71），在中心有一暗点（实际观察是一个圆斑），这些环纹称为牛顿环。

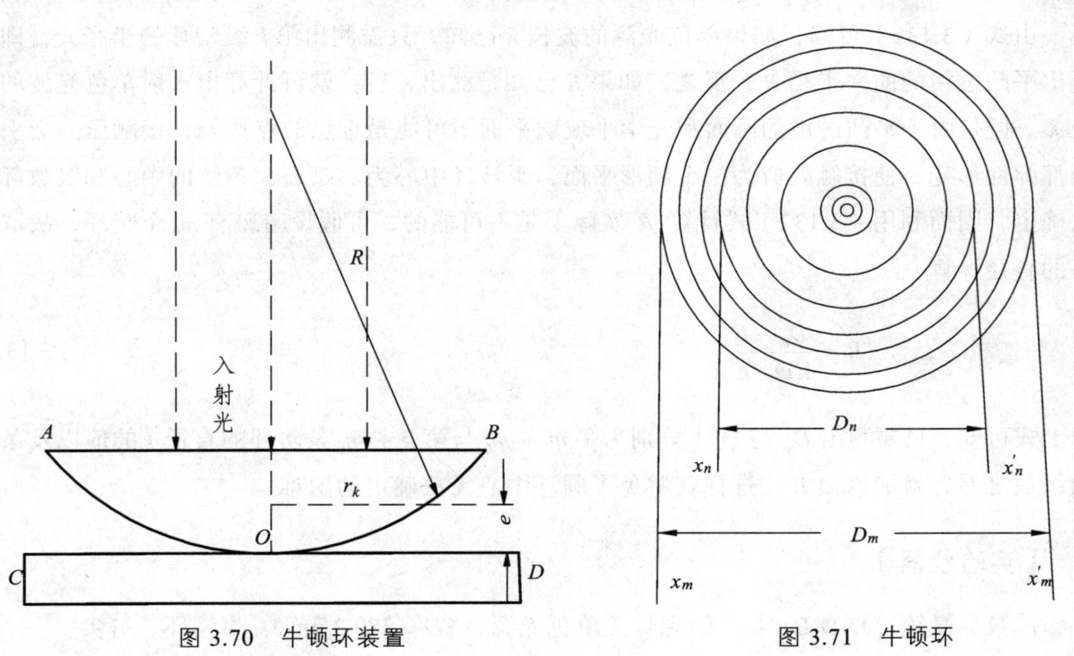

图 3.70　牛顿环装置　　　　图 3.71　牛顿环

根据理论计算可知，与 k 级条纹对应的两束相干光的光程差为

$$\delta_k = 2e + \frac{\lambda}{2} \tag{3.128}$$

式中 e 为第 k 级条纹对应的空气膜的厚度，$\frac{\lambda}{2}$ 为半波损失。

由干涉条件可知，当 $\delta_k=(2k+1)\frac{\lambda}{2}(k=0,1,2,\cdots)$ 时，干涉条纹为暗条纹。即解得

$$e=k\frac{\lambda}{2} \tag{3.129}$$

设透镜的曲率半径为 R，与接触点 O 相距为 r 处空气层的厚度为 e，由图 2 所示几何关系可得

$$R^2=(R-e)^2+r^2=R^2-2Re+e^2+r^2 \tag{3.130}$$

由于 $R\gg e$，则 e^2 可以略去。则

$$e=\frac{r^2}{2R} \tag{3.131}$$

由式（3.129）和式（3.131）可得第 k 级暗环的半径为

$$r_k^2=2Re=kR\lambda \tag{3.132}$$

由式（3.132）可知，如果单色光源的波长 λ 已知，只需测出第 k 级暗环的半径 r_k，即可算出平凸透镜的曲率半径 R；反之，如果 R 已知，测出 r_k 后，就可计算出入射单色光波的波长 λ。但是由于平凸透镜的凸面和光学平玻璃平面不可能是理想的点接触；接触压力会引起局部弹性形变，使接触处成为一个圆形平面，干涉环中心为一暗斑，条纹的中心和级数都无法确定，因而利用（3.132）式计算 R 实际上是不可能的，可假设暗斑有 m_0 个暗环，故取暗环的直径计算

$$R=\frac{D_m^2-D_n^2}{4(m-n)\lambda} \tag{3.133}$$

由上式可知，只要测出 D_m 与 D_n（分别为第 $m+m_0$ 与第 $n+m_0$ 条暗环的直径）的值以及条纹的级数之差，就能算出 R，这样就避免了圆环中心无法确定的困难。

【实验仪器】

读数显微镜（JXD-B 型）、钠光灯（单色光源，$\lambda D=589.3$ nm）、牛顿环、劈尖。

本实验用的测量显微镜如图 3.72 所示。在显微镜物镜下面装有一个半反射镜，可以将光线反射到平台上，旋转旋钮可以使显微镜镜筒上下移动，达到调焦的目的。转动鼓轮一周，可使平台平移 1 mm。鼓轮的周边等分为一百小格，所以鼓轮转过一小格，平台相应平移 0.01 mm。读数可估计到 0.001 mm。

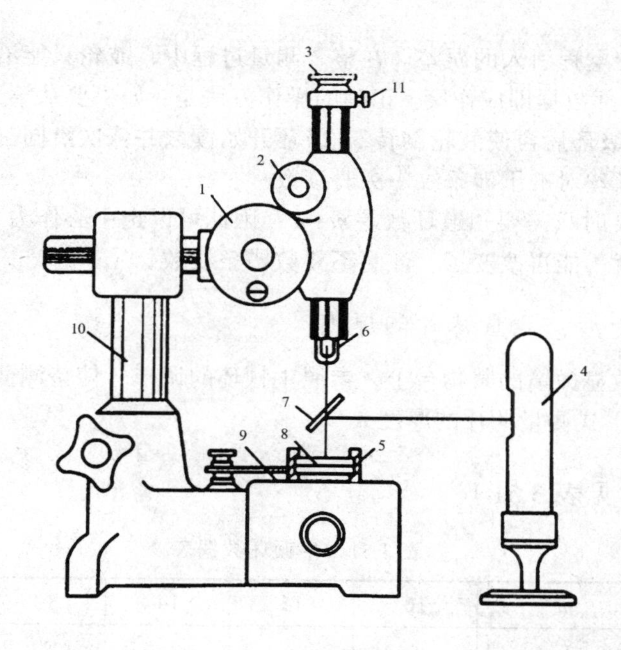

图 3.72　读数显微镜

1—测微鼓轮；2—调焦手轮；3—目镜；4—纳关灯；5—平面玻璃；6—物镜；7—45°玻璃片；8—平凸透镜；9—载物台；10—支架；11—锁紧螺钉

【实验内容】

1. 调整测量装置

实验装置如图 3.72 所示（以牛顿环为例），读数显微镜的调整方法见重要仪器简介。

（1）用眼睛在牛顿环装置上方观察，若环中心不是黑斑或黑斑偏离中部太远，可以轻轻对牛顿环框架螺钉进行调节（切勿用力过大，以免损坏透镜）。

（2）启动钠光灯，让读数显微镜上的 45°反射片对着钠光灯，然后调节反射片的倾斜度（实验用的显微镜已装在物镜头上），使显微镜视场中亮度最大。

（3）将显微镜对准牛顿环装置正表面调焦，找到清晰的牛顿环，注意调焦时使物镜接近牛顿环装置（不要相碰），缓慢扭动调节手轮，使显微镜自下而上缓慢地上升，直到看清楚干涉条纹为止。

（4）轻轻地移动牛顿环装置的位置，使条纹中心大致对准叉丝，且当测微手轮转动移动叉丝时，叉丝与圆环相切。如叉丝倾斜可调节显微镜的目镜筒。调节后，在实验过程中不能再动牛顿环装置。

2. 用牛顿环测量平凸透镜凸面的曲率半径

如果取 $m-n$ 为一确定值（例如定位 $m-n=6$），则 $D_m^2-D_n^2$ 也为一常数。就是说，凡是级数相隔 6 的两环，它们的直径的平方差应该不变。据此，为了测量方便和提高精度，可以相继测出各环的直径，再用逐差法来处理数据。本实验要求至少测出 6 个 $D_m^2-D_n^2$ 的值，取其平均值计算出 R。测量时应注意：

（1）应避免螺旋空程引入的误差。在整个测量过程中，鼓轮只能沿一个方向转动，不许倒转。稍有倒转，全部数据即应作废。正确的操作方法是：如果要从第 30 环开始读数则至少要在叉丝压着第 35 级环后再使鼓轮倒转 30 级环开始读数并依次沿同一方向测完全部数据。

（2）应尽量使叉丝对准干涉条纹中央时读数。

（3）由于计算 R 时只需要知道环数差 $m-n$，因此可以选中心作为第零环，但一经选定，在整个测量过程中就不能再改变了。注意不要数错条纹数。

3. 观察劈尖干涉，测量薄片的厚度

把劈尖放在读数显微镜的载物台上，参照牛顿环的调节，使待测薄片的直边与干涉条纹平行。根据（3.123）式测量薄片的厚度 d。

【数据记录】（见表 3.51）

表 3.51 牛顿环数据表

环的级数	m	16	15	14	13	12	11
环的位置/mm	右						
	左						
环的直径/mm	D_m						
环的级数	n	10	9	8	7	6	5
环的位置/mm	右						
	左						
环的直径/mm	D_m						
D_m^2/mm^2							
D_n^2/mm^2							
$(D_m^2-D_n^2)$/mm^2	均值 =						

【思考题】

（1）试比较牛顿环与劈尖干涉条纹的异同点。

（2）为什么牛顿环产生的干涉条纹是一组同心圆环？

（3）牛顿环产生的干涉条纹在什么位置上？相干的两束光线是哪两束？

（4）逐差法处理数据有什么优点？

实验 27 光栅衍射

光栅（又称为衍射光栅）是一种分光用的光学元件。过去制作光栅都是在精密的刻线机上用金刚石在玻璃表面刻出许多平行等距刻痕作成原刻光栅，实验室中通常使用的光栅是由原刻光栅复制而成的，后来随着激光技术的发展又制作出全息光栅。光栅的应用范围很广，

不仅用于光谱学（如光栅光谱仪），还广泛用于计量（如直线光栅尺）、光通信（光栅传感器）、信息处理（VCD、DVD）等方面。

【实验目的】

（1）进一步学习分光计的调节和使用。

（2）加深对光的衍射理论及光栅分光原理的理解。

（3）测量光栅的光栅常数和光波波长以及角色散率。

【实验原理】

1. 光栅方程

由许多平行、等距、等宽的狭缝构成的光学元件叫作衍射光栅。它们每毫米内一般有几十条乃至上千条狭缝，这些缝有些是刻上去的，有些是印上去的，本实验所用的全息光栅，则是用全息技术使一列极密、等距的干涉条纹在涂有乳胶的玻璃片上感光，经处理后，感光的部分成为不透明的条纹，而未感光的部分成透光的狭缝。每相邻狭缝间的距离 $d = a + b$，称为光栅常数。

当一束平行光垂直入射到光栅平面时（见图 3.73），光线通过每一条狭缝之后都将产生衍射，缝与缝之间的衍射光线又将产生干涉。若用望远镜的物镜将它们会聚起来，我们将能在目镜中观察到光栅的衍射条纹（一些直的平行条纹）。显然这些衍射条纹是衍射和干涉的结果。

如图 3.73 所示，若以波长为 λ 的单色光垂直入射到光栅上，并将衍射方向和入射方向的夹角 φ 称为衍射角。则当衍射角满足公式

$$d\sin\varphi = \pm K\lambda \quad (K = 0, 1, 2, \cdots) \tag{3.134}$$

时，在衍射方向上可以看到亮条纹（光谱）。当 $K = 0$ 时，称为零级光谱，对应于中央亮条纹；当 $K = 1$ 时为一级光谱；$K = 2$ 时，为二级光谱；……。式中 ± 号表示它们对称地分布在中央亮条纹的两侧，强度是迅速减弱的。

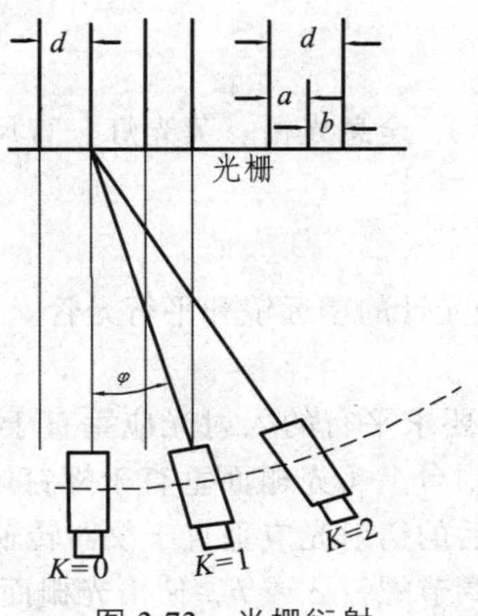

图 3.73　光栅衍射

由光栅方程可以看出，光栅常量愈小，各级明条纹的衍射角就越大，即各级明条纹分得愈开。对给定长度的光栅，总缝数愈多，明条纹愈亮。对光栅常数一定的光栅，入射光波长愈大，各级明条纹的衍射角也愈大。如果是白光（或复色光）入射，则除中央零级明条纹外，其他各级明条纹都按波长不同各自分开，形成光栅光谱。

在光栅常数 d 和 λ 波长二者中的任意一个为已知时，测得一谱线的衍射角 φ 及其对应的级数 k，就能由上式算出另外一个。

2. 衍射光栅的特性研究

除了光栅常数 d 可以描述光栅的特性外，其分辨本领和角色散率也是描述光栅的两个重要参数。分辨本领 R 定义为两条刚可被分开的谱线的平均波长 λ 与两条谱线的波长差 $\Delta\lambda$ 之比，即

$$R=\frac{\lambda}{\Delta\lambda} \tag{3.135}$$

按照瑞利条件，所谓刚可被分开谱线课规定为：其中一条谱线的极强应落在另一条谱线的极弱上，由此条件课推知，光栅的分辨本领为

$$R=KN \tag{3.136}$$

式中 N 是光栅受到光波照射的光缝总数，若受照面的宽度为 l，则 $N=l/d$（l 为平行光管的通光孔径，如 $l=22$ mm），K 一般取 1。所以光栅的分辨本领主要取决于狭缝的数目 N，为了达到高分辨率，人们制造了刻线很多的光栅。

角色散率 D 定义为同级的两条谱线偏向角之差 $\mathrm{d}\varphi$ 与其波长差 $\mathrm{d}\lambda$ 之比，即

$$D=\frac{\mathrm{d}\varphi}{\mathrm{d}\lambda} \tag{3.137}$$

对（3.134）式两边微分，可得到

$$D=\frac{\mathrm{d}\varphi}{\mathrm{d}\lambda}=\frac{K}{\mathrm{d}\cos\varphi} \tag{3.138}$$

【实验仪器】

分光计（仪器参照前面实验）、全息光栅、荧光灯、直尺、读数小灯。

【实验内容】

（1）按照前面实验调节好分光计的望远镜和平行光管。

（2）光栅方位调节。

① 测定光栅常数公式首先要求平行的入射光应垂直于光栅面。将光栅如图 3.74 摆放在载物台上（光栅面垂直于螺钉 a、b 的连线）。其次要求经光栅衍射后的衍射光应垂直于仪器转轴。

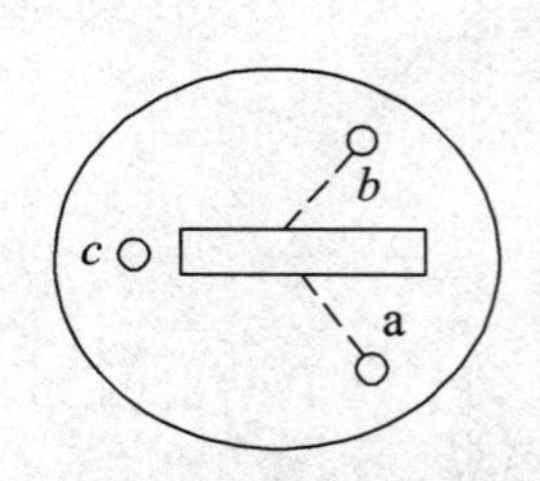

图 3.74　光栅置于载物台

② 使光栅面正对望远镜，调节螺钉 a 或 b，使由光栅面反射

的亮叉丝与分划板上方的黑叉丝重合，并使亮叉丝的竖线、光栅的零级光谱线和分划板的竖线重合（三线重合）。固定游标盘。

③ 左右转动望远镜，查看各级衍射条纹是否同高，若左右谱线高低不等，说明刻痕与分光计主轴不平行，须调节载物台下的调平螺丝 c，然后再复查上一步的三线重合。若有变化，应予以恢复。

（3）测衍射角。

① 将望远镜的叉丝竖线依次对准左边第一级、右边第一级光谱线，并分别记下在两游标上的读数。

② 根据测得的数据计算 $K=1$ 时的衍射角。

③ 根据实验室给出的绿光谱线的波长（546.1 nm）及测得的衍射角计算光栅常数。

利用光栅常数和黄光 1、黄光 2（双黄线：589.0 nm，589.6 nm）的衍射角，计算其波长和光栅的分辨本领；利用紫光的衍射角计算其光波的波长（435.8 nm），并求出绿光、黄光和紫光三种波长光的角色散率。

【注意事项】

（1）拿取光栅时，千万不能用手触及光栅表面，否则将印上指纹，损坏光栅刻度，应拿其底座或边框。

（2）谱线的强度（亮度）随级数 K 的增加而迅速减弱，实验时如要寻找二级谱线应耐心细致。

【思考题】

（1）应用公式 $d\sin\varphi=\pm K\lambda$ 测量时应保证什么条件？实验时是如何保证这些条件得到满足的？

（2）解释为什么 $\varphi=0$ 时观察不到光谱。

实验 28　光偏振现象的研究

光的偏振现象是波动光学中一种重要现象，对于光的偏振现象的研究，使人们对光的传播（反射、折射、吸收和散射等）的规律有了新的认识。特别是近年来利用光的偏振性所开发出来的各种偏振光元件，偏振光仪器和偏振光技术在现代科学技术中发挥了极其重要的作用，在光调制器、光开关、光学计量，应力分析、光信息处理、光通信、激光和光电子学器件等方面都有着广泛的应用。本实验将对光偏振的基本知识和性质进行观察、分析和研究。

【实验目的】

（1）了解偏振光的种类，着重了解和掌握线偏振光、圆偏振光、椭圆偏振光的产生及检验方法

（2）了解和掌握 1/4 波片的作用及应用。

（3）了解和掌握 1/2 波片的作用及应用。

【实验原理】

1. 偏振光的种类

光是电磁波，它的电矢量E和磁矢量H相互垂直，且又垂直于光的传播方向，通常用电矢量代表光矢量，并将光矢量和光的传播方向所构成的平面称为光的振动面，按光矢量的不同振动状态，可以把光分为五种偏振态：如矢量沿着一个固定方向振动，称线偏振光或平面偏振光；如在垂直于传播方向内，光矢量的方向是任意的，且各个方向的振幅相等，则称为自然光；如果有的方向光矢量振幅较大，有的方向振幅较小，则称为部分偏振光；如果光矢量的大小和方向随时间作周期性变化，且光矢量的末端在垂直于光传播方向的平面内的轨迹是圆或椭圆，则分别称为圆偏振光或椭圆偏振光。

2. 线偏振光的产生

（1）反射和折射产生偏振。

根据布儒斯特定律，当自然光以

$$i_b = \arctan n \tag{3.139}$$

的入射角从空气或真空入射至折射率为n的介质表面上时，其反射光为完全的线偏振光，振动面垂直于入射面；而透射光为部分偏振光。i_b称为布儒斯特角。如果自然光以i_b入射到一叠平行玻璃片堆上，则经过多次反射和折射，最后从玻璃片堆透射出来的光也接近于线偏振光。

（2）偏振片。

它是利用某些有机化合物晶体的“二向色性”制成的，当自然光通过这种偏振片后，光矢量垂直于偏振片透振方向的分量几乎完全被吸收，光矢量平行于透振方向的分量几乎完全通过，因此透射光基本上为线偏振光。

3. 波晶片

波晶片简称波片，它通常是一块光轴平行于表面的单轴晶片。一束平面偏振光垂直入射到波晶片后，便分解为振动方向与光轴方向平行的e光和与光轴方向垂直的o光两部分（如图3.75所示）。这两种光在晶体内的传播方向虽然一致，但它们在晶体内传播的速度却不相同。于是e光和o光通过波晶片后就产生固定的相位差δ，即$\delta = \dfrac{2\pi}{\lambda}(n_e - n_o)l$，式中$\lambda$为入射光的波长，$l$为晶片的厚度，$n_e$和$n_o$分别为$e$光和$o$光的主折射率。

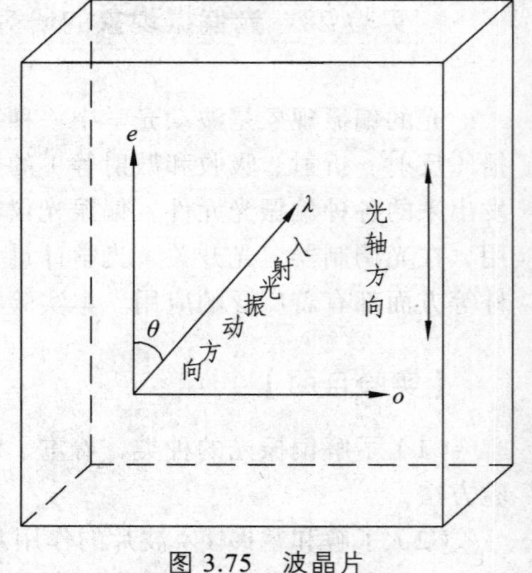

图3.75 波晶片

对于某种单色光，能产生相位差$\delta = (2k+1)\pi/2$的波晶片，称为此单色光的1/4波片；能产生$\delta = (2k+1)\pi$的晶片，称为1/2波片；能产生$\delta = 2k\pi$的波晶片，称为全波片。通常波片用云母片剥离成适当厚度或用石英晶体研磨成薄片。由于石英晶体是正晶体，其 o 光比 e 光的速度快，沿光轴方向振动的光（e 光）传播速度慢，故光轴称为慢轴，与之垂直的方向称为快轴。对于负晶体制成的波片，光轴就是快轴。

4. 平面偏振光通过各种波片后偏振态的改变

由图 3.75 可知一束振动方向与光轴成θ角的平面偏振光垂直入射到波片后，会产生振动方向相互垂直的 e 光和 o 光，其 E 矢量大小分别为 $E_e = E\cos\theta$，$E_o = E\sin\theta$通过波片后，二者产生一附加相位差。离开波片时合成波的偏振性质，决定于相位差δ和θ。如果入射偏振光的振动方向与波片的光轴夹角为 0 或$\pi/2$，则任何波片对它都不起作用，即从波片出射的光仍为原来的线偏振光。而如果不为 0 或$\pi/2$，线偏振光通过 1/2 波片后，出来的也仍为线偏振光，但它振动方向将旋转 2θ，即出射光和入射光的电矢量对称于光轴；线偏振光通过 1/4 波片后，则可能产生线偏振光、圆偏振光和长轴与光轴垂直或平行的椭圆偏振光，这取决于入射线偏振光振动方向与光轴夹角θ。

5. 偏振光的鉴别

鉴别入射光的偏振态须借助于检偏器和 1/4 波片。使入射光通过检偏器后，检测其透射光强并转动检偏器；若出现透射光强为零（称“消光”）现象，则入射光必为线偏振光；若透射光的强度没有变化，则可能为自然光或圆偏振光（或两者的混合）；若转动检偏器，透射光强虽有变化但不出现消光现象，则入射光可能是椭圆偏振光或部分偏振光。要进一步做出鉴别，则需在入射光与检偏器之间插入一块 1/4 波片。若入射光是圆偏振光，则通过 1/4 波片后将变成线偏振光，当 1/4 波片的慢轴（或快轴）与被检测的椭圆偏振光的长轴或短轴平行时，透射光也为线偏振光，于是转动检偏器也会出现消光现象；否则，就是部分偏振光。

【实验仪器】

（1）半导体激光器，它发出的波长为 650 nm，激光器配有 3 V 专用直流电源。

（2）两个固定在转盘上的偏振片。（注意：转盘上的 0 读数位置不一定是偏振轴所指方向）。

（3）两个固定在转盘 1/4 波片。（注意：转盘上的 0 读数位置不一定是 1/4 波片的快轴或慢轴位置）

（4）光电接收器一个。

【实验内容】

1. 起偏与检偏鉴别自然光与偏振光

（1）在光源至光屏的光路上插入起偏器 P_1，旋转 P_1，观察光屏上光斑强度的变化情况。

（2）在起偏器 P_1 后面再插入检偏器 P_2。固定 P_1 的方位。旋转 P_2，旋转 360°，观察光屏上光斑强度的变化情况。有几个消光方位？

（3）以硅光电池代替光屏接收 P_2 出射的光束，旋转 P_2，每转过 10°记录一次相应的光电流值，共转 180°，在坐标纸上作出 I_0-$\cos^2\theta$关系曲线。

2. 观测椭圆偏振光和圆偏振光

（1）先使起偏器 P_1 和检偏器 P_2 的偏振轴垂直（即检偏器 P_2 后的光屏上处于消光状态），在起偏器 P_1 和检偏器 P_2 之间插入 $\lambda/4$ 波片，转动波片使 P_2 后的光屏上仍处于消光状态。用硅光电池（及光点检流计组成的光电转换器）取代光屏。

（2）将起角 P_1 转过 20°角，调节硅光电池使透过 P_2 的光全部进入硅光电池的接收孔内。转动检偏器 P_2 找出最大电流的位置，并记下光电流的数值。重复测量三次，求平均值。

（3）转动 P_1，使 P_1 的光轴与 $\lambda/4$ 波片的光轴的夹角依次为 30°、45°、60°、75°、90°值，在取上述每一个角度时，都将检偏器 P_2 转动一周，观察从 P_2 透出光的强度变化。

3. 考察平面偏振光通过 1/2 波片长时的现象

（1）按图 3.76 在光具座上依次放置各元件，使起偏器 *P* 的振动面为垂直，检偏器 *A* 的振动面为水平。（此时应观察到消光现象。）

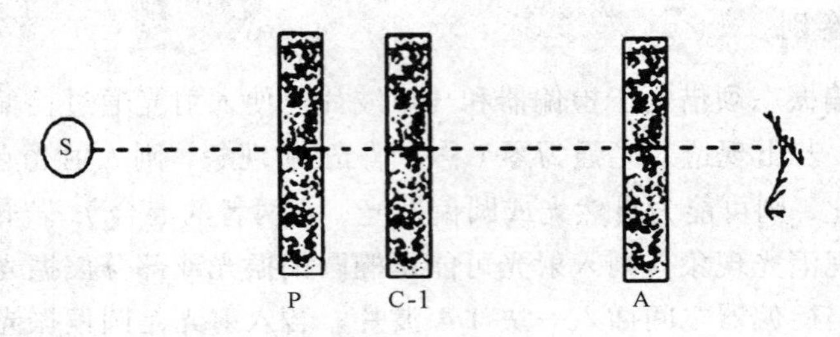

图 3.76　元件放置

P—起偏器；A—检偏器；S—激光；C-1—1/2 波片长

（2）在 P、A 之间插入 1/2 波长片（C-1）反 C-1 转动 360°，能看到几次消光？解释这现象。

（3）将 C-1 转任意角度，这时消光现象被破坏，把 A 转动 360°，观察到什么现象？由此说明通过 1/2 波长片后，光变为怎样的偏振状态？

（4）仍使 P、A 处于正交，插入 C-1，使消光，再将 C-1 转 15°，破坏其消光。转动 A 至消光位置，并记录 A 所转动的角度。

（5）继续将 C-1 转 15°（即总转动角为 30°），记录 A 达到消光所转总角度，依次使 C-1 总转角为 45°、60°、75°、90°，记录 A 消光时所转总角度。从上面实验结果得出什么规律？怎样解释这一规律。

【数据处理】

（1）数据表格自拟。

（2）在坐标纸上描绘出 I_P-$\cos^2\theta$关系曲线。

（3）求出布儒斯特角$\phi_0 = \phi_2 - \phi_1$，并由公式（3.139）求出平板玻璃的相对折射率。

【思考讨论题】

（1）通过起偏和检偏的观测，你应当怎样鉴别自然光和偏振光？

（2）玻璃平板在布儒斯特角的位置上时，反射光束是什么偏振光？它的振动是在平行于入射面内还是在垂直于入射面内？

（3）当$\lambda/4$波片与P_1的夹角为何值时产生圆偏振光？为什么？

实验29　固体折射率实验

折射率是反映介质光学性质的重要参数之一。本仪器采用的实验方法，在光学测量中具有典型性和基本要求的特点。用测布儒斯特角的方法测量透明介质的折射率及利用测量激光照射半导体薄片的反射系数方法，本仪器具有体积小，重量轻，调节方便，装置牢靠，实验数据稳定可靠等优点。本仪器可用于基础物理实验，设计性与研究性物理实验及物理奥林匹克竞赛培训实验用。

【实验目的】

（1）学习偏振光基本知识。测量激光源的偏振度，确定偏振片的偏振方向，并能调节出平行入射面或垂直入射面的偏振光。

（2）用布儒斯特定律测定玻璃的折射率。

【实验原理】

1. 线偏振光

用于产生线偏振光的元件叫起偏器，用于鉴别偏振光的元件叫检偏器，二者可通用，仅是放在光路前后不同位置而已。

偏振片产生线偏振光的原因：某些晶体（如碘化硫酸奎宁和电气石等）对互相垂直的两个分振动具有选择吸收的性能，只允许一个方向的光振动通过，于是透射光变为线偏振光。

偏振度的定义：$P=\dfrac{I_{\max}-I_{\min}}{I_{\max}+I_{\min}}$，线偏振光$P=1$，自然光$P=0$，部分偏振光$0<P<1$。

2. 布儒斯特定律

（1）镜面的反射。

通常自然光在两种媒质的界面上反射和折射时，反射光和折射光都将成为部分偏振光。并且当入射角增大到某一特定值φ_0时，镜面反射光成为完全偏振光，其振动面垂直于入射面，如图3.77所示，这时入射角φ_0称为布儒斯特角，也称为起偏角。

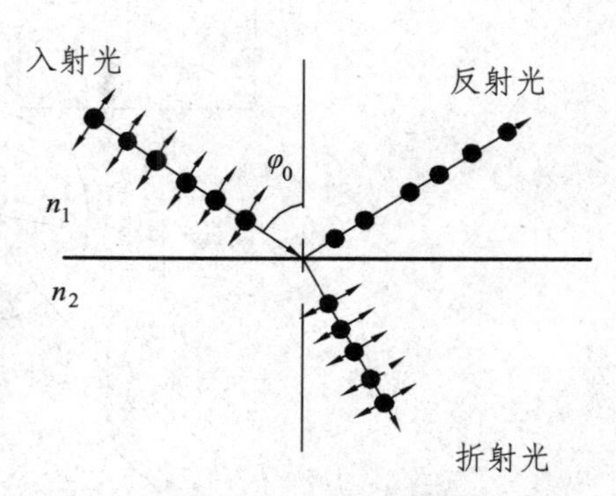

图3.77　自然光在两种媒质界面的反射和折射

“•”“↔”均表示电矢量$\bar{E}$，图中反射光是振动面与入射面垂直的完全偏振光，折射光是部分偏振光

由布儒斯特定律得

$$\tan\varphi_0=\frac{n_2}{n_1}=n$$

其中，n_1、n_2 分别为两种介质的折射率，n 为相对折射率。

如果自然光从空气入射到玻璃表面而反射时，对于各种不同材料的玻璃，已知其相对折射率 n 的变化范围在 1.50 与 1.77 之间，可得布儒斯特角 φ_0 在 56° ~ 60°。此方法可用来测定物质的折射率。

【实验仪器】

半导体激光器、光具座、带转盘的偏振片一块、水平转盘、光探测器、待测玻璃。

【实验内容】

1. 线偏振光的获得

确定偏振片的偏振轴方向（注意：转盘上的 0 读数位置不一定是偏振轴所指方向，需要定出来）。

在半导体激光器后面放上一块偏振片，玻璃样品放在水平转台上并固定好，注意使水平转台的中心轴线处于玻璃的反射面（上表面）内，保证从水平转台准确读出入射角和反射角。光探测器装在转臂上，接收反射光。

（1）调整激光头使光点照在水平转台的中心轴线上，这同样是为了保证从水平转台准确读出入射角和反射角。

（2）转动水平转台，使玻璃片的反射光与入射光重合，读出此时水平转台的角度 θ。

（3）转动偏振片，观察光功率计的读数，转到读数最小的位置，记下此时偏振片上的角度值 φ，在此角度下，偏振片的偏振轴位于水平方向。此时透过偏振片的光即 P 光（入射面即水平面）。

标定偏振片的偏振轴方向光路如图 3.78 所示。

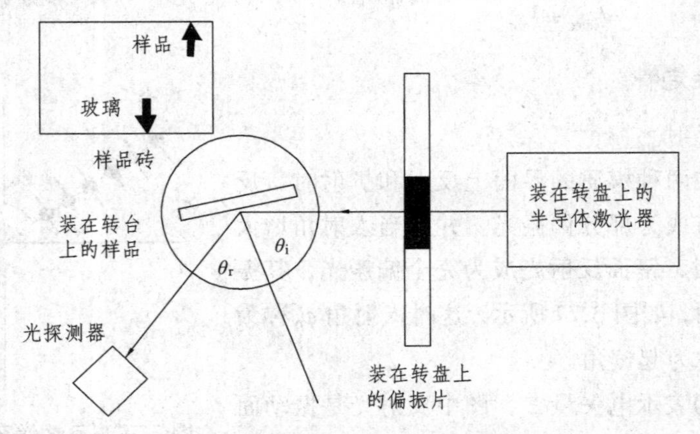

图 3.78　确定偏振片的偏振方向装置图

2. 测量玻璃样品折射率

在上一步的基础上，把样品砖反个面，按上一步所说的放好（注意保持偏振片角度不变，确保P光入射），测量不同入射角下的反射光强（实验光路与图3.78一样）。光强最小的位置即布儒斯特角的位置。由此角度算出该玻璃的折射率。

【注意事项】

（1）半导体激光功率较强，能量集中，不要用肉眼直接观察激光束。

（2）半导体激光不可直接入射至探测器上，以免损坏探测器。

（3）测量偏振系统出射光强时，光斑射在光探测器不同位置光功率计读数不一样，应保证每次测量都射在探测器的中间部位。

实验30　单缝、单丝衍射光强分布实验

光的衍射和干涉现象是光的波动性的重要表现，研究光的衍射和干涉现象，有助于加深对光的本性的理解，同时对近代光学技术，如晶体分析、光谱分析、全息技术、光信息处理等，也是重要实验基础。本实验着重测量光衍射图样的空间分布，研究光衍射图样的规律，并学习用可移动硅光电池光电传感器测量光强分布的实验方法。

【实验目的】

测量单缝衍射图样的光强分布。

【实验原理】

当用单色点或线可见光源，使通过大小与光波波长可以比拟的衍射元件，如狭缝、小孔，其大小约在10^{-4} m数量级以下时，在离衍射元件足够远处，可观察到明显的光线偏离直线传播方向进入几何影区，在离光衍射元件附近或较远处放一观测屏，可呈现一系列明、暗相同的条纹。通常将这种光线“绕弯”进入几何影区的现象称光的衍射或光的绕射。

光衍射的实验光路主要由光源、衍射元件和观察屏等，在光学平台上组装而成。光路中的三要素即光源、衍射元件和观察屏间距离大小将光衍射效应大致分成两种典型的光衍射图样。一种是衍射元件与光源和观察屏都相距无穷远，产生这种类型的光衍射叫作夫琅禾费衍射。另一种是上述三者间相距有限远，产生的光衍射叫作菲涅耳衍射。本实验着重研究夫琅禾费衍射。本实验采用激光器为光源，由于激光束平行度较佳，即光的发散角很小，光源与衍射元件间可省略透镜，实验光路图如图3.79所示。

根据光衍射分析，不同衍射元件将产生不同的光衍射图样和光强分布谱，在理想条件下，理论研究不同衍射元件产生的光衍射效应，得到对应的夫琅禾费衍射光强计算公式。

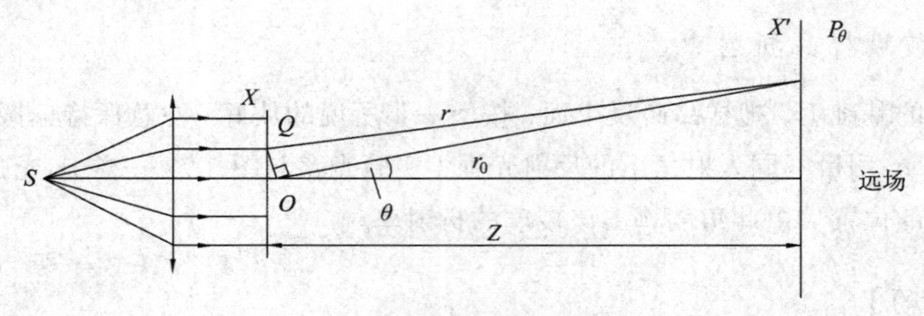

图 3.79 夫琅禾费衍射实验路

1. 单缝夫琅禾费衍射光强理论计算公式

$$I_\theta = I_0\left(\frac{\sin\mu}{\mu}\right)^2, \quad \mu = \pi a\frac{\sin\theta}{\lambda} \tag{3.140}$$

上式表示强度 I_0 的入射光正入射，在衍射角 θ 时，观测点的光强值 I_θ 与光波波长值 λ 和单缝宽度 a 相关。$[\sin(\mu)/\mu]^2$ 常叫做单缝衍射因子，表征衍射光场内任一点相对强度（I_θ/I_0）的大小。若以 $\sin\theta$ 为横坐标，（I_θ/I_0）为纵坐标，可得到单缝衍射光强分布谱。如图 3.80 所示，可见有零衍射光斑即主极大和高级衍射光斑即次极大。它们顺序出现在 $\sin\theta=\pm1.43\frac{\lambda}{a}$，$\pm2.46\frac{\lambda}{a}$，$\pm3.47\frac{\lambda}{a}$，…的位置。各级次极大的光强与入射光强比值分别是 $I_1/I_0\approx4.7\%$，$I_2/I_0\approx1.7\%$，$I_3/I_0\approx0.80\%$，…此外，在单缝衍射光强分布谱上还有暗斑。依次出现在 $\sin\theta=\pm\frac{\lambda}{a}$，$\pm2\frac{\lambda}{a}$，$\pm3\frac{\lambda}{a}$，…的位置。

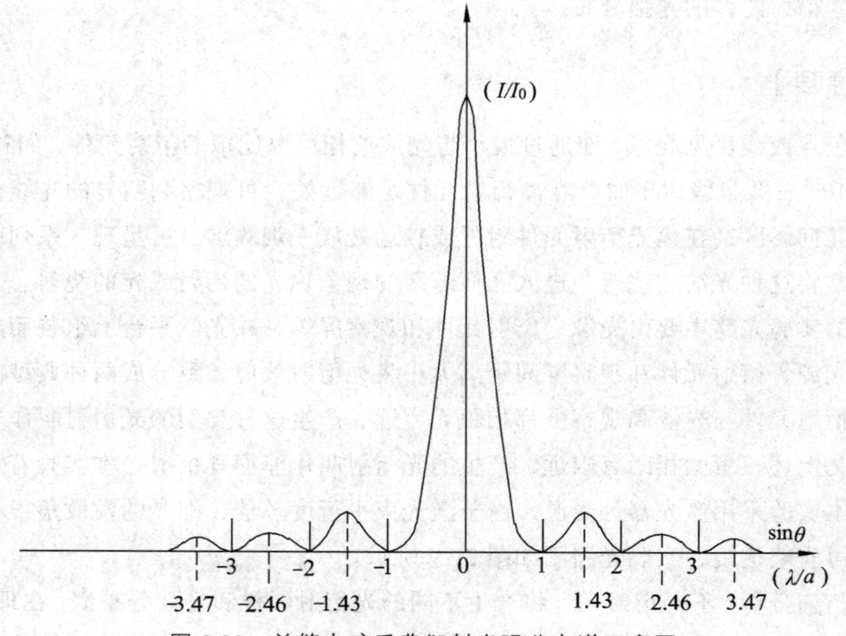

图 3.80 单缝夫琅禾费衍射光强分布谱示意图

2. 单丝夫琅禾费衍射图样

根据巴比涅（A. Babinet）原理，单丝的衍射图样与其互补的单缝的衍射图样，在自由光场为零的区域内是相同的。所谓有自由光场，是指无衍射屏时未受阻碍的光场。巴比涅原理对菲涅耳衍射也成立。采用场面（或焦面）接收装置，可以观察到单丝的夫琅禾费衍射图样。

夫琅禾费衍射远场条件要求光源与狭缝（或单丝）、狭缝和观察屏的间距为无穷远。光源采用激光光源，因发散角很小，为实验方便，光源和狭缝（或单丝）间距离可以很近。而狭缝与观察屏的间距 Z 要适当远，才满足远场条件，即要求从缝中心和从缝边缘（两者间距为 $a/2$，a 为缝宽）到达观察屏零级主极大的光程差远远要小于一个波长 λ，即 $Z \gg \dfrac{a^2}{4\lambda}$，因此，$Z$ 值由 a 和 λ 决定。

【实验仪器】（见图 3.81）

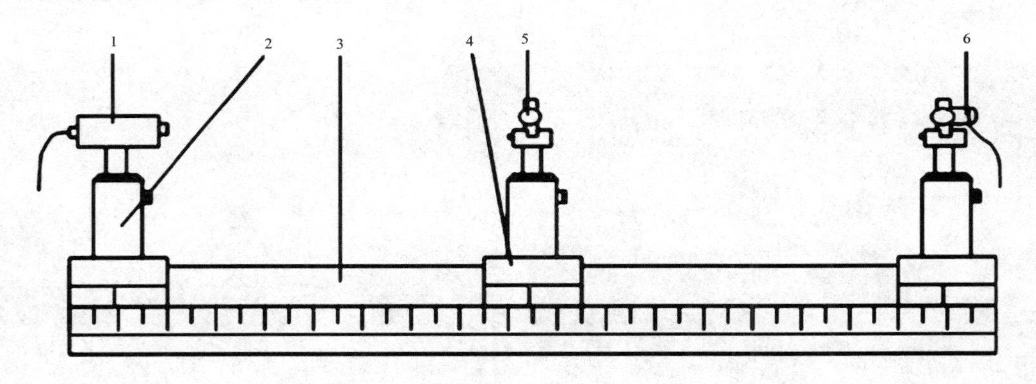

图 3.81　仪器结构

1—半导体激光器；2—立柱；3—光具座（带标尺）；4—滑块；5—衍射片；
6—光功率计的探测器（硅光电池）

【实验内容】

测量单缝衍射图样的光强分布，并求缝宽。

（1）按夫琅禾费衍射和观测条件，将激光器、单缝和观测屏放置和调整好。如：调节仪器，使屏上看到清晰的衍射图样。

（2）用可移动硅光电池传感器及光功率显示仪，调节至移动尺。读一点数据。测量衍射图样光强 I 与位置 x 的关系。（硅光电池传感器前的光缝由教师调节好，请勿动）

（3）用作图纸作光强 I 与位置 x 的关系图。从图中求得 I_θ / I_0；主极大和各次极大位置；暗条纹位置等是否与理论公式一致。

（4）测量衍射图样暗条纹中心的间距 X_i 和单缝至屏的距离 L。用形成暗条纹的条件：$a\sin\theta = \pm 2k\dfrac{\lambda}{2} = \pm k\lambda$（$k = 1, 2, 3, \cdots\cdots$）。在已知波长 $\lambda = 650.0\ \text{nm}$，$k$ 已知，θ 可由 x 和 L 计算求得情况下，求缝宽 a 与读数显微镜测得的缝宽进行比较。

【注意事项】

（1）严禁用眼睛直视激光束，以免造成视网膜损伤。

（2）半导体激光器前端的帽盖上透镜是调节聚焦用，请勿将帽盖旋出及遗失，以免损坏激光器正常使用。

（3）半导体激光器采用专用慢起动 3 V 直流电源，请勿用普通直流电源替代。

（4）激光应入射于单缝的中间位置，用读数显微镜测量的也是该中间位置的缝宽。

（5）光电接收器前的缝宽不宜太大，也不宜太小。一般应小于衍射光斑亮点的宽度，但比待测的单缝或单丝要大。

（6）实验时，应注意尽可能消除杂散光的影响。

第 4 章　近代物理实验

实验 31　RLC 串联电路暂态过程的研究

【实验目的】

（1）了解电阻、电容串联电路的充电与放电过程的规律。

（2）用示波器与方波发生器观测快速充电、放电的过程，并联系理论加深对这一过程的理解。

（3）测定时间常数 τ，比较理论值。

【实验原理】

1. 充电过程

在图 4.1 的电路中，当开关 S 合向“1”时，电流便通过电阻 R 对电容器 C 进行充电。电荷 q 逐渐累积在电容器的极板上，电压 V_C 随之增大，两者的关系为

$$q = CV_C \tag{4.1}$$

同时，电阻 R 的端电压为 $V_R = E - V_C$。由欧姆定律及式（4.1）得到通过 R 的电流，即充电电流的大小为

$$i = (E - V_C)/R = (E - q/C)/R \tag{4.2}$$

式中，q、V_C 及 i 都是时间的函数。

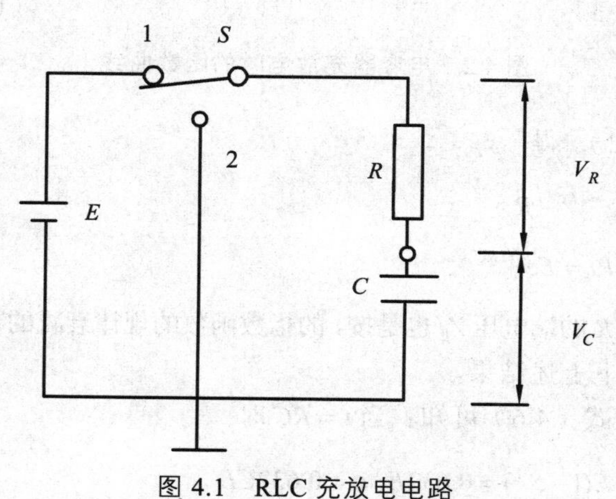

图 4.1　RLC 充放电电路

刚接通开关 S 的瞬间，电容器上没有电荷，全部电动势 E 作用在 R 上，最大的充电电流为 $I_0 = E/R$，随着电容器上电荷的积累，V_C 增大，R 的端电压减小，充电电流跟着减小，这又反过来使 q 及 V_C 的增长率变得更缓慢。充电速度越来越慢，直至 V_C 等于 E 时，充电过程才终止，电路达到稳定状态。

为了求得电容器充电过程中 V_C 及 i 随时间变化的关系，将式（4.2）改写为

$$iR + q/C = V_R + V_C = E \tag{4.3}$$

用 $i = \mathrm{d}q/\mathrm{d}t$ 代入式（4.3），得到

$$R\mathrm{d}q/\mathrm{d}t + q/C = E \tag{4.4}$$

由初始条件：$t=0$ 时，$q=0$，并利用式（4.1），可求出微分方程式（4.4）的解为

$$q = CE(1-e^{-t/RC})$$

$$V_C = q/C = E(1-e^{-t/RC}) \tag{4.5}$$

该式表明，q 和 V_C 是按时间 t 的指数函数规律增长的函数，其曲线示于图 4.2（a）。

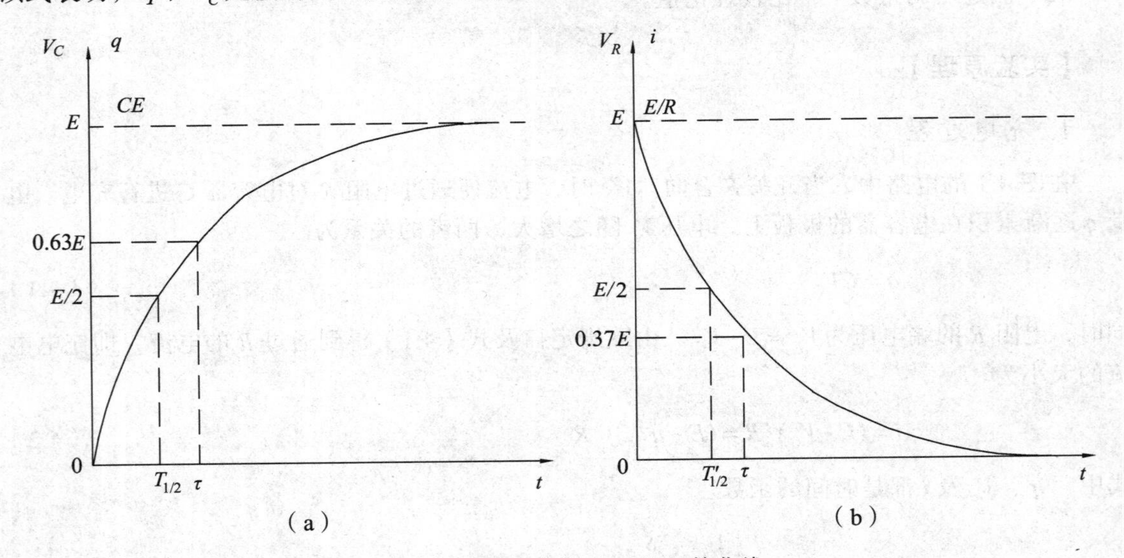

图 4.2　电容器充放电时的函数曲线

将式（4.5）代入式（4.2），得

$$i = Ee^{-t/RC}/R$$

$$V_R = Ri = Ee^{-t/RC} \tag{4.6}$$

该式表明，充电电流 i 和 R 的端电压 V_R 也是按 t 的指数函数的规律衰减的，其曲线示于图 4.2（b）。

下面具体地讨论一下上述结果。

（1）由式（4.5）及式（4.6）可知：当 $t = RC$ 时

$$V_C = E(1-e^{-1}) = 0.632E,\ q = 0.632CE$$

$$V_R = Ee^{-1} = 0.368E,\ i = 0.368E/R$$

这个计算表明，当充电时间等于乘积 RC 时，电容器的电荷或电压都上升到最终值的63.2%。充电电流 i 或 R 的端电压都是减小到初始值的 36.8%。所以 RC 乘积的大小反映充电速度的快慢。通常用一个称为时间常数的符号 $\tau = RC$ 来代替（见图 4.2）。

（2）设电容器被充电至最终电压（或电荷）值的一半时所需时间为 $T_{1/2}$，充电电流（或 R 的端电压）减小到初始值的一半所需的时间为 $T'_{1/2}$，由式（4.5）及（4.6）得

当 $t = T_{1/2}$ 时 $V_C = \dfrac{1}{2}E = E\left(1 - e^{-\frac{T_{1/2}}{\tau}}\right)$，$q = \dfrac{1}{2}CE = CE(1 - e^{-\frac{T_{1/2}}{\tau}})$

当 $t = T'_{1/2}$ 时 $i = \dfrac{1}{2}\cdot\dfrac{E}{R} = \dfrac{E}{R}e^{-\frac{T'_{1/2}}{\tau}}$，$V_R = \dfrac{1}{2}E = Ee^{-\frac{T'_{1/2}}{\tau}}$

由此解出

$$T_{1/2} = T'_{1/2} = \tau \ln 2 = 0.693\tau$$

或

$$\tau = 1.44T_{1/2} = 1.44T'_{1/2} \tag{4.7}$$

可见，在充电过程中，V_C，q 到达最终值的一半与 i、V_R 下降到初始最大值的一半所需的时间皆为 0.693τ。对于实验来说，$T_{1/2}$ 或 $T'_{1/2}$ 较便于直接测量（见图 4.2）

（3）虽然从理论上来说，t 为无穷大时，才有 $V_C = E$，$i = 0$，即充电过程结束。

但 $t = 4\tau$ 时 $V_C = E(1 - e^{-4}) = 0.982E$

$t = 5\tau$ 时 $V_C = E(1 - e^{-5}) = 0.993E$

所以 $t = 4\tau \sim 5\tau$ 时，可以认为实际上已充电完毕。

2. 放电过程

在图 4.1 的电路中，把开关 S 从“1”扳向“2”，电荷就逐渐通过电阻 R 放电。在 S 接通的一瞬间，全部电压 V_0 作用在 R 上，最大的放电电流为 $I_0 = V_0/R$。随后，电荷和电压 V_C 逐渐减小，放电电流 i 也随之减小。这反过来又使得 V_C 的变化更为缓慢。V_C 和 i 都是时间的函数，这个函数可由以下的推导得出。

对于图 4.3 的电路，令式（4.4）的 $E = 0$，可得

$$R\mathrm{d}q/\mathrm{d}t + q/C = 0 \tag{4.8}$$

在 $t = 0$，$q_0 = CV_0$ 这个初始条件下，利用式（4.1）可求得微分方程（4.8）的解为

$$q = q_0 e^{-t/\tau}$$

$$V_C = V_0 e^{-t/\tau}$$

$$V_R = R\mathrm{d}q/\mathrm{d}t = -V_0 e^{-t/\tau} \tag{4.9}$$

式中 V_R 出现负号，表示放电电流方向相反。式（4.9）表明，q 和 V_C 是按 t 的指数函数规律减小的。不难计算出，$t = \tau$ 时，曲线下降到初始值的 36.8%，曲线下降一半对应的时间仍为 $t = T_{1/2} = 0.693\tau$。

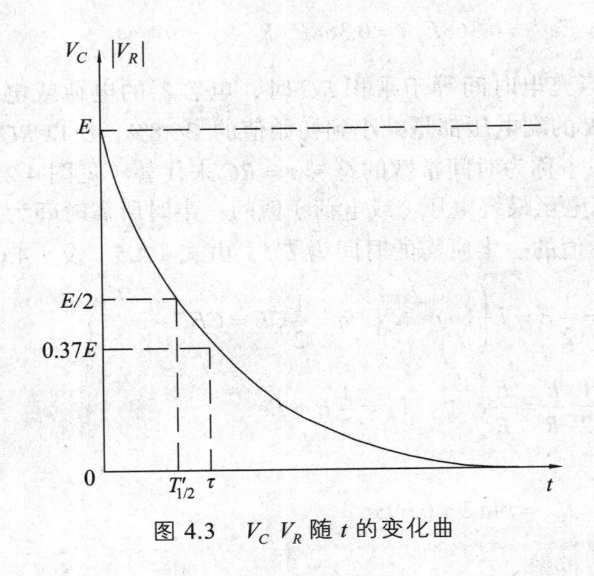

图 4.3　V_C V_R 随 t 的变化曲

【实验仪器】

RLC 实验箱、信号发生器、示波器、稳压电源等。

【实验内容】

1. 用示波器观测 RC 波形

（1）观察信号发生器的方波输出波形，并调节其输出频率为 1 kHz，占空比为 50%，方波电压幅度为 2 V。

（2）将信号发生器输出端接到 RC 串联电路中，取 $R = 1\ \text{k}\Omega$，$C = 0.1\ \mu\text{F}$，用示波器观察电压波形 V_C，观察充、放电电流波形 $I(V_R / R)$。解释波形。

（3）观察充、放电半周期时间 $T_{1/2}$，计算时间常数 τ，比较时间常数理论是值。

（4）分别改变电容值和电阻值，观察 $\tau = RC \ll T_{1/2}$、$\tau = T_{1/2}$ 和 $\tau > T_{1/2}$ 三种情况下的充、放电电压和电流波形情况。

（5）用理论解释以上三种情况下的充、放电电压，电流波形情况，加深对暂态过程的理解。

2. 用示波器观测 RL 波形

（1）将电容更换为电感，观察暂态过程，观察充、放电半周期时间 $T_{1/2}$，计算时间常数，比较时间常数理论值。

（2）分别改变电感值和电阻值，观察 $\tau = L / R < T_{1/2}$、$\tau = T_{1/2}$ 和 $\tau > T_{1/2}$ 三种情况下的充、放电电压和电流波形情况，进行分析、解释。

3. 用示波器观测 RLC 波形

（1）将电容、电感、电阻串联接入充放电电路，观察暂态过程。

（2）分别改变电容值和电感值，观察$R^2<\frac{4L}{C}$、$R^2=\frac{4L}{C}$和$R^2>\frac{4L}{C}$三种情况下的充、放电电压和电流波形情况，进行分析、解释。

【思考题】

（1）在直流电压作用下，RC 和 RL 两串联电路的暂态过程各有什么特点？
（2）在直流电压作用下，RLC 串联电路的暂态过程有什么特点？

实验 32　光电效应法测普朗克常数

1905 年，年仅 26 岁的爱因斯坦提出光量子假说，发表了在物理学发展史上具有里程碑意义的光电效应理论，10 年后该理论被具有非凡才能的物理学家密立根用光辉的实验证实了。两位物理大师之间微妙的默契配合推动了物理学的发展，他们都因光电效应等方面的杰出贡献分别于 1921 年和 1923 年获诺贝尔物理学奖。光电效应实验及其光量子理论的解释在量子理论的确立与发展上，在揭示光的波粒二象性等方面都具有划时代的深远意义。利用光电效应制成的光电器件在科学技术中得到了广泛的应用，并且至今还在不断开辟新的应用领域，具有广阔的应用前景。

本实验的目的是了解光电效应的基本规律，并用光电效应方法测量普朗克常量和测定光电管的光电特性曲线，并且通过对光电效应的研究有助于学习和理解量子理论。

【实验目的】

（1）加深对光的量子性的理解。
（2）验证爱因斯坦光电效应方程，测出普朗克常量 h。

【实验原理】

当光照在物体上时，光的能量仅部分地以热的形式被物体吸收，而另一部分则转换为物体中某些电子的能量，使电子逸出物体表面，这种现象称为光电效应，逸出的电子称为光电子。在光电效应中，光显示出它的粒子性，所以这种现象对认识光的本性，具有极其重要的意义。

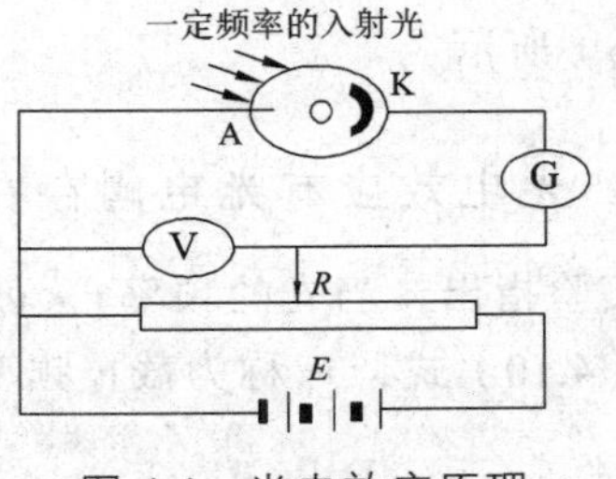

图 4.4　光电效应原理

光电效应实验原理如图 4.4 所示。图中 A、K 组成抽成真空的光电管，A 为阳极，K 为阴极。当一定频率ν的光射到金属材料做志的阴极 K 上，就有光电子逸出金属。若在 A、K 两端加上电压 U 后，光电子将由 K 定向地运动到 A，在回路中就形成光电流 I。其规律有：

1. 光电流与入射光强度的关系

光电流随着加速电位差 U 的增加而增加，加速电位差加到一定量值后，光电流达到饱和

值 I_h，饱和电流与光强成正比，而与入射光的频率无关。当 $U = U_a - U_k$ 变成负值时，光电流迅速减小。实验指出，有一个遏止电位差 U_a 存在，当电位差达到这个值时，光电流为零。如图 4.5（a）所示。图中 $I \sim U$ 曲线称为光电管伏安特性曲线。

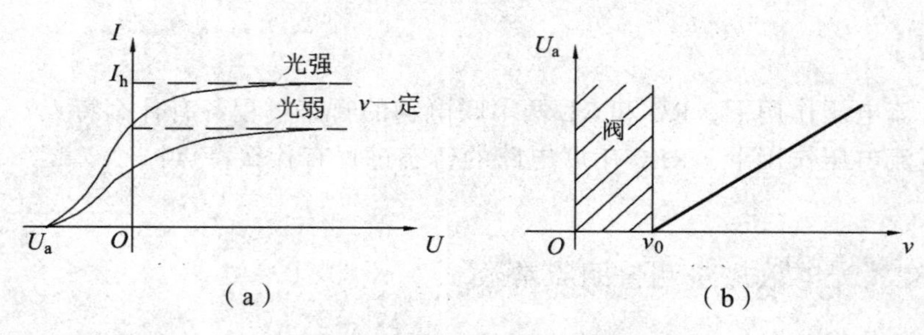

图 4.5　光电管伏安特性曲线

2. 光电子的初动能与入射光频率之间的关系

光电子从阴极逸出时，具有初动能，在减速电压下，光电子逆着电场力方向由 K 极向 A 极运动。当 $U = U_a$ 时，光电子不再能达到 A 极，光电流为零。所以电子的初动能等于克服电场力所做的功，此时的 U_a 称为截止电压。即

$$\frac{1}{2}m\upsilon^2 = eU_a \tag{4.9}$$

根据爱因斯坦关于光的本性的假设，光是一粒一粒运动着的粒子流，这些光粒子称为光子。每一光子的能量为 $\varepsilon = h\nu$，其中 h 为普朗克常数量，ν 为光波的频率。所以不同频率的光波对应的能量不同。光电子吸收了光子的能量 $h\nu$ 之后，一部分消耗于克服电子的逸出功 A，另一部分转换为电子动能。由能量守恒定律可知

$$h\nu = \frac{1}{2}m\upsilon^2 + A \tag{4.10}$$

式（4.10）称为爱因斯坦光电效应方程。

由此可见，光电子的初动能与入射光频率 υ 呈线性关系，而与入射光的强度无关。如图 4.5（b）所示。

3. 光电效应有光电阈存在

实验指出，当光的频率 $\nu < \nu_0$ 时，不论用多强的光照射到物质上都不会产生光电效应，根据（4.10）式，ν_0 称为截止频率。

4. 光电效应是瞬间效应

只要入光频率 $\nu > \nu_0$，一经光线照射，立刻产生光电子。

用爱因斯坦方程圆满地解释光电效应的实验规律，同时提供了测普朗克常量的一种方法：由式（4.9）和（4.10）可得：$h\nu = e|U_a| + A$，当用不同频率（$\nu_1, \nu_2, \nu_3, \cdots, \nu_n$）的单色光分别做光源时，就有

$$h\nu_1 = e|U_{a1}| + A$$

$$h\nu_2 = e|U_{a2}| + A$$

……

$$h\nu_n = e|U_{an}| + A$$

任意联立其中两个方程就可得到

$$h = \frac{e(U_{ai} - U_{aj})}{\nu_i - \nu_j} \tag{4.11}$$

由此若测定了两个不同频率的单色光所对应的截止电压即可计算出普朗克常量 h，也可由 $\nu \sim U_a$ 直线的斜率求 h。

因此，用光电效应方法测量普朗克常量的关键在于获得单色光、测得光电管的伏安特性曲线和确定截止电压。

为获得准确的截止电压，要求光电管应该具备下列条件：

（1）对所有可见光谱都比较灵敏。

（2）阳极包围阴极，这样当阳极为负电位时，大部分光电子仍能射到阳极。

（3）阳极没有光电效应，不会产生反向电流。

（4）暗电流很小。

但是实际使用的真空型光电管并不完全满足以上条件。由于存在阳极光电效应所引起的反向电流和暗电流（即无光照时的电流），所以测得的电流值，实际上包括上述两种电流和由阴极光电效应所产生的反向电流三个部分，所以伏安曲线并不与 U 轴相切。如图 4.6 所示。由于暗电流是由阴极的热电子发射及光电管管壳漏电等原因产生，与阴极正向光电流相比，其值很小，且基本上随电压 U 呈线性变化，因此可忽略其对截止电压的影响。阳极反向电流虽然在实验中较显著，但它服从一定规律。据此，确定截止电压，可采用以下两种方法：

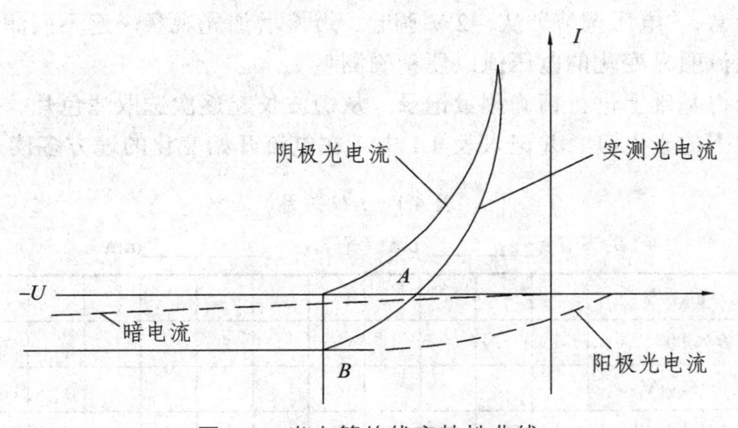

图 4.6　光电管的伏安特性曲线

（1）交点法。

光电管阳极用逸出功较大的材料制作，制作过程中尽量防止阴极材料蒸发，实验前对光电管阳极通电，减少其上溅射的阴极材料，实验中避免入射光直接照射到阳极上，这样可使它的反向电流大大减少，其伏安特性曲线与图 4.5 十分接近，因此曲线与 U 轴交点的电位差值近似等于截止电压 U_a，此即为交点法。

（2）拐点法。

光电管阳极反向电流虽然较大，但在结构设计上，若使反向光电流能较快地饱和，则伏安特性曲线在反向电流进入饱和段后有着明显的拐点，如图 4.6 中虚线所示的理论曲线下移为实线所示的实测曲线，截止电压 U_a 也下移到 U'_a 点。因此测出 U'_a 点即测出了理论值 U_a。本实验方法采用的就是此方法。

【实验仪器】

普朗克常数测定仪一套（包括光电管、干涉滤色片、光源、电压源及微电流放大器）其中干涉滤色片共有 5 组（365.0 nm，404.7 nm，435.8 nm，546.1 nm，577.0 nm），光源为 50 W 的高压汞灯，测试仪型号为 THQPC-1 型。

【实验内容】

1. 测试前准备

（1）安放好仪器，用随机附带的屏蔽线将测定仪和连接好光电管。

（2）用转盘遮住光孔，接通电源，让微电流测定仪预热 20 ~ 30 min，汞灯预热 5 min 以上。

（3）充分预热后，先调零点，后校正满度（– 100.0 μA）。

（4）光源与暗盒距离取 35 ~ 45 cm，并选用 φ = 5 mm、φ = 10 mm、φ = 20 mm 中任意一个通光孔。

2. 测光电管的伏安特性曲线

（1）让光源射出孔对准暗盒窗口：测量选择旋钮置 10^{-11} A 档，转动转盘选取合适的滤色片使光进入暗盒，“电压调节”从 – 2 V 调起，缓慢增加先观察一遍不同滤色片下的电流变化情况，记下电流明显变化的电压值以便精确测量。

（2）在粗测得基础上进行精确测量记录。从短波长起逐次选取滤色片，仔细读出不同频率的入射光照射下的光电流。并记入表 4.1 中（在电流开始变化的地方多读几个值）。

表 4.1　I-U 关系

距离 d = ＿＿＿＿＿cm；光孔 φ = ＿＿＿＿＿mm

365.0 nm	U_{AK}/V															
	$I/\times10^{-10}$A															
404.7 nm	U_{AK}/V															
	$I/\times10^{-10}$A															

续表

435.8 nm	U_{AK}/V														
	$I/\times10^{-10}$A														
546.1 nm	U_{AK}/V														
	$I/\times10^{-10}$A														
577.0 nm	U_{AK}/V														
	$I/\times10^{-10}$A														

【数据记录及处理】

（1）作 U-I 关系曲线。

由表一数据，用 Excel 中的“图表向导”作出不同频率下的 U-I 关系曲线，并从中找出曲线的“拐点”所对应的截止电压 U_a，并记入表 4.2 中。

表 4.2　U_a-ν 关系

距离 d=__________cm；光阑孔 φ=__________mm

波长 λ_i/nm	365.0	404.7	435.8	546.1	577.0
频率 $\nu_i/\times10^{14}$Hz	8.214	7.408	6.879	5.490	5.196
截止电压 U_a/V					

（2）作 U_a-ν 关系曲线。

由表 4.2 的数据，用 Excel 中的“图表向导”作出不同频率下的 U_a-ν 关系曲线，观察其线性，并求出直线的斜率。

（3）由求出的直线斜率，根据 $h=ek$ 计算出普朗克常量 h，并与公认值比较，计算其相对误差。（h 的公认值为 6.626×10^{-34} J·s）

【注意事项】

（1）仪器不宜在强磁场，强电场，高湿度及温度变化率大的场合下工作。

（2）配套滤色片注意避免污染，保持良好的透光率。

（3）汞灯电源关停之后，不能立即重新开启，必须过一段时间再开通电源，以免影响使用寿命。

【思考题】

（1）实测的光电管伏安特性曲线与理想曲线有何不同？“抬头点”的确切含义是什么？

（2）当加在光电管两极间的电压为零时，光电流却不为零，这是为什么？

（3）实验结果的精度和误差主要取决于哪几个方面？

（4）讨论光电效应对建立量子概念和认识光的波粒二象性的重要意义。

实验 33　用密立根油滴仪测定基本电荷

由美国实验物理学家密立根首先设计并完成的密立根油滴实验，在近代物理学的发展史上是一个十分重要的实验，密立根第一次用实验的方法证明了任何物体所带的电荷是基本电荷的整数倍，证实了电荷的不连续性，并精确地测定了这一基本电荷的数值（公认值为 $1.602\,189\,2\times10^{-19}$ C）。

【实验目的】

（1）验证电荷的不连续性，测定基本电荷的大小。

（2）学会对仪器的调整、油滴的选定、跟踪、测量以及数据的处理。

【实验原理】

测定油滴所带的电量，从而确定电子的电量，可以用平衡测量的方法，也可以用动态测量方法，本实验采用平衡测量方法。

用喷雾器将油滴喷入两块相距为 d 的水平放置的平行极板之间，当油在喷射时，由于喷射分散发生摩擦，油滴一般都是带电的。设油滴的质量为 m，所带的电量为 q，两极板间的电压为 V，则油滴在平行极板间将同时受到两个力的作用，一个是重力 mg，一个是静电力 qE，如图 4.7 所示。调节两极板间的电压 V，可使该两力达到平衡，这时

$$mg = qE = q\frac{V}{d} \tag{4.12}$$

从式（4.12）可见，为了测量油滴所带的电量 q，除了测量 V 和 d 外，还需要测量油滴的质量 m，因为 m 很小，需用如下特殊方法测定:平行极板不加电压时，油滴受重力作用而加速下降，由于空气阻力的作用，下降一段距离达到某一速度 v 后，阻力 f_r 与重力 mg 平衡，如图 4.8 所示（空气浮力忽略不计），油滴将匀速下降。根据斯托克斯定律，油滴匀速下降时

$$f_r = 6\pi a\eta v = mg \tag{4.13}$$

式中 η 是空气的粘滞系数，a 是油滴的半径（由于表面张力的原因，油滴总是呈小球状）。

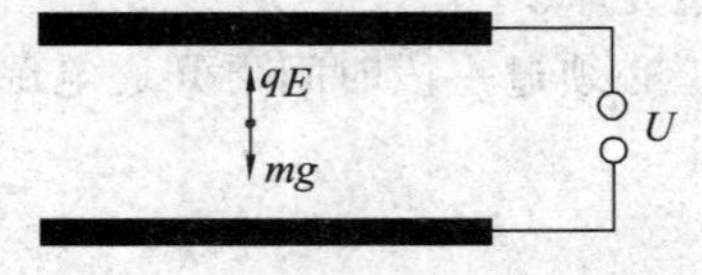

图 4.7　静电力与重力平衡

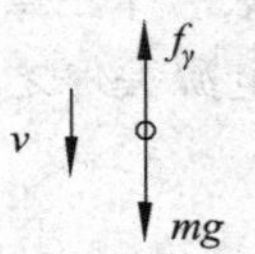

图 4.8　粘滞力与重力平衡

设油的密度为 ρ，油滴的质量 m 和半径 a 可分别表示为

$$m = \frac{4\pi}{3}a^3\rho\,,\qquad a = \sqrt{\frac{9\eta v}{2\rho g}}$$

对于半径小到10^{-6} m 的小球，空气的粘滞系数应作如下修正

$$\eta' = \frac{\eta}{1+\dfrac{b}{pa}} \tag{4.14}$$

这时斯托克斯定律应改为

$$f_r = \frac{6\pi a\eta v}{1+\dfrac{b}{pa}} \tag{4.15}$$

式中，b 为修正常数，$b = 6.17\times10^{-6}\,\text{m}\cdot\text{cm}$（Hg），$p$ 为大气压强，单位用厘米汞柱，即 cm（Hg）表示。得

$$a = \sqrt{\frac{9\eta v}{2\rho g}\frac{1}{1+\dfrac{b}{pa}}} \tag{4.16}$$

式（4.16）根号中还包含油滴的半径 a，但因它处于修正项中，不需十分精确，因此可用（4.16）式计算，由式（4.16）和（4.14），得到

$$m = \frac{4}{3}\pi\left[\frac{9\eta v}{2\rho g}\frac{1}{1+\dfrac{b}{pa}}\right]^{\frac{3}{2}}\rho \tag{4.17}$$

至于油滴匀速下降的速度 v，可用下法测出：当两极板间的电压 V 为零时，设油滴匀速下降的距离为 l，时间为 t，则

$$v = \frac{l}{t} \tag{4.18}$$

将式（4.18）代入（4.17），式（4.17）代入（4.12），得

$$q = mg\frac{d}{V_n} = ne \tag{4.19}$$

实验发现，对于某一颗油滴，如果我们改变它所带的电量 q，则能够使油滴达到平衡的电压必须是某些特定值 V_n。研究这些电压变化的规律发现，它们都满足下列方程

$$q = mg\frac{d}{V_n} = ne \tag{4.20}$$

式中，$n = \pm1, \pm2, \cdots$，而 e 则是一个不变的值。

对于任一颗油滴，可以发现同样满足式（4.20），而且 e 值是一个相同的常数。由此可见，所有带电油滴所带的电量 q，都是最小电量 e 的整数倍。这个事实说明，物体所带的电荷不是以连续方式出现的，而是以一个个不连续的量出现，这个最小电量 e 就是电子的电荷值

$$e = \frac{q}{n} \tag{4.21}$$

式（4.19）和（4.21）是用平衡测量法测量电子电荷的理论公式。

【实验仪器】

密立根油滴仪、喷雾器（见图 4.19、4.10）。

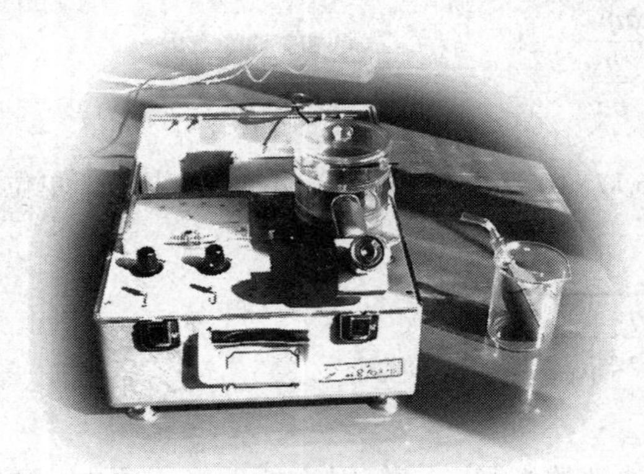

图 4.9　密立根油滴仪、喷雾器

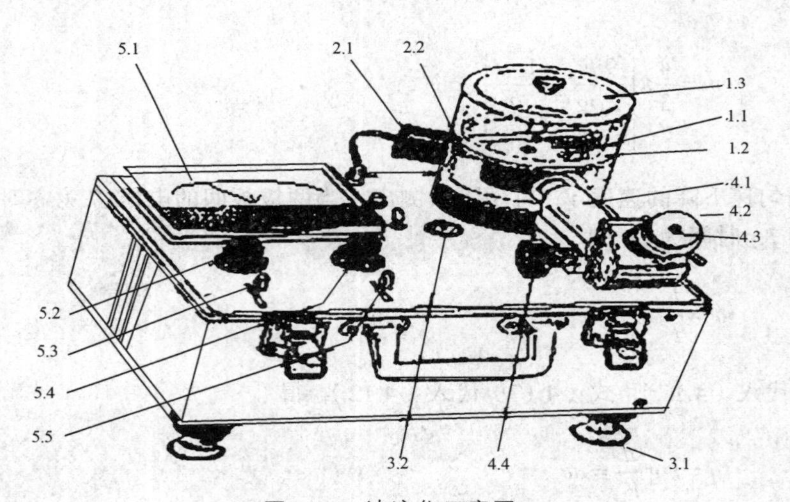

图 4.10　油滴仪示意图

1.1—油滴盒；1.2—防风罩；1.3—油雾室；2.1—油滴照明灯室；2.2—导光棒；3.1—调平螺丝（三只）；3.2—水准泡；4.1—测量显微镜；4.2—目镜头；4.3—×10 接目镜；4.4—调焦手轮；5.1—电压表；5.2—平衡电压调节旋钮；5.3—平衡电压换向开关；5.4—升降电压调节旋钮；5.5—升降电压换向开关

密立根油滴仪包括油滴盒、油滴照明装置、调平系统、测量显微镜、供电电源以及电子停表、喷雾器等部分组成。油滴仪的外形如图 4.9 所示，油滴仪的外形以实验装置图如图 4.10 所示，其改进为用 CCD 摄像头代替人眼观察，实验时可以通过 9 寸黑白电视机来测量。油滴盒（1.1）是由两块经过精磨的平行极板（上、下电极板）中间垫以胶木圆环组成。平行极板间的距离为 d。胶木圆环上有进光孔、观察孔和石英窗口。油滴盒放在有机玻璃防风罩（1.2）

中。上电极板中央有一个 0.4 mm 的小孔，油滴从油雾室（1.3）经过雾孔和小孔落入上下电极板之间，上述装置如图 4.10 所示。油滴由照明装置（2.1）、（2.2）照明。油滴盒可用调平螺丝（3.1）调节，并由水准泡（3.2）检查其水平。

油滴盒防风罩前装有测量显微镜（4.1），通过胶木圆环上的观察孔观察平行极板间的油滴。目镜镜头（4.2）中装有分划板，其纵向总刻度查当于视场中的 0.300 cm，用以测量油滴运动的距离 l，分划板中间的横向刻度尺是用来测量布朗运动的。

【实验内容】

1. 调整仪器

将仪器放平稳，调节左右两只调平螺丝（3.1，即仪器的前脚螺丝），使水准泡指示水平，这时平行极板处于水平位置。先预热仪器 10 min，利用预热时间，从测量显微镜（4.1）中观察，如果分划板位置不正，则转动目镜，将分划板位置放正，同时要将目镜插到底。调节接目镜（4.3），使分划板刻线清晰。

将油从油雾室旁的喷雾口喷入（喷一次即可），微调测量显微镜的调焦手轮（4.4），这时视场中将出现大量清晰的油滴，有如夜空繁星。如果视场太暗，油滴不够明亮，或视场上下亮度不均匀，可略微转动油滴照明灯室的灯珠座（2.1），使小灯珠前面的聚光珠正对前方。

2. 测量练习

练习控制油滴　在平行极板上加上平衡电压（约 300 V 左右），换向开关放在“+”或“-”侧均可，驱走不需要的油滴，直到剩下几颗缓慢运动的为止。注视其中的某一颗，仔细调节平衡电压，使这颗油滴静止不动。然后去掉平衡电压，让它匀速下降，下降一段距离后再加上平衡电压和升降电压，使油滴上升。如此反复多次地进行练习，以掌握控制油滴的方法。

练习测量油滴运动的时间　任意选择几颗运动速度快慢不同的油滴，用停表测出它们下降一段距离所需要的时间，如此反复多练习几次，以掌握测量油滴运动时间的方法。

练习选择油滴　要做好本实验，很重要的一点是选择合适的油滴。选的油滴体积不能太大，太大的油滴虽然比较亮，但一般带的电荷比较多，下降速度也比较快，时间不容易测准确。通常可以选择平衡电压在 200 V 以上，在 20 ~ 30 s 时间内匀速下降 2 mm 的油滴，其大小和带电量都比较合适。

3. 测　量

从式（4.19）可见，用平衡测量法实验时要测量的有二个量。一个是平衡电压 V，另一个是油滴匀速下降一段距离 l 所需要的时间 t，测量平衡电压必须经过仔细的调节，并将油滴置于分划板上某条横线附近，以便准确判断出这颗油滴是否平衡了。

测量油滴匀速下降一段距离 l 所需要的时间 t 时，为保证油滴下降时速度均匀，应先让它下降一段距离后再测量时间。选定测量的一段距离 l 应该在平行极板之间的中央部分，即视场中分划板的中央部分。若太靠近上电极板，小孔附近有气流，电场也不均匀，会影响到测量结果，太靠近下极板，测量完时间 t 后，油滴就消失，不能重复测量，因此一般取 $l = 2$ mm 比较合适。

对同一颗油滴应进行 6 ~ 10 次测量，而且每次测量都要重新调整平衡电压。如果油滴逐渐变得模糊，要微调测量显微镜跟踪油滴，勿使丢失。

用同样方法分别对 4 ~ 5 颗油颗进行测量，求得电子电荷 e。

【数据记录与处理】

（1）表格自拟。

（2）目前处理数据的方法有很多，如作图法、验证法、差值法、最小正整数法、平均值最小正整数法、最小二乘法、概率统计法等。可自行查阅相关文献资料进行数据处理。

另附实验所需的参数：

油的密度：$\rho = 981\ \text{kg}\cdot\text{m}^{-3}$（20 °C）　　重力加速度：$g = 9.79\ \text{m}\cdot\text{s}^{-2}$

空气粘度：$\eta = 1.83\times10^{-5}\ \text{Pa}\cdot\text{s}$　　修正常数：$b = 8.22\times10^{-3}\ \text{m}\cdot\text{Pa}$

大气压强：$p = 1.013\times10^{5}\ \text{Pa}$　　平行板间距：$d = 5.00\times10^{-3}\ \text{m}$

【思考题】

（1）对实验结果造成影响的主要因素有哪些？

（2）如何判定油盒内两平行板是否水平？不水平对实验有何影响？

实验 34　多普勒效应综合实验的研究

【实验目的】

（1）研究波源不动，观察者相对介质运动时的多普勒效应。验证多普勒频移与观察者运动速度的关系。

（2）应用多普勒频移与速度的关系测定声速。

（3）应用多普勒效应验证牛顿第二定律。

（4）应用多普勒效应研究简谐振动的规律。

【实验原理】

1. 波源不动，观察者相对介质运动时的多普勒效应

如图 4.11 所示，若观察者开始时处于图中 P 点位置，从波源 S 向观察者发出频率为 f_0 速度为 u 的波，在 $\text{d}t$ 时间内经过 P 点的完整波数应为分布在 $u\text{d}t$ 距离中的波数。现在若观察者在此 $\text{d}t$ 时间内迎着波的传播方向以速度 v_1 运动到 P' 点位置，则在 $\text{d}t$ 时间内观察者接收到的完整波数是分布在 $(u+v_1)\text{d}t$ 距离上的波数。反之，若观察者以 v_2 的速度向远离波源的方向运动时，则在 $\text{d}t$ 时间内观察者接收到的完整波数是分布在 $(u-v_2)\text{d}t$ 距离上的波数。考虑到波源在介质中是静止的，故综合以上两种情况，由于观察者的运动，观察者接收到的波的频率 f 与波源发出的频率 f_0 的关系应为：

$$f = \frac{u \pm v}{u}\cdot f_0 \tag{4.22}$$

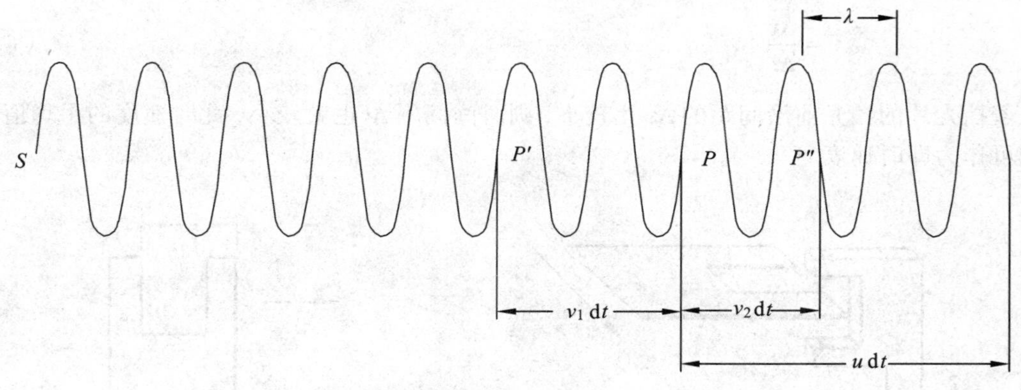

图 4.11 示意图

在（4.22）式中当观察者是迎着波的传播方向运动时，我们规定 v 的符号取“+”，向远离波源的方向运动时规定 v 的符号取“–”。显然，当观察者迎着波的传播方向运动时观察到波的频率比原来高，而观察者远离波源的方向运动时则观察到波的频率比原来低。若规定多普勒频移 $\Delta f = f - f_0$，则由（4.22）式可解得：

$$\frac{\Delta f}{f_0} = \frac{\pm v}{u} \tag{4.23}$$

从（4.23）式中我们根据 v 的方向的不同，可以得到不同的 Δf 的符号，反之根据 Δf 的符号亦可判别 v 的方向。

2. 用多普勒效应测声速的原理及空气中声速的理论值推算

根据（4.23）式，我们知道观察者运动速度 v 的大小与所测得的多普勒频移 Δf 成正比。当我们知道了声源的频率 f_0 后，即可算出声速 u 来。为了测量的精确，我们可测多组 Δf - v 的数据，然后用作图法或逐差法求得 Δf - v 关系的斜率，进而求得声速 u。

在空气中声速的理论推算可按如下方法：

设空气为理想气体，则声速与温度的关系为 $u = \sqrt{\gamma RT / M}$，其中 $\gamma = C_p / C_v$ 为气体比热容比（空气中 $\gamma \approx 1.4$），R 为普适气体常量 8.31 $\text{J} \cdot \text{mol}^{-1} \cdot \text{K}^{-1}$，$M = 2.89 \times 10^{-2}\ \text{kg} \cdot \text{mol}^{-1}$ 为 0 °C 时摩尔气体质量，T 为绝对温标，换处成摄氏温标 t 为 $T = 273 + t$ °C。把以上数据代入并代简后可得温度 t °C 时的声速理论值为

$$u = 331\sqrt{\frac{273 + t}{273}}\ \text{m/s} \tag{4.24}$$

3. 用光电门测物体运动速度的方法

在运动物体上有一个 U 型挡光片，当它以速度 v 经过光电门时（见图 4.12（a）），U 型挡光片两次切断光电门的光线。设挡光片的挡光前沿间距为 Δx（见图 4.12（b）），两次切断光线的时间间隔被光电计时器记下为 Δt，则在此时间间隔中物体运动的速度 v 的平均值为

$$\overline{v}=\frac{\Delta x}{\Delta t} \tag{4.25}$$

若挡光片的挡光前沿间距的 Δx 比较小，则时间间隔 Δt 也就较小，此时速度的平均值 $\overline{v}$ 就近似可作为即时速度 v。

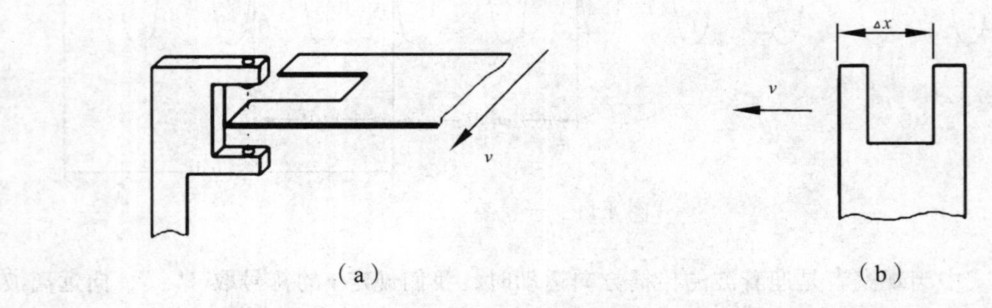

（a）　　　　　　　　　　　　（b）

图 4.12　光电门测物体运动速度示意图

【实验装置】

多普勒效应综合实验仪：包含仪器主机、无线接收-转发器、导轨、运动小车、滑轮、勾码、弹簧等。

其中滑轨两端分别有超声发射头和红外信号接收头以及电磁铁；无线接收-转发器两端分别有超声接收头和红外信号发射头。实验时要把无线接收-转发器的超声接收头始终对着滑轨一端的超声发射头的方向，同时使无线接收-转发器的红外信号发射头对着滑轨另一端的红外信号接收头方向。

仪器主机面板上有一个液晶显示屏，可用于显示实验状态和测量结果。实验开始时，主机接通电源后，按一下面板上的“▲”或“▼”按钮即可出现实验的主菜单，主菜单共分 “仪器校准”、“光电门测速”和“多普勒综合实验” 三部分内容。根据不同的实验情况，在此主菜单的基础上还能选择进一步的子菜单。

【实验仪器】

DPI-III 无线传输型多普勒效应综合实验仪。

【实验内容】

1. 仪器校准

打开主机电源，液晶屏显示出主菜单后，再通过按“▲”或“▼”选择按钮，把屏幕光标移动到“仪器校准”位置，再按一下“ok”键予以确认，屏幕上就出现要求输入环境温度 t 的二级菜单界面，这时实验者须把当时环境的摄氏温度输入，仪器可据此作为计算声速 u 的依据。

此外，实验者还须在此二级菜单中设定挡光片的宽度Δx，该值默认为 90 mm，若不符应输入新的值修改。

至此仪器初始校准已经完成，可进入下一步的实验。

2. 用光电门验证多普勒效应

仪器安装如图 4.13。

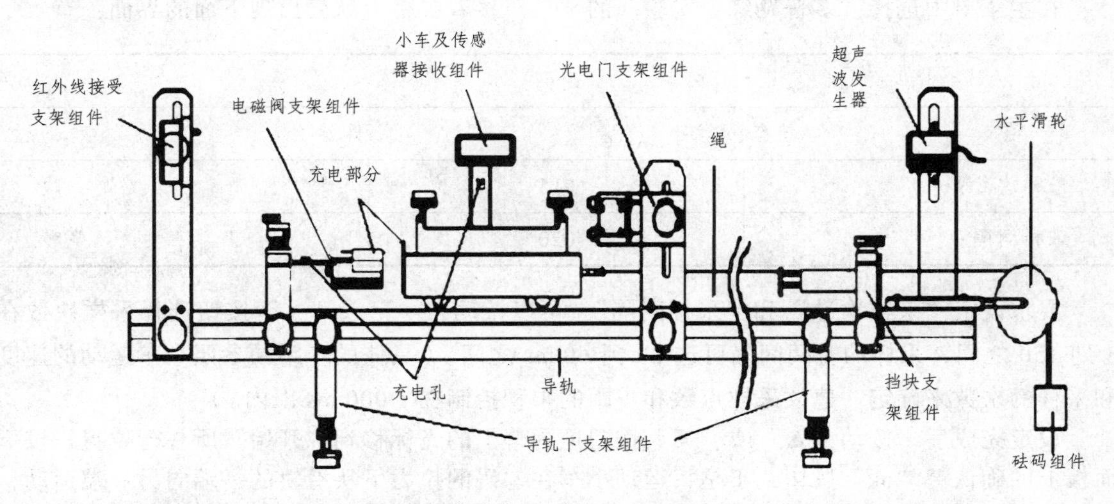

图 4.13　多普勒效应验证实验及测量小车水平运动安装示意图

在仪器主菜单上，按动面板上的“▲”或“▼”按钮，选择“光电门测速”一项，然后按下面板上的确认键“ok”按钮，屏幕就会出现“状态—开始”的提示符。这时把装载超声接收-转发器的小车吸合在滑轨右端的电磁铁上，通过滑轨左端的滑轮用细线将勾码与小车连接起来。再把光电门置于滑轨中部的某一位置。然后按动“▲”或“▼”按钮把屏幕上的光标移到“开始”所在行的位置，则可按下面板上的确认键“ok”按钮，于是，运动小车在勾码的拉力下从滑轨的一端向另一端运动，运动完成后屏幕会出现如下字样：

返回		
状态：	开始	
Δt / ms	v / (m/s)	Δf / Hz
xxxx	xx.xxx	xxx

屏幕中“Δt”下对应的是物体（U 型挡光片）经过光电门时的时间间隔，（Δt 单位是 ms）；屏幕中“v”下对应的是物体运动的速度，这是根据光门的计时“Δt”和 U 型挡光片的两个挡光前沿间的距离“Δx”及前面的公式（4.25）计算出来的，（v 的单位是 m/s）。屏幕中“Δf”下对应的则是多普勒频移。“Δf”的符号有正负之分，表示了物体运动的不同方向。可以根据前面的公式（4.23）计算速度与屏幕上的“v”进行比较并估算相对误差。

把屏幕上的光标移动到“开始”所在行位置，即可再次进行测量。可分别改变不同勾码的拉力（一般为 50 g，100 g）和不同的光电门测量位置，以选择不同的即时速度来验证多普勒效应，将有关的测量数据列表进行处理。

3. 应用多普勒效应测定声速和加速度

仪器安装如图 4.13。

在主菜单中选择“多普勒综合实验”的项目。接着屏幕上就会出现下面的界面：

<table>
<tr><td colspan="3">返回</td></tr>
<tr><td colspan="3">状态：　　　　　　开始</td></tr>
<tr><td>采样次数：</td><td>015</td><td>次</td></tr>
<tr><td>采样间隔：</td><td>020</td><td>毫秒</td></tr>
</table>

要求设定“采样次数”和“采样间隔”。可以按动“＋”或“－”按钮选择采样次数在 8 到 150 之间，采样的时间间隔可选 20 到 60 ms 之间。（具体的步距须参照小车运动的速度和采样的次数来确定。建议采样点数和步距的乘积控制在 1 000 ms 以内。）

设定完成后，按动“▲”或“▼”按钮把屏幕上的光标移到“开始”所在行位置，按下面板上的确认键“ok”按钮，于是，运动小车在勾码的拉力下从滑轨的一端向另一端运动，运动完成后屏幕会出现如下字样：

<table>
<tr><td colspan="4">绘图　　　　(⇳)　　　　返回</td></tr>
<tr><td>t / ms</td><td>Δf / Hz</td><td>v /（m/s）</td><td>a /（m/s^2）</td></tr>
<tr><td>xxxx</td><td>xxxx</td><td>xx.xxx</td><td>xx.xx</td></tr>
<tr><td>xxxx</td><td>xxxx</td><td>xx.xxx</td><td>xx.xx</td></tr>
</table>

把光标移动到中间(⇳)位置，按动“＋”或“-”按钮，即可逐条翻阅各测量点的时间、频移数据和对应的速度、加速度。光标移到液晶屏上部，还有两个选择：“绘图”或“返回”，若选择“绘图”再按“ok”，屏幕就会出现“选择曲线”和“返回”的三级菜单。在供选择的曲线中有“v-Δf”和“v-t”两种关系曲线图。前者反映了接收信号的物体运动速度与多普勒频移的关系，后者为物体运动的加速度曲线。若按“返回”则退出这项实验内容。把上面表格的数据记录下来后用方格纸作图或用逐差法处理，可算出空气中的声速，并与（4.24）式中的理论值比较估算相对误差。

4. 验证牛顿第二定律

验证牛顿第二定律的实验方法与“应用多普勒效应测速度和加速度”的实验方法相同。只是在实验中必须把滑轨水平放置（为此先要调整滑轨下部的 4 只底脚螺丝以使滑轨水平），再用天平分别测出运动小车和上面的无线接收-转发器的总质量，然后把装载无线接收-转发器的小车放在滑轨的一端，与电磁铁吸合。再选择适当的勾码，通过滑轨另一端的滑轮用细线与小车相连。再把仪器液晶屏上的光标移到“开始”位置，按下面板上的确认键“ok”按钮，使电磁铁断电，运动小车即在勾码的拉力下从滑轨的一端向另一端作加速运动。运动完成后，液晶屏幕上会出现如下字样：

绘图		(⇕)	返回
t / ms	Δf / Hz	v /（m/s）	a /（m/s^2）
xxxx	xxxx	xx.xxx	xx.xx
xxxx	xxxx	xx.xxx	xx.xx

用逐差法算出在此情况下的平均加速度 $\bar{a}_1$。假设这时勾码的质量为 m_1，而运动小车和上面的无线接收-转发器的总质量为 M，运动阻力为 f_r，则根据牛顿第二定律应有

$$m_1 g - f_r = (M + m_1)a_1 \tag{4.26}$$

由此可先推算出小车运动的阻力 f_r。再改变勾码的质量为 m_2 重复刚才的实验，在新的情况下测出新的加速度 $\bar{a}_2$。把 f_r 的值代入，按牛顿第二定律算得的加速度 a_2 应为

$$a_2 = \frac{m_2 g - f_r}{M + m_2} \tag{4.27}$$

把（4.27）式的计算结果与屏幕上给出的加速度的平均值 $\bar{a}_2$ 比较，估算测量的相对误差。

5. 应用多普勒效应研究简谐振动的规律

仪器安装如图 4.14。

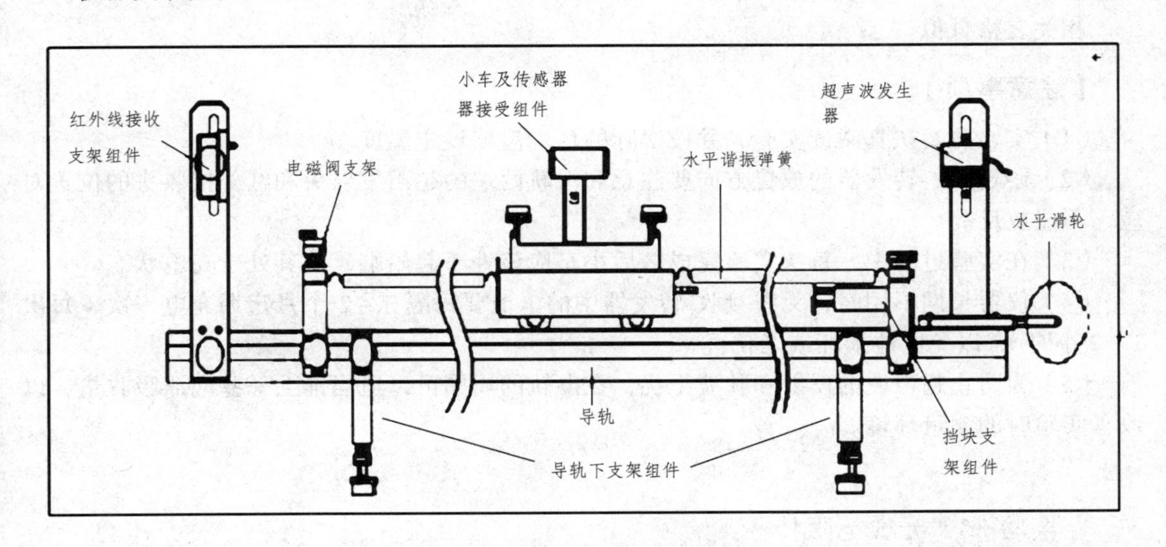

图 4.14　简谐振动试验

把滑轨水平放置，在主菜单中选择“多普勒综合实验”，再选择采样次数在 150 次左右，采样的间距可选 30 ~ 50 ms（具体的次数和步距可灵活掌握）。设定完成后按下面板上的确认键“ok”按钮。将装载无线接收-转发器的小车用附带的一对拉伸弹簧挂在滑轨两边。将小车从平衡位置向一边拉 10 ~ 30 cm 左右然后放手，同时按下的“开始”按钮，仪器将开始测量并计时。测量完毕后液晶屏会出现和前面实验内容表格相似字样。

在屏幕上移动光标到(⇕)位置，按下面板上的确认键“ok”，再按动“+”或“-”按钮，

即可逐条翻阅读各测量点的时间和对应的频移、速度、加速度数据。光标移到上部有两个选择："绘图"或"返回"，选择"绘图"中的 $v-t$ 关系曲线图，再按"ok"键，屏幕就可显示根据上面的表格数据作出的 $v-t$ 关系曲线图（见图 4.15）。对于测量数据表格中的Δf和 v 的不同符号，表示了弹簧振子的不同运动方向。而加速度 a 则应与弹簧的位移量成正比。记录下各点的相关数据，再根据简谐振动的公式及振子的质量 M，速度 v，加速度 a 等计算弹簧振动的周期 T、角频率ω、劲度系数 K。

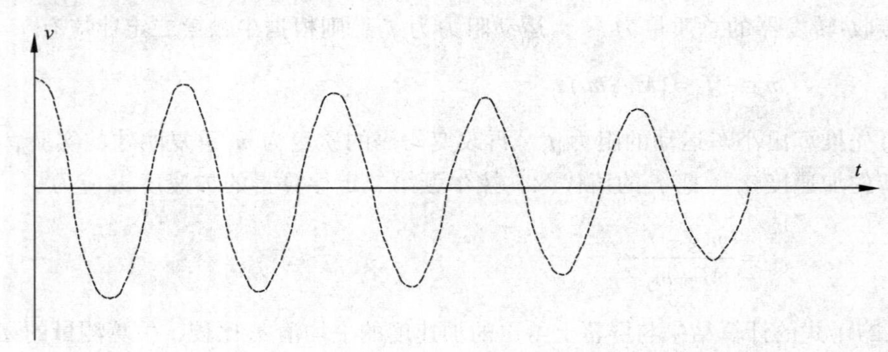

图 4.15　v-t 关系曲线图

【实验数据处理】

相关表格自拟。

【注意事项】

（1）实验前要认真阅读实验，并按实际的环境温度设定温度。

（2）无线接收-转发器的放置方向要注意和滑轨两端的超声发射头和红外接收头的位置对应，不能放反。

（3）在实验过程中，每次实验完成之后小车应该处于起始端，使其处于充电状态。

（4）仪器长期不用时，无线接收-转发器中的电池要每隔 1 ~ 2 个月定期充电一次（每次 1 ~ 2 小时），以免电池损坏或老化。

（5）为防止超声波的反射和驻波干扰，在滑轨的周围可以适当铺上一些泡沫吸收垫，以改善实验时的测量环境。

实验 35　光敏电阻特性实验

光敏电阻是利用物体的导电率会随着外加光照的影响而改变的性质而制作的一种特殊电阻，本实验主要研究不同光照、不同外加电压条件下光敏电阻中通过的光电流的变化规律，从而加深对光敏电阻这种特殊电阻的基本特性的了解。

【实验目的】

（1）测量光敏电阻照度特性。

（2）测量光敏电阻伏安特性。

【实验原理】

光敏传感器的基本特性则包括：伏安特性、光照特性等。其中光敏传感器在一定的入射照度下，光敏元件的电流 I 与所加电压 U 之间的关系称为伏安特性。改变照度则可以得到一族伏安特性曲线。它是传感器应用设计时选择电参数的重要依据。光敏传感器的光谱灵敏度与入射光强之间的关系称为光照特性，有时光敏传感器的输出电压或电流与入射光强之间的关系也称为光照特性，它也是光敏传感器应用设计时选择参数的重要依据之一。掌握光敏传感器基本特性的测量方法，为合理应用光敏传感器打好基础。

1. 光敏电阻

在光敏电阻两端的金属电极之间加上电压，其中便有电流通过，受到适当波长的光线照射时，电流就会随光强的增加而变大，从而实现光电转换。光敏电阻没有极性，纯粹是一个电阻器件，使用时既可加直流电压，也可以加交流电压。

光敏电阻是采用半导体材料制作，利用内光电效应工作的光电元件。它在光线的作用下其阻值往往变小，这种现象称为光导效应，因此，光敏电阻又称光导管。

用于制造光敏电阻的材料主要是金属的硫化物、硒化物和碲化物等半导体。通常采用涂敷、喷涂、烧结等方法在绝缘衬底上制作很薄的光敏电阻体及梳状欧姆电极，然后接出引线，封装在具有透光镜的密封壳体内，以免受潮影响其灵敏度。光敏电阻的原理结构如图 4.16 所示。在黑暗环境里，它的电阻值很高，当受到光照时，只要光子能量大于半导体材料的禁带宽度，则价带中的电子吸收一个光子的能量后可跃迁到导带，并在价带中产生一个带正电荷的空穴，这种由光照产生的电子—空穴对增加了半导体材料中载流子的数目，使其电阻率变小，从而造成光敏电阻阻值下降。光照愈强，阻值愈低。入射光消失后，由光子激发产生的电子—空穴对将逐渐复合，光敏电阻的阻值也就逐渐恢复原值。

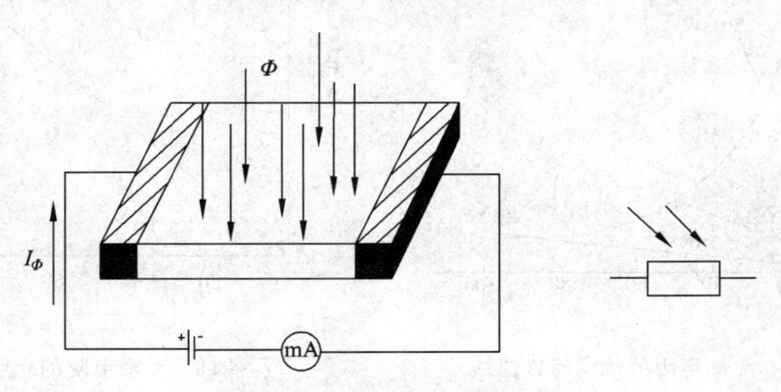

图 4.16　光敏电阻的原理结构

在光敏电阻两端的金属电极之间加上电压，其中便有电流通过，受到适当波长的光线照射时，电流就会随光强的增加而变大，从而实现光电转换。光敏电阻没有极性，纯粹是一个电阻器件，使用时既可加直流电压，也可以加交流电压。

利用具有光电导效应的半导体材料制成的光敏传感器称为光敏电阻。目前，光敏电阻应用的极为广泛，可见光波段和大气透过的几个窗口都有适用的光敏电阻。利用光敏电阻制成的光控开关在我们日常生活中随处可见。

当内光电效应发生时，光敏电阻电导率的改变量为

$$\Delta\sigma = \Delta p \cdot e \cdot \mu_p + \Delta n \cdot e \cdot \mu_n \tag{4.28}$$

在（4.28）式中，e 为电荷电量，Δp 为空穴浓度的改变量，Δn 为电子浓度的改变量，μ 表示迁移率。

当两端加上电压 U 后，光电流为：

$$I_{\mathrm{ph}} = \frac{A}{d} \cdot \Delta\sigma \cdot U \tag{4.29}$$

式中，A 为与电流垂直的表面，d 为电极间的间距。在一定的光照度下，$\Delta\sigma$ 为恒定的值，因而光电流和电压成线性关系。

光敏电阻的伏安特性如图 4.17 所示，不同的光照度可以得到不同的伏安特性，表明电阻值随光照度发生变化。光照度不变的情况下，电压越高，光电流也越大，而且没有饱和现象。当然，与一般电阻一样光敏电阻的工作电压和电流都不能超过规定的最高额定值。

光敏电阻的光照特性则如图 4.18 所示。不同的光敏电阻的光照特性是不同的，但是在大多数的情况下，曲线的形状都与图 4.18 的结果类似。由于光敏电阻的光照特性是非线性的，因此不适宜作线性敏感元件，这是光敏电阻的缺点之一。所以在自动控制中光敏电阻常用作开关量的光电传感器。

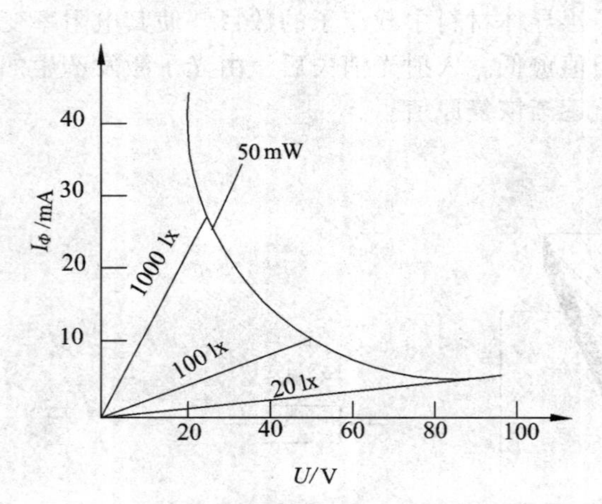

图 4.17　光敏电阻的伏安特性曲线

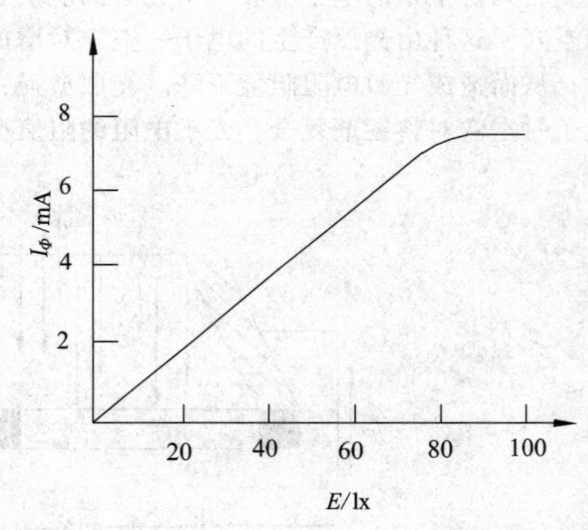

图 4.18　光敏电阻的光照特性曲线

光敏电阻的结构很简单，图 4.19（a）为金属封装的硫化镉光敏电阻的结构图。在玻璃底板上均匀地涂上一层薄薄的半导体物质，称为光导层。半导体的两端装有金属电极，金属电极与引出线端相连接，光敏电阻就通过引出线端接入电路。为了防止周围介质的影响，在半导体光敏层上覆盖了一层漆膜，漆膜的成分应使它在光敏层最敏感的波长范围内透射率最大。为了提高灵敏度，光敏电阻的电极一般采用梳状图案，如图 4.19（b）所示。图 4.19（c）为光敏电阻的接线图。

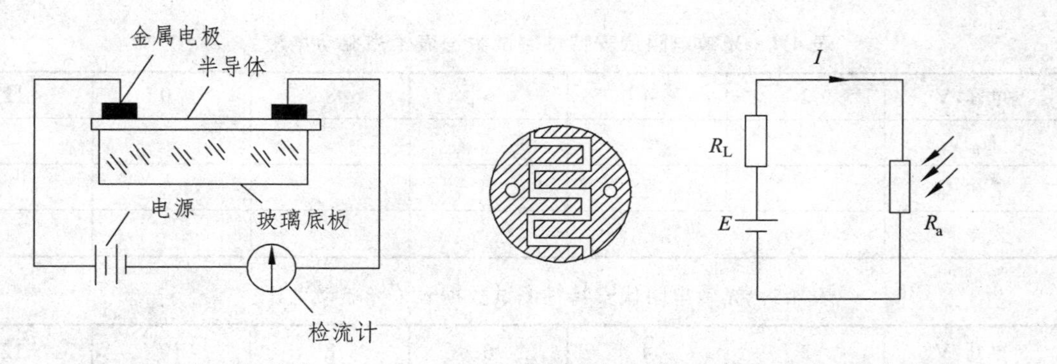

（a）光敏电阻结构　　（b）光敏电阻电极　　（c）光敏电阻接线图

图 4.19 光敏电阻结构

【实验内容】

光敏电阻的特性测试如图 4.20 所示。

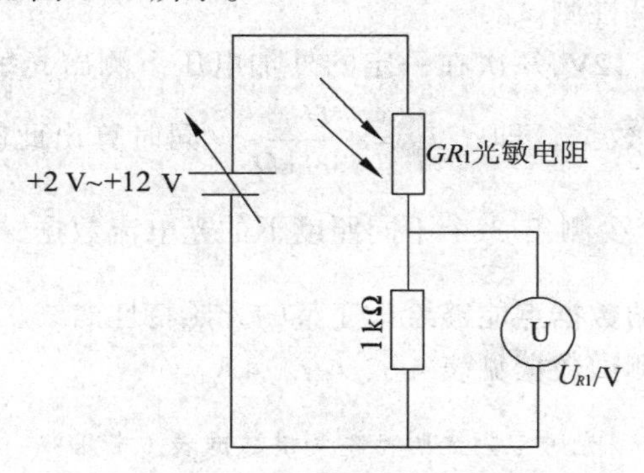

图 4.20　光敏电阻的特性测试

（1）光敏电阻的伏安特性测试。

先将光源一定的光照度，测出加在光敏电阻上电压为 + 2 V，+ 4 V，+ 6 V，+ 8 V，+ 10 V，+ 12 V 时电阻 R_1 两端的电压 U_R，从而得到 6 个光电流数据 $I_{ph}=\frac{U_R}{1.00\ \text{k}\Omega}$，同时算出此时光敏电阻的阻值，即 $R_g=\frac{U_{cc}-U_R}{I_{ph}}$。以后调节相对光强重复上述实验（要求至少在三个不同照度下重复以上实验）。

光敏电阻伏安特性测试数据见表 4.3、4.4、4.5。

表 4.3　光敏电阻伏安特性测试数据表（光驱动电流：　　）

电压/V	2	4	6	8	10	12
U_R/V						
电阻/Ω						
光电流						

表 4.4　光敏电阻伏安特性测试数据表（光驱动电流：　　）

电压/V	2	4	6	8	10	12
U_R/V						
电阻/Ω						
光电流						

表 4.5　光敏电阻伏安特性测试数据表（光驱动电流：　　）

电压/V	2	4	6	8	10	12
U_R/V						
电阻/Ω						
光电流						

（2）光敏电阻的光照特性测试。

从 $U_{cc}=0$ 开始到 $U_{cc}=12\text{V}$，每次在一定的外加电压下测出光敏电阻在相对光照度从“弱光”到逐步增强的光电流数据，即：$I_{ph}=\dfrac{U_R}{1.00\ \text{k}\Omega}$，同时算出此时光敏电阻的阻值，即：$R_g=\dfrac{U_{cc}-U_R}{I_{ph}}$。这里要求至少测出 3 个不同照度下的光电流数据，尤其要在弱光位置选择较多的数据点，以使所得到的数据点能够绘出完整的光照特性曲线。

光敏电阻的光照特性测试数据见表 4.6、4.7、4.8。

表 4.6　光敏电阻光照特性测试数据表（电压：　　）

光驱动电流															
U_R/V															
光电流/A															

表 4.7　光敏电阻光照特性测试数据表（电压：　　）

光驱动电流															
U_R/V															
光电流/A															

表 4.8　光敏电阻光照特性测试数据表（电压：　　）

光驱动电流															
U_R/V															
光电流/A															

（3）根据实验数据画出光敏电阻的一族光照特性曲线。

实验36 太阳能电池基本特性测定

太阳能电池（Solar Cells），也称为光伏电池，是将太阳光辐射能直接转换为电能的器件。由这种器件封装成太阳电池组件，再按需要将一块以上的组件组合成一定功率的太阳能电池方阵，经与储能装置、测量控制装置及直流-交流变换装置等相配套，即构成太阳能电池发电系统，也称为之光伏发电系统。它具有不消耗常规能源、无转动部件、寿命长、维护简单、使用方便、功率大小可任意组合、无噪音、无污染等优点。世界上第一块实用型半导体太阳能电池是美国贝尔实验室于1954年研制的。经过人们40多年的努力，太阳能电池的研究、开发与产业化已取得巨大进步。目前，太阳能电池已成为空间卫星的基本电源和地面无电、少电地区及某些特殊领域（通信设备、气象台站、航标灯等）的重要电源。随着太阳能电池制造成本的不断降低，太阳能光伏发电将逐步地部分替代常规发电。近年来，在美国和日本等发达国家，太阳能光伏发电已进入城市电网。从地球上化石燃料资源的渐趋耗竭和大量使用化石燃料必将使人类生态环境污染日趋严重的战略观点出发，世界各国特别是发达国家对于太阳能光伏发电技术十分重视，将其摆在可再生能源开发利用的首位。因此，太阳能光伏发电有望成为21世纪的重要新能源。有专家预言，在21世纪中叶，太阳能光伏发电将占世界总发电量的15%~20%，成为人类的基础能源之一，在世界能源构成中占有一定的地位。

【实验目的】

（1）了解太阳能电池的工作原理及其应用。

（2）太阳能电池主要结构为一个二极管，在没有光照时，测量该二极管在正向偏压时的伏安特性曲线，并求得电压和电流关系的经验公式。

（3）测量太阳能电池在光照时的输出伏安特性，并求得它的短路电流（I_{sc}）、开路电压（U_{oc}）、最大输出功率P_m及填充因子FF$[P_m/(I_{sc}U_{oc})]$。

（4）光照效应：a. 测量短路电流I_{sc}和相对光功率P_0之间关系，画出I_{sc}与相对光功率P_0之间的关系图。b. 测量开路电压U_{oc}和相对光功率P_0之间的关系，画出U_{oc}与相对光功率P_0之间的关系图。

【实验原理】

1. 太阳能电池的结构

以晶体硅太阳能电池为例，其结构示意图如图4.21所示。晶体硅太阳能电池以硅半导体材料制成大面积PN结进行工作。一般采用N^+/P同质结的结构，如在约10 cm×10 cm面积的P型硅片（厚度约500 μm）上用扩散法制作出一层很薄（厚度约0.3 μm）的经过重掺杂的N型层。然后在N型层上面制作金属栅线，作为正面接触电极。在整个背面也制作金属膜，作为背面欧姆接触电极。这样就形成了晶体硅太阳能电池。为了减少光的反射损失，一般在整个表面上再覆盖一层减反射膜。

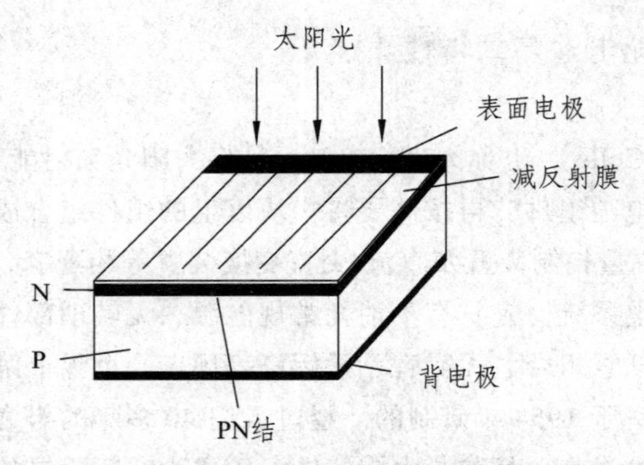

图 4.21　晶体硅太阳电池的结构示意图

2. 光伏效应

当光照射在距太阳能电池表面很近的 PN 结时，只要入射光子的能量大于半导体材料的禁带宽度 E_g，则在 P 区、N 区和结区光子被吸收会产生电子-空穴对。那些在结附近 N 区中产生的少数载流子由于存在浓度梯度而要扩散。只要少数载流子离 PN 结的距离小于它的扩散长度，总有一定几率扩散到结界面处。在 P 区与 N 区交界面的两侧即结区，存在一空间电荷区，也称为耗尽区。在耗尽区中，正负电荷间形成一电场，电场方向由 N 区指向 P 区，这个电场称为内建电场。这些扩散到结界面处的少数载流子（空穴）在内建电场的作用下被拉向 P 区。同样，如果在结附近 P 区中产生的少数载流子（电子）扩散到结界面处，也会被内建电场迅速被拉向 N 区。结区内产生的电子-空穴对在内建电场的作用下分别移向 N 区和 P 区。如果外电路处于开路状态，那么这些光生电子和空穴积累在 PN 结附近，使 P 区获得附加正电荷，N 区获得附加负电荷，这样在 PN 结上产生一个光生电动势。这一现象称为光伏效应（Photovoltaic Effect，缩写为 PV）。

3. 太阳电池的表征参数

太阳能电池在没有光照时其特性可视为一个二极管，在没有光照时其正向偏压 U 与通过电流 I_D 的关系式为

$$I_D = I_o(e^{\beta U} - 1) \tag{4.30}$$

式中，I_o 为二极管反向饱和电流；β 是常数。

太阳能电池的工作原理是基于光伏效应。当光照射太阳能电池时，将产生一个由 N 区到 P 区的光生电流 I_{ph}。同时，由于 PN 结二极管的特性，存在正向二极管电流 I_D，此电流方向从 P 区到 N 区，与光生电流相反。因此，实际获得的电流 I 为

$$I = I_{ph} - I_D = I_{ph} - I_o\left[\exp\left(\frac{qV_D}{nk_BT}\right) - 1\right] \tag{4.31}$$

式中，V_D 为结电压，I_o 为二极管的反向饱和电流，I_{ph} 为与入射光的强度成正比的光生电流，其比例系数是由太阳能电池的结构和材料的特性决定的。n 称为理想系数（n 值），是表示 PN 结特性的参数，通常在 1 ~ 2 之间。q 为电子电荷，k_B 为波尔兹曼常数，T 为温度。

如果忽略太阳能电池的串联电阻 R_s，V_D 即为太阳能电池的端电压 V，则（4.31）式可写为

$$I = I_{ph} - I_o\left[\exp\left(\frac{qV}{nk_BT}\right)-1\right] \tag{4.32}$$

当太阳能电池的输出端短路时，$V=0$（$V_D\approx 0$），由（4.32）式可得到短路电流

$$I_{sc} = I_{ph} \tag{4.33}$$

即太阳能电池的短路电流等于光生电流，与入射光的强度成正比。当太阳能电池的输出端开路时，$I=0$，由（4.32）和（4.33）式可得到开路电压

$$V_{oc} = \frac{nk_BT}{q}\ln\left(\frac{I_{sc}}{I_o}+1\right) \tag{4.34}$$

当太阳能池接上负载 R 时，所得的负载伏-安特性曲线如图 4.22 所示。负载 R 可以从零到无穷大。当负载 R_m 使太阳能电池的功率输出为最大时，它对应的最大功率 P_m 为

$$P_m = I_mV_m \tag{4.35}$$

式中，I_m 和 V_m 分别为最佳工作电流和最佳工作电压。将 V_{oc} 与 I_{sc} 的乘积与最大功率 P_m 之比定义为填充因子 FF，则

$$FF = \frac{P_m}{V_{oc}I_{sc}} = \frac{V_mI_m}{V_{oc}I_{sc}} \tag{4.36}$$

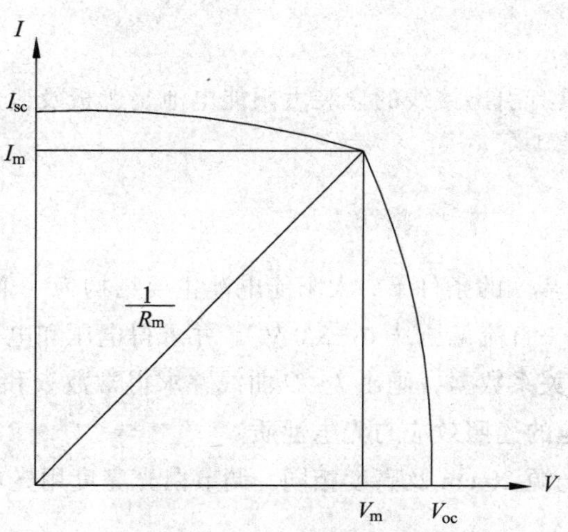

图 4.22 太阳能电池的伏-安特性曲线

FF 为太阳能电池的重要表征参数，FF 愈大则输出的功率愈高。FF 取决于入射光强、材料的禁带宽度、理想系数、串联电阻和并联电阻等。

太阳能电池的转换效率定义为太阳能电池的最大输出功率与照射到太阳能电池的总辐射能 P_{in} 之比，即

$$\eta = \frac{P_m}{P_{in}}\times 100\% \tag{4.37}$$

4. 太阳能电池的等效电路

太阳能电池可用 PN 结二极管 D、恒流源 I_{ph}、太阳能电池的电极等引起的串联电阻 R_s 和相当于 PN 结泄漏电流的并联电阻 R_{sh} 组成的电路来表示，如图 4.23 所示，该电路为太阳能电池的等效电路。由等效电路图可以得出太阳能电池两端的电流和电压的关系为

$$I = I_{ph} - I_o\left[\exp\left\{\frac{q(V+R_s I)}{nk_B T}\right\}-1\right]-\frac{V+R_s I}{R_{sh}} \tag{4.38}$$

为了使太阳能电池输出更大的功率，必须尽量减小串联电阻 R_s，增大并联电阻 R_{sh}。

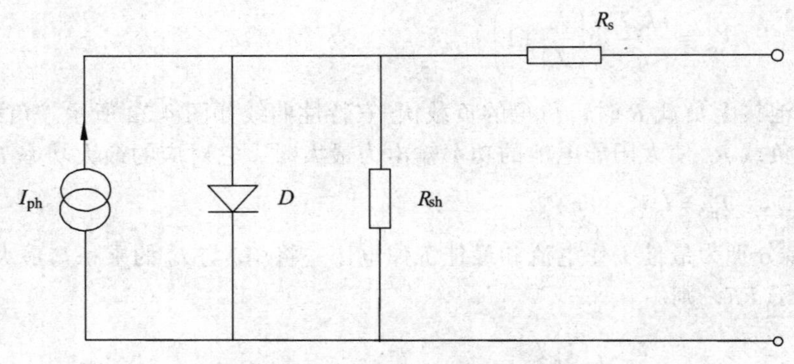

图 4.23　太阳能电池的等效电路

【实验仪器】

光具座及滑块座、具有引出接线的盒装太阳能电池、遮板及遮光罩各一个、太阳能电池特性测定仪主机、白光源 1。

【实验内容】

（1）在没有光源（全黑）的条件下，太阳能电池主要结构为一个二极管 测量太阳能电池正向偏压时的 $I-U$ 特性（直流偏压从 0—3.0 V）。并求得电压和电流关系的经验公式。利用测得的正向偏压时 $I-U$ 关系数据，画出 $I-U$ 曲线并求得常数 β 和 I_o 的值。

（2）测量太阳能电池的光照效应与光电性质。

取太阳能电池离白光源 20 cm 及高度相同，调节白光亮度用光功率计测量光功率 P_0，相应的 I_{sc} 和 U_{oc} 的值。

a. 描绘 I_{sc} 和相对光功率 P_0 之间的关系曲线，求 I_{sc} 和与相对光功率 P_0 之间近似关系函数。

b. 描绘出 U_{oc} 和相对光功率 P_0 之间的关系曲线，求 U_{oc} 与相对光功率 P_0 之间近似函数关系。

（3）在不加偏压时，用白色光源（亮度为最大）照射太阳能电池 ，测量太阳能电池一些特性。注意此时光源到太阳能电池距离保持为 20 cm。（也可以选择不同光强是测量）测量电池在不同负载电阻下，I 对 U 变化关系，画出 $I-U$ 曲线图。求短路电流 I_{sc} 和开路电压 U_{oc} 。

求太阳能电池的最大输出功率及最大输出功率时负载电阻。计算填充因子 $FF = P_m/(I_{sc}U_{sc})$ 。

【注意事项】

（1）连接电路时，保持太阳能电池无光照条件。
（2）光源有一定的温度，应避免手与灯罩接触。

实验 37　超声 GPS 三维定位实验

振动频率高于 20 kHz 的声波称之为超声波。超声波具有方向性强、反射性强和功率大的特点，因此超声技术的应用几乎遍及工农业生产、医疗卫生、科学研究及国防建设等方面。利用超声波作为定位技术也是蝙蝠等生物作为防御及捕捉猎物的手段。超声波是一种弹性机械波，它在水中可实现远距离传播，所以在声纳、超声波鱼群探测仪等得到了广泛的研究和应用，近来在机器人的障碍探测方面也应用相当普遍。本实验介绍的水下超声定位演示仪利用了渡越时间测距及方向角检测法进行定位，运用单片机进行处理和控制，利用自编的软件进行实验数据的处理和分析，从而使学生通过实验进一步认识到水下超声定位的原理。

【实验目的】

（1）用时差法测量声速和距离。
（2）了解声纳原理，用超声波对被测目标进行三维定位。

【实验原理】

1. 测量仪的电路结构

水下超声定位仪的电路结构组成如图 4.24 所示，整个系统由 89C51 系列单片机来控制，启动测量时，由单片机每隔 20 ms 发出数个 1 MHz 的超声波，驱动超声波发射器的功率电路发射出超声脉冲，同时启动单片机的计时器，当这脉冲到达被测目标时，发生反射，经水的传播被超声波接收器接收，再由放大电路进行滤波放大，使单片机产生中断，计数停止，数码显示器把测得的时间显示并可由单片机将该数据进行存储，同时可从换能器的旋转盘读取方向角度值，由此实现定位的功能。

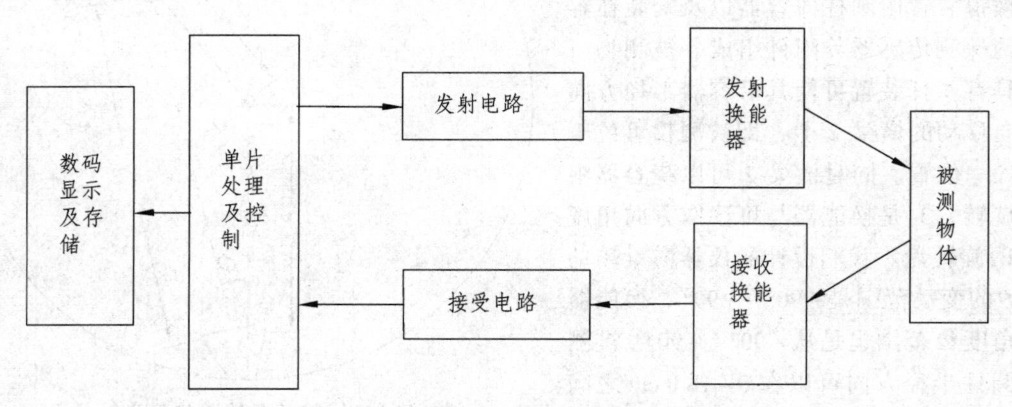

图 4.24　水下超声定位仪的电路结构

2. 超声波的定位原理

超声波探测物体的位置是通过测距和测角同时来确定的。超声波测距的方法较多，例如渡越时间测距法、声波幅值测距法、相位测距法，它们各有各的特点，但用得最多的是渡越时间测距法，本仪器采用的就是超声波渡越时间测距法。其工作原理如下：检测从超声波发射器发出的超声波，经水介质的传播到接收器的时间，即渡越时间。渡越时间与水中的声速 v 相乘，就是声波传输的距离。由于在该仪器中，利用计算机程序中已将传输时间除以 2，因此数码显示器显示的时间就是探测器到被测物的时间 t，其探测到的距离 l，如下式所示：

$$l = v \times t \tag{4.39}$$

对（4.39）式两边微分可得

$$\mathrm{d}l = v \cdot \mathrm{d}t + t \cdot \mathrm{d}v \tag{4.40}$$

式（4.40）说明，超声波测距传感器的测试精度是由渡越时间和声速两个参数的精度决定。如将 v 看作常量，则（4.40）式可简化为

$$\mathrm{d}l = v \cdot \mathrm{d}t = v / f \tag{4.41}$$

式（4.41）表明：计时电路的计时频率越高，传感器的测试精度越高，因此我们在设计时把计时频率设计在 24 MHz，时间分辨率为 0.5 μs。超声波的传播速度受介质温度影响最大，超声波速度 v 与环境温度 T 的关系可由以下经验公式给出：

$$v = 1\,480 \times \sqrt{(T + 273.16) / 273.16} \tag{4.42}$$

同时该温度下的速度 v 也可用逐差法通过实测的方法来求得，而目标的角度测量可直接从换能器的方向旋转刻度盘读取。

对目标的进行定位，知道它相对参考点处于什么位置，可以用直角坐标描述，也可以用极坐标描述，本实验用极坐标来描述目标位置，如图 4.25 所示，知道 l 和 Φ 就确定目标方位，l 的测量用超声波。实验模拟装置由圆柱体容器以及安装在容壁上的探测传感器等附件组成。被测物 1 挂在具有丝杆装置可使其沿容器半径方向做径向移动的横梁 2 上，即被测物可位于横梁任一位置。同时横梁 2 可以绕容器中心 O 旋转，3 是换能器与可读取方向角度值 Φ 的旋转盘。我们设计的仪器横梁转动角度 θ 的变动范围是 $-90° \sim +90°$，换能器转动角度 Φ 范围也是从 $-90° \sim +90°$，被测物在圆柱半径方向可以在 0 ~ 18.0 cm 之间变化。

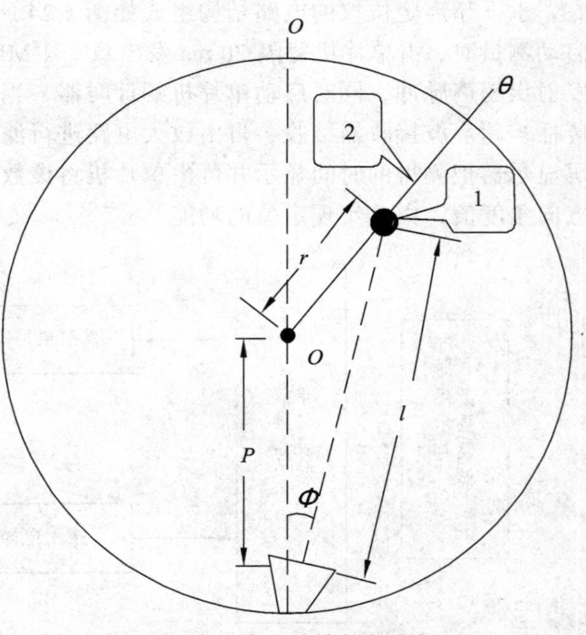

图 4.25　试验装置的结构与坐标关系

3. 实验数据的计算

首先，在初始时刻，当换能器置于$\Phi=0°$时，仪器横梁也处在$\theta=0°$位置，即在同一直径上，此时可以利用经验公式（4.42）求取v（亦可利用逐差法测出超声波的波速）。利用测量仪测出回波的时间t_p，从而可求出探测器到圆柱体容器中心的长度$P=v\times t_p$，从而完成仪器的定标。然后，我们利用被测物1、换能器2的位置与角度以及圆柱体容器中心O三点构成的三角形，根据余弦定理可得

$$\gamma'=\sqrt{P^2+l^2-2P\cdot l\cos(\Phi)} \tag{4.43}$$

$$\theta'=\pi-\arccos[(P^2+\gamma'^2-l^2)/2\gamma'\cdot P] \tag{4.44}$$

其中，γ'和θ'是根据实测所得到的实验值。为了使在实验中便于比较，我们在软件中设定被测物可以做三种形式的运动：因此在软件开发时我们设定了直线段、圆弧、抛物线三种标准曲线。只要在开始实验时，确定被测物体的运动轨迹、起始点与终点坐标、角度步长$\Delta\theta$和长度步长$\Delta\gamma$，该软件即可给出该被测物的运动轨迹上每一个测量点坐标的理论值γ与θ。在实验完成后，将所得实验结果输入计算机，该软件即可自动用列表法与绘图方式给出实验结果（γ'，θ'）与理论值（γ，θ）对比的相对误差及运动轨迹图。

【实验仪器】

FB215A型超声GPS（三维声纳）定位实验仪一套、示波器、专用连接线。

【实验内容】

1. 定标，求传感器到圆柱体容器中心的长度P

测量实验室的温度，利用公式（4.42）算出在当前温度下，声波在水中的传播速度。也可以在Φ和θ在0°时，被测物每移动10.0 mm测量一次时间，至少测量10次，然后用逐差法通过实测的方法来求得该温度下的速度v。用仪器中所带的薄铜片挂在圆柱体容器中心下的螺钉上，测量时间，计算长度P。

2. 运动轨迹追踪

确定好被测物的运动轨迹、起始点与终点坐标、角度步长$\Delta\theta$和长度步$\Delta\gamma$，用软件即可给出该被测物的运动轨迹上每一个测量点坐标的理论值γ与θ，将被测物每放置一个位置测量一次时间和角度Φ。可利用被测物、换能器的位置与角度以及圆柱体容器中心三点构成的三角形，根据余弦定理求得γ'和θ'。

【数据与结果】

（1）记录实验室的温度。

（2）自拟表格记录所有的定标实验数据。表格的设计要便于用逐差法求相应位置的差值和计算。

① 被测物做直线运动。

运动轨迹坐标的理论值 (γ_i, θ_i) 和根据实测结果利用软件计算所得的实验值 (γ_i', θ_i') 见表 4.9，绘出实验与理论计算所得的运动轨迹，参数坐标转变为直角坐标。

② 被测物沿圆周运动。

运动轨迹坐标的理论值 (γ_i, θ_i) 和根据实测结果利用软件计算所得的实验值 (γ_i', θ_i') 见表 4.10。绘出实验与理论计算所得的运动轨迹，参数坐标转变为直角坐标。

表 4.9　直线运动测量结果

编号 (i)	1	2	3	4	5	6	7	8
γ_i / cm								
γ_i' / cm								
$(\Delta\gamma/\gamma)100\%$								
θ_i / rad								
θ_i' / rad								
$(\Delta\theta/\theta)100\%$								

表 4.10　圆周运动测量结果

编号 (i)	1	2	3	4	5	6	7	8
γ_i / cm								
γ_i' / cm								
$(\Delta\gamma/\gamma)100\%$								
θ_i / rad								
θ_i' / rad								
$(\Delta\theta/\theta)100\%$								

【思考题】

（1）在实验中，你可试着由远到近改变被测物到探测器之间的距离，会发现测量结果与理论值的相对误差会变大，试分析其原因？

（2）你能否在该仪器的基础上开发出一种能利用超声探测器成像的仪器？

实验 38　气体放电等离子体特性实验

当温度在 0 °C 时冰变成水，而温度上升到 100 °C 时，水会沸腾变成水蒸气，这就是我们熟知的物质三态（固态、液态和气态）。而当温度升到几千度时，气态物质由于分子热运动剧烈，物质分子相互间的碰撞会使气体分子发生电离，在电离过程中正离子和电子总是成对出现，这样气态物质就变成由相互作用的正离子和电子组成的物质的第四态——等离子体。由于在等离子体中正离子和电子总数大致相等，因此等离子体在宏观上保持电中性。所以等离子体实质上是密度大致相等的带正电荷的离子和带负电荷的电子组成的电离气体。

因为等离子体有许多独特的性能，如温度高、粒子动能大、化学性质活泼等，因此广泛应用于能源、物质与材料和环境等领域中。

【实验目的】

（1）观察气体放电现象，用探极法测量等离子体物理参量。

（2）学习掌握真空溅射镀膜的知识、方法。

【实验原理】

1. 等离子区的产生

气体原来是不导电的绝缘介质，当我们把它密封在一个长的圆柱形玻璃放电管中，在放电管的阴极和阳极间加上直流高压（管的气体压强几十帕），在所加高压达到某一个电压值时，放电管被明亮发光的等离子体充满，即放电管发生辉光放电，整个放电空间为明暗相间的八个光层所分割，如图 4.26 所示，其中“6”即为等离子区。

（1）阿斯屯暗区。

由于电子刚从阴极发出，能量很小，不能使气体分子产生电离和激发，因此不能发光，所以是暗区，这是一个极薄的区域。

（2）阴极辉区。

电子通过阿斯屯暗区的加速，具有较大的动能，当这些电子遇到气体分子发生碰撞时，使气体分子激发发光。

（3）阴极暗区。

电子经前二区域，绝大部分电子没有和气体分子碰撞，因此在这区域内的电子具有很大的能量，产生很强的电离。而电子较轻，受电场力作用后跑掉，留下大量正离子，使得这里具有很高的正离子浓度，形成极强的正电荷空间，造成电场的严重畸变，结果绝大部分管压都集中在这一区域和阴极之间。在这样强的电场作用下，正离子以很大的动能打向阴极产生显著的二次电子过程，而电子又以很大的加速度离开阳极，向前运动产生雪崩过程。

在这一区域中，电离作用很强激发发光几率很小，是气体获得能量产生电离的区域，因此形成一个暗区。

阴极暗区的长度 d 与气体压强 p 的乘积是一个常数，即 $p\cdot d=$ 常数

（4）负辉区。

经过阴极暗区之后，电子能量减少，数量增多，所以这一区域有较强的负空间电荷，形成负的电场，由于电子速度很小，很容易被气体分子吸附形成负离子，并与由阴极暗区扩散来的正离子产生复合而发光。在两个区域的交界面处复合特别强，所以交界处光度很强，而离开阴极越远，电子在这一区域受阳极作用速度变大。扩散而来的正离子浓度减小，故离开分界面后，复合减少，光强减弱最后消失。

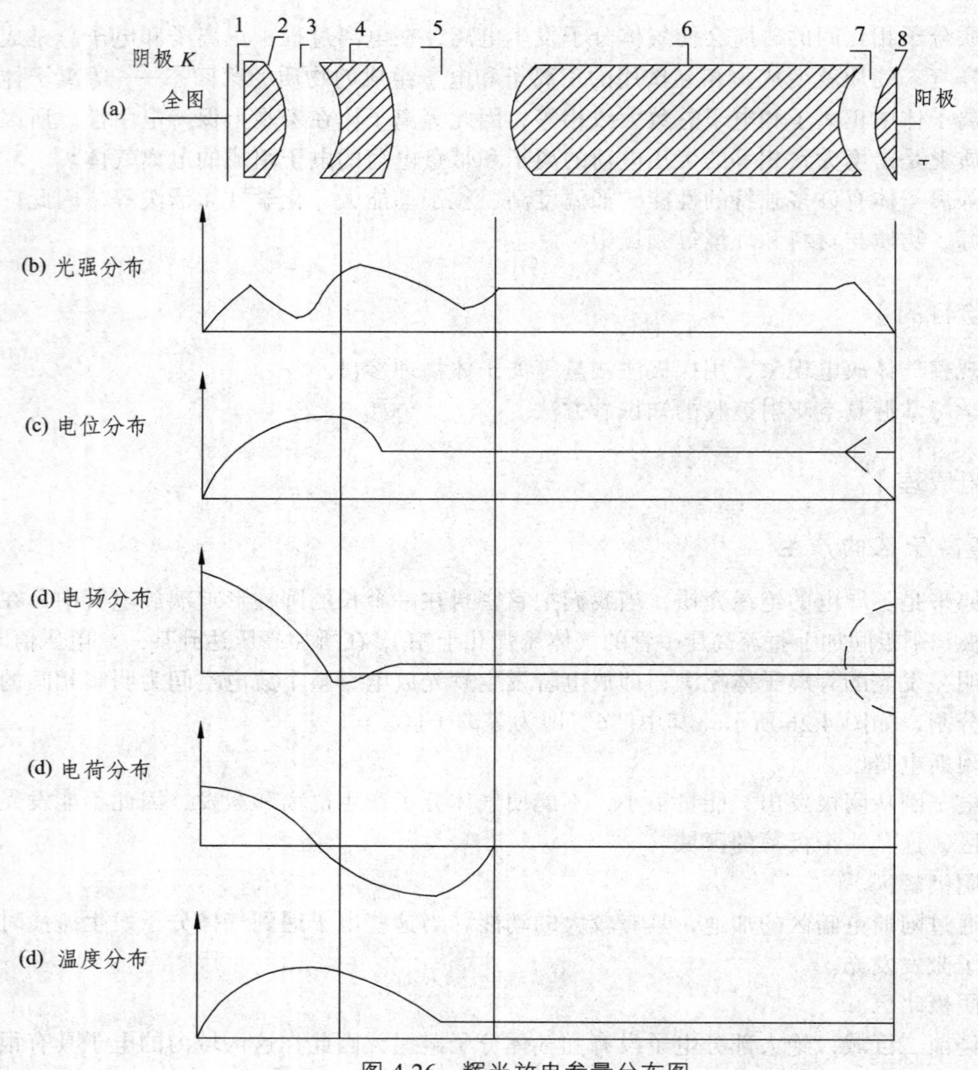

图 4.26　辉光放电参量分布图

1—阿斯屯暗区；2—阴极辉区；3—阴极暗区；4—负辉区；5—法拉第暗区；
6—正辉区；7—阳极暗区；8—阳极辉光

（5）法拉第暗区。

这是一个过渡性区域，电子在负辉区中已损失了大部分能量，进入这一区域内已经没有足够的动能来使气体分子激发，所以形成暗区。法拉第暗区与负辉区界线不明显，与正辉区之间有明显的界线。在这一区域内电子由于不断的弹性碰撞运动方向改变，电子由定向运动而变为杂散运动，最后速度接近麦克斯韦分布规律，而进入正辉区。

（6）正辉区。

又称等离子区、正柱区，空间净电荷浓度为零，电子和正离子浓度一般为 $10^{10} \sim 10^{12}/\text{cm}^3$，又由于电子迁移率很高，所以正辉区在导电率上接近良导体，在正辉区存有一定的电位降落，用以维持状态的平衡，电位降落的大小取决于电离、消电离及扩散过程，正辉区为均匀或层状光柱，正辉区是本次实验的对象。

（7）阳极暗区、阳极辉区。

阳极暗区和阳极辉区统称为阳极区，这是一个可有可无的区域，它的存在取决于外线路电流大小及阳极面积和形状。

2. 用试探电极法研究等离子区

所谓试探电极是在放电管里引入一个不太大的金属导体，导体的形状有圆柱的、平面的、球形的等等。试探电极是研究等离子区的有力工具，利用探极的伏安曲线，可以决定等离子区各种参量。测量线路如图 4.27 所示。在测量时保持管子的温度和管内气体压强不变。实验装置与电气控制见后。

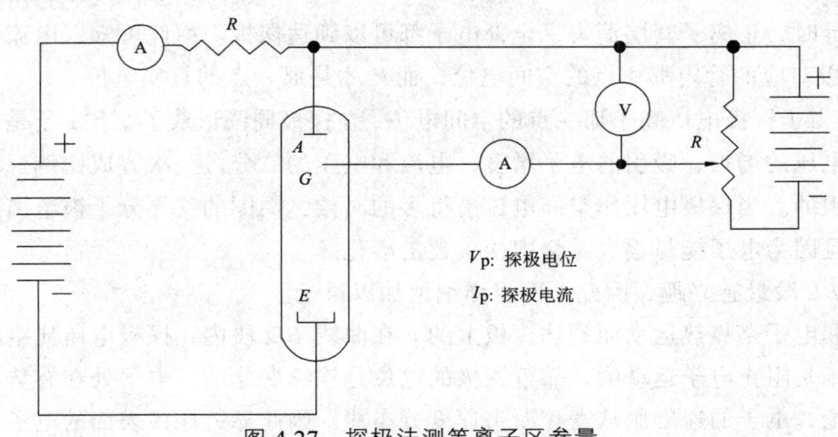

图 4.27　探极法测等离子区参量

实验所测得的探极电压和电流画成曲线，如图 4.28 所示。对这一特性曲线做如下的解释：

AB 段表示加在探极上的电压比探极所在那一点的空间电位负得多（以阳极为参考点的探极电位），在探极周围形成了正的空间电荷套层（见图 4.29）。套层的厚度一般小于离子区中电子的自由路程。这时探极因受正离子的包围，它的电力线都作用在正离子上，而不能跑出层外，因此它的电场尽限于层内。根据气体分子运动理论，在单位时间内有 $\frac{1}{4}\overline{v}_i n_i S$ 个正离子靠热运动达到探极上，形成的负电流

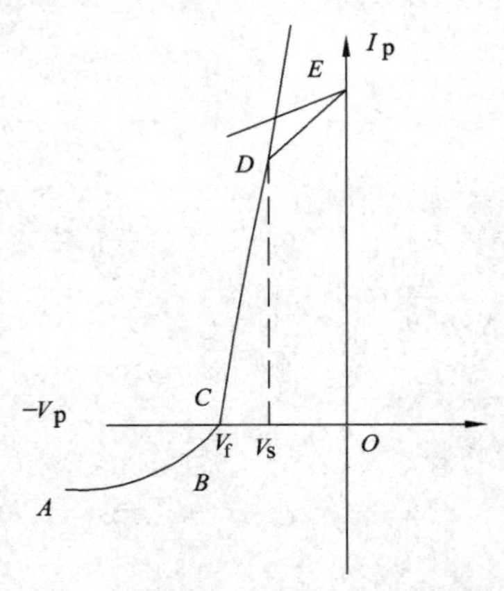

图 4.28　探极的伏安特性

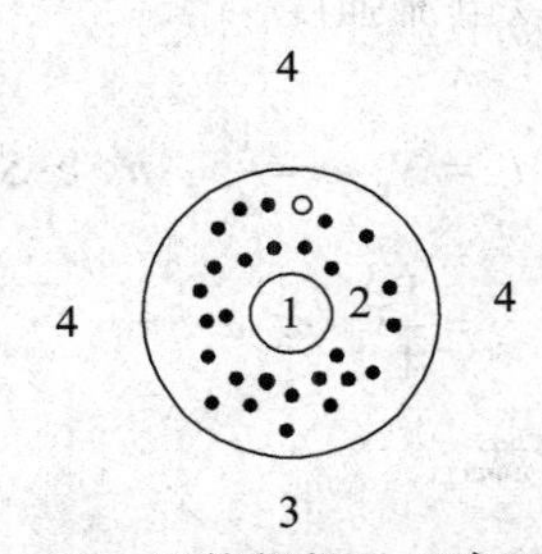

图 4.29　圆柱探极的正离子套层

1—探极；2—正离子套层；3—套层边界；4—等离子区

$$I_i = \frac{1}{4}\overline{v}_i n_i S$$

式中，$\overline{v}_i$ 只是正离子的平均速度，n_i 为正离子浓度，S 为探极面积，e 为电子电荷。从式中看出，I_i 不随探极电压而变化，因此 AB 段为近似平行于横轴的直线。随着探极上负电压的减少，正离子套层变薄，当负电压减至 B 点时，热运动速度大的电子将有足够的能量穿过正离子套层，而到达探极上，因而电流增加较快。当电压减至 $V_{\rm f}$（C 点）时，则电子电流和离子电流相等，即电流等于零。探极电压再减低时，则慢的电子也能穿过正离子套层而到达探极上，故电流向相反方向增加很快（CDE）段。当 $V = V_{\rm s}$ 时，即探极电压与探极所在那一点的空间点位相等时，正离子套层消失，全部电子都可以到达探极。由此可知，电流为零时测量的 $V_{\rm f}$ 不是探极对应的管内那一点的空间电位，而 $V_{\rm s}$ 才是那一点的真实电位。

EF 段是由于探极电压高于那一点的空间电位，在探极周围形成了套层，于是就给电子加速度。探极电压的增加，吸引的电子增多，电流和电压的二分之一次方成比例。因此 EF 段也是比较平坦的。当探极电压比空间电位高得多的时候，周围的气体分子被电离，故电流迅速增加，而且因为电子能量很大，会把探极轰击溶化。

我们对 BE 段最感兴趣，因此下面将详细地加以讨论。

正离子和电子是靠热运动而到达探极上的。在曲线 BD 段内，探极电压比空间电位低，因此它的电场是阻止电子运动的，靠近探极的电位是连续变化的，电子处在有势场中，根据波耳兹曼理论，电子的速度服从麦克斯韦速度分布律。因此靠近探极表面的电子浓度

$$n = n_0 e^{\frac{eV_0}{KT_{\rm e}}} \tag{4.45}$$

n_0 为等离子区中未经干扰的电子浓度，V_0 是探极电压与该点空间电位的差，即

$$V_0 = V - V_{\rm s}$$

$T_{\rm e}$ 是等离子区中电子的等效温度，K 是波耳兹曼常数，$K = 1.38\times10^{-16}$ 尔格度$^{-1}$。

由气体分子运动论可知，当电子的浓度为 $n_{\rm e}$，平均速度为 $\overline{v}_{\rm e}$ 时，单位时间内落到探极上的电子数

$$N_{\rm e} = \frac{1}{4} n_{\rm e} \cdot \overline{v}_{\rm e} \cdot S \tag{4.46}$$

S 为探极面积。所以电流强度

$$\begin{aligned} I_{\rm e} &= N_{\rm e} \cdot e = \frac{1}{4}\overline{v}_{\rm e} \cdot n_{\rm e} \cdot e \cdot S = \frac{1}{4}\overline{v}_{\rm e} \cdot n_0 \cdot e \cdot S \cdot e^{\frac{eV_0}{KT_{\rm e}}} \\ &= \frac{1}{4}\overline{v}_{\rm e} \cdot n_0 \cdot e \cdot S \cdot e^{\frac{e(V-V_{\rm s})}{KT_{\rm e}}} \end{aligned} \tag{4.47}$$

（4.47）式两边取对数

$$\ln I_{\rm e} = \ln\left(\frac{1}{4}\overline{v}_{\rm e} \cdot n_0 \cdot e \cdot S\right) - \frac{e \cdot V_{\rm s}}{K \cdot T_{\rm e}} + \frac{e \cdot V}{K \cdot T_{\rm e}}$$

设等式右边第一项和第二项为常数，由此式变成

$$\ln I_e = \frac{e \cdot V}{K \cdot T_e} + 常数 \tag{4.48}$$

由实验得出 $\ln I_e$-V 特性曲线（见图 4.30），其中 BD 表示电流的对数与电压关系是直线的，因此就证明了等离子区中的电子速度是服从麦克斯韦速度分布律的。由该直线的斜率 $\tan\theta$ 即可求出等离子区电子的等效温度 T_e

$$\tan\theta = \frac{e}{KT_e} = \frac{\Delta \ln I_e}{\Delta V}$$

$$e = 4.8\times10^{-10}\text{（静电单位，电子电量）}$$

在一般的计算机中，经常使用常用对数 $(\ln\alpha = 2.30\times\log\alpha)$，并考虑电压的单位，由实用单位（V）换算成静电单位（1 静电单位电压 = 300 V），1 A = 3×10^9 静电单位电流，1 μA = 3×10^3 静电单位电流再将 e 和 K 代入上式，得

$$T_e = \frac{5.04\times10^3}{\dfrac{\Delta \log I_e}{\Delta V}}\ (\mathrm{K}) \tag{4.49}$$

普通物理讲过，服从麦克斯市分布律的电子的平均速度

$$\overline{v}_e = \sqrt{\frac{8K\cdot T_e}{\pi\cdot m_e}} \tag{4.50}$$

$m_e = 9.11\times10^{-28}$ g，是电子的质量。

电子平均动能　$$W_e = \frac{1}{2}m\cdot\overline{v}_e{}^2 = \frac{4K\cdot T_e}{\pi} \tag{4.51}$$

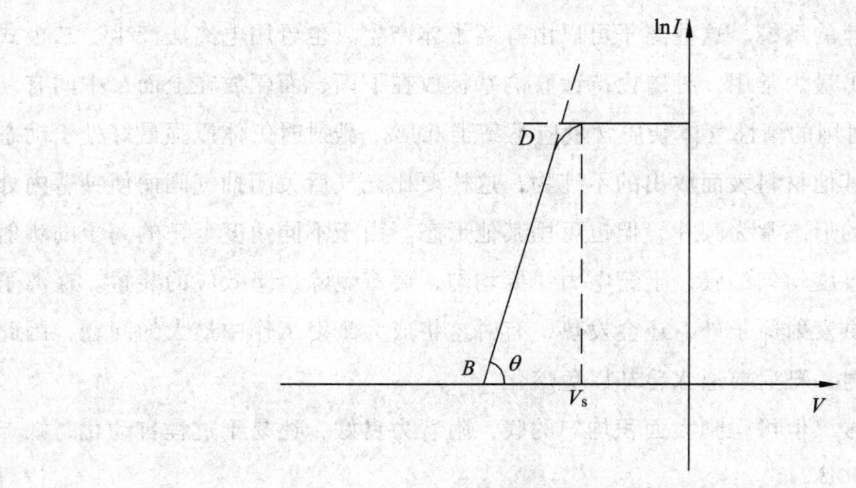

图 4.30　探极上电子电流的对数特性

由图 4.30 直线段 BD 在电流轴上的截距，可得出 I_{ev}，而求出电子浓度。

$$\Theta I_{eo}=\frac{1}{4}n_e\cdot\overline{v}_e\cdot e\cdot S \tag{4.52}$$

所以，
$$n_e=\frac{4I_{eo}}{eS\sqrt{\dfrac{8K\cdot T_e}{\pi\cdot m_e}}} \tag{4.53}$$

I_{eo} 为静电单位。

下面求出正离子平均速度 $\overline{v}_i$。因为等离子区中央电子的浓度和正离子的浓度相等，所以由图 4.28 的 AB 段可以得到

$$I_{io}=\frac{1}{4}n_{io}\cdot\overline{v}_i\cdot e\cdot S$$

$$\overline{v}_i=\frac{4I_{i0}}{e\cdot S\cdot n_{i0}} \tag{4.54}$$

可求出探极所在那一点的空间电位和等离子区轴向电场强度，V_s 是探极那一点的空间电位。测出探极在不同点的空间电位 V_{s1}，V_{s2}……，并除以两点间的距离，就得出等离子区的轴向电场强度

$$E=\frac{V_{s1}-V_{s2}}{d_1-d_2} \tag{4.55}$$

3. 真空溅射镀膜

溅射镀膜利用气体辉光放电时气体离子的撞击，使阴极材料溅射出原子或分子，从而淀积到基片上形成薄膜。溅射镀膜的设备比较简单。它的基本结构是在真空钟罩内设置一个能产生离子且使离子加速的系统，这些离子可以由等离子体产生，也可用电离法产生。二极式溅射（或称直流溅射）最为常用，钟罩内待镀膜的基板放在下面，而靶放在上面，中间有一块可活动的挡板，溅射用的惰性气体杂质含量应不高于 0.1%，溅射时气体压强最好处于动态平衡，以除去钟罩和其他材料表面放出的不纯物，这样要比充气后关闭抽气阀而使钟罩内处于静态压强要好。靶的形态常为圆片，但也可用其他形态。由于不同角度上靶的离子的溅射产额不同，为了得到厚度均匀的膜，上靶电力线要均匀，要有免除边缘效应的装置。在离子轰击靶时，靶除了提供发射原子外，还会发热，有时这将成为溅射工作中最大的问题，因此在要求溅射速率很高时，靶后要通水冷却以免熔化。

溅射法淀积速率慢，但可得到大面积均匀的膜，附着力良好，还易于过程自动化，缺点是薄膜内含有大量的气体。

【实验仪器】

实验仪器如图 4.31 所示。

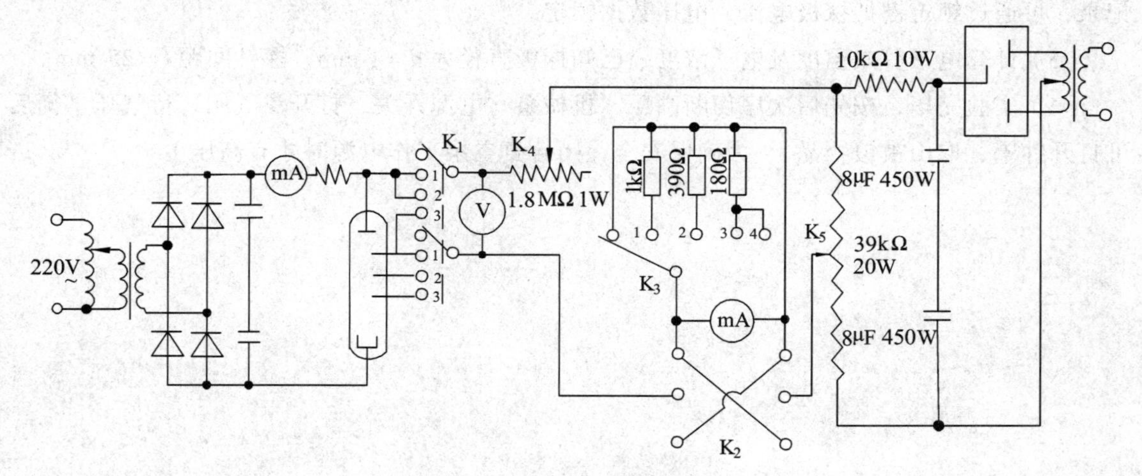

图 4.31　测试仪电路原理图

K_1—测量选择开关，K_1、K_2、K_3 分别为第一、第二、第三探极（纵向电场）；K_2—电流转向；K_4—探极电位调节；K_5—低压调节；K_3—电流调节：1、2、3、4 分别为 1 000 μA 、500 μA 、250 μA 、100 μA

【实验内容】

（1）用探极法测量气体放电离子区参量。

空间电位 V_s；

电子温度 T_e；

电子浓度 n_e；

电子平均能量 E_e；

纵向电场强度 E_2。

（2）观察辉光放电的阴极位降、等离子区等物理现象，并了解它们与放电状态的关系。

（3）掌握真空溅射的原理，以及溅射结果，从而掌握真空溅射镀膜的知识。

【实验操作部分】

（1）接好线路，将靶清污后，装入钟罩内，待镀物体洁污后放在支架上。

（2）先闭合电源开关，然后闭合机械泵开关抽真空，打开热偶真空计，调节加热电流至 27 mA 左右（详细数据请参看热偶真空规管壳上的标签），接着进行真空测量，当系统真空度达到 35 Pa 左右，可开始实验。

（3）闭合高压开头，转动高压调压器，使镀膜电流达到 10 mA 左右，注意观察钟罩内辉光情况，视靶材确定镀膜时间，对不透明膜（银靶）需 30 min，（铜靶）则需要 1 ~ 2 h。并可根据观察被镀基片情况适当增减镀膜时间。

（4）当按下测量键时，调节高压调节器到气体放电后再缓慢调低高压到合适就可测量。

注意：探极测试电压在 50 V 以下电流加快，测量点不宜太多，以免烧坏电极。为了便了记录，可通过锁定键把探极电流、电压数据锁定。

（5）计算电子等效温度及电子浓度，已知探极直径为 $d=1$ mm，探针间距 $l=25$ mm。

（6）实验完毕，按先后次序切断高压、机械泵、电源开关，打开渗气闸，待气压平衡后可打开钟罩，取山被镀物品。（为确保安全，闭合真空泵工作电源时才有高压）。

第5章 设计性实验

实验39 万用表的设计与定标

【实验目的】

（1）掌握将微安表改装成多量程万用电表的基本原理、设计方法。
（2）学习万用电表的组装与定标。
（3）掌握万用电表的校准方法。

【实验原理】

1. 万用电表的构成

万用电表是一种多功能、多量程的电学仪表，它可在几个不同量程测量直流电流、直流和交流电压、电阻，有的万表还增加检测晶体管等功能，由于它的功能多，在实验调试、故障检查工作中使用非常方便。常用的万用表是以一块磁电型电流计（微安表）为核心组装而成的；此外数字显示的数字万用表现在也逐渐增多。在此实验中是练习以微安表为显示器的万用表的设计与组装，并只限于直流电流、直流电压、电阻3种功能。

上述功能如果分开孤立地设计则很容易。如图5.1中所示，设计直流电流计就是计算分流电阻 R 之值；直流电压计就是计算串联电阻 R'之值；欧姆计就是直流电压计加一直流电源，当在此欧姆计两端 A、B 接入一电阻 R_x 时，表头指针将偏转，而且偏转的大小和 R_x 有关，即从表头指针的大小可以测量 R_x 值。

实用万用表不是孤立的各功能电路的简单组合，而是从减少元件简化电路的角度设计的综合电路。

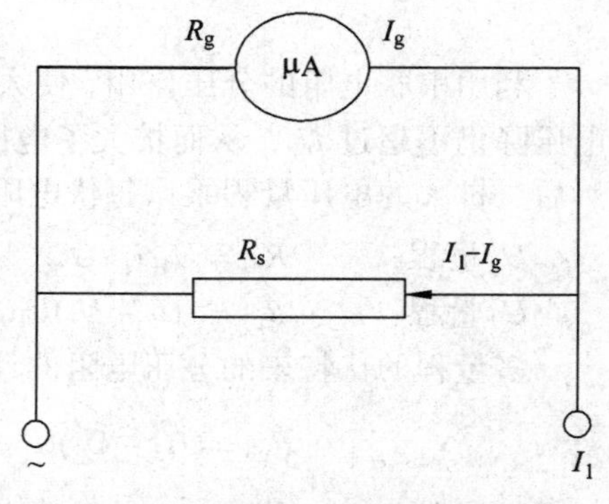

图5.1 微安表改装成单量程毫安表

2. 将微安计表头改装成两个量程的毫安表

在弄清微安计量程 I_g 和测出微安计内阻 R_g 的情况下，根据要改装的电流表的量程 I_1，在微安表头上并联分流电阻 R_s，如图5.2所示。

$$R_s = \frac{R_g}{\dfrac{I_1}{I_g} - 1} = \frac{R_g}{n-1} \approx \frac{R_g}{n}$$

如果要设计成两个量程 I_1 和 I_2 时，如图 5.2 所示，分流电阻 R_1 和 R_2 的计算如下：

$$R_s = R_1 + R_2$$

$$I_2R_2 = I_g(R_g + R_1) = I_g(R_g + R_s - R_2)$$

$$(I_2 - I_g)R_2 = I_g(R_g + R_s)$$

当 $I_2 \gg I_g$ 时有

$$I_2R_2 = I_g(R_s + R_g)$$

$$R_2 = \frac{R_g + R_s}{\dfrac{I_2}{I_g}}$$

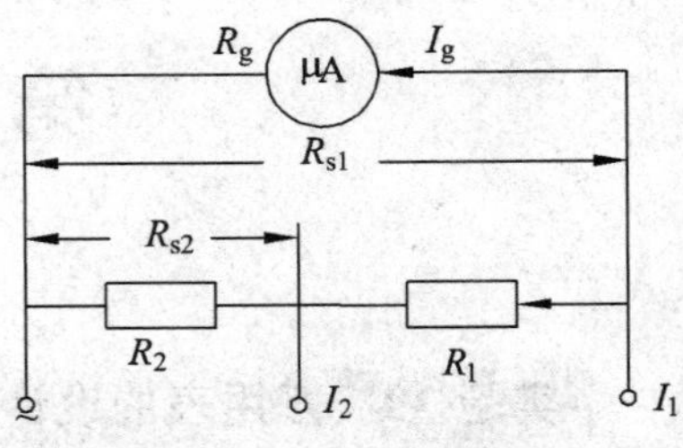

图 5.2　微安表头装成双量程毫安表

3. 将改装好的毫安表再改成两个量程的伏特表

如图 5.3 所示，此时电表已为量程为 I_1 的毫安表，其电表等效内阻 $R'_g = R_g \cdot R_s / (R_g + R_s)$。

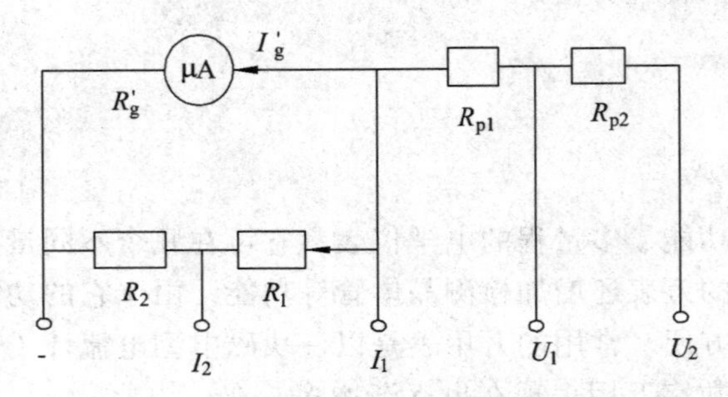

图 5.3　毫安表改装成双量程伏特表

利用串联电阻的分压作用，使大部分被测电压降落在串联的分压电阻 R_p 上，而表头上的电压降仍不超过 U_g，从而扩大了电压量程。一般采用电压灵敏度即每伏电压值所需电阻值。然后，扩大的电压量程乘以每伏电阻值，减去 R'_g 即为 R_{p1}。

U_1 量程：　　$R_{p1} = U_1/I_1 - R_g$

U_2 量程：　　$R_{p2} = (U_2 - U_1)/I_1$

多量程的伏特表的分压电阻的计算公式：

$$R_{p3} = (U_3 - U_2)/I_1$$

4. 将改装为毫安表的电表改为欧姆表

此时的电表为毫安表，内阻为 R'_g，如图 5.4 所示。U 为电池的端电压，它与固定电阻 R_5 和可变电阻 R_6（电位器）及表头串联，R_x 是待测电阻。当 $R_x = 0$ 时，调节 R_6，使表头指针偏转至满刻度。这时电路中的电流为 I_1

$$I_1 = \frac{U}{R'_g + R_5 + R_6}$$

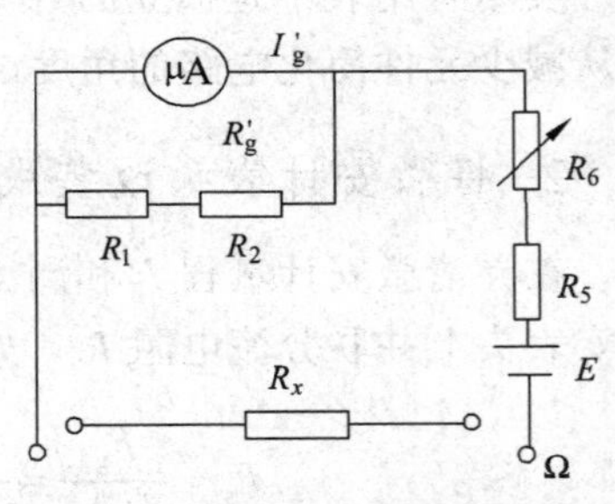

图 5.4　安培表改装成欧姆表

即欧姆表的零点在表头的满标处，正好与电流表衣电压表相反。

当接入待测电阻 R_x，电路中的电流为

$$I=\frac{U}{R_g'+R_5+R_6+R_x}$$

电池端电压 U 保持不变时，R_x 与 I 有对应关系。当 $R_x = R_g' + R_5 + R_6$ 时，$I_z = I/2$，此时

$$R_x = R_g' + R_5 + R_6$$

R_x 称为中值电阻，使电表指在蹭刻度时的电阻。欧姆表的刻度要考虑这一点。

改变欧姆表的量程采用并联分流电阻以减小量程和提高电源电压以增大量程。

【实验仪器】

微安计（100 μF，470 Ω左右）1 个；PM-V_4 型数字电压表 1 只；DM-A_3 型数字电流表 1 只；WYT-2A 型直流稳压电源 1 台；ZX21 型直流电阻箱（0 ~ 99 999.9 Ω）5 只；BX7-13 型滑线变阻器 1 个（0 ~ 100 Ω）；干电池电源（1.5 V）1 个；电位器（0 ~ 480 Ω）1 个；限流电阻一个（10 Ω）；导线若干。

【实验内容】

（1）设计 5.00 A 和 50.0 mA，5.00 V 和 10.0 V，0—∞ Ω三用表。

（2）设计总电路图，计算分流电阻、分压电阻和中值电阻的阻值，组装万用表。

（3）设计带分压的校准电路，进行校准。

组装好万用表后，与给定的标准表校准，每档取 5 个值进行校准，将数据记录于表格之中，并计算出与标准表所测值的相对误差 E（如 $E_I=\frac{|I_0-I|}{I_0}100\times\%$，$I$ 为设计表测量值，I_0 为标准表指示值）。

【数据记录及处理】（见表 5.1、5.2、5.3）

表 5.1　电流表校准数据表

电流表 0—____mA 档	标准 I_0/mA					
	设计 I/mA					
	相对误差 E_I					
电流表 0—____mA 档	标准 I_0/mA					
	设计 I/mA					
	相对误差 E_I					

表 5.2　电压表校准数据表

电压表 0—____V 档	标准 U_0/mA					
	设计 U/mA					
	相对误差 E_U					
电压表 0—____mA 档	标准 U_0/mA					
	设计 U/mA					
	相对误差 E_U					

表 5.3　欧姆表校准数据表

欧姆表 0—∞档	标准 R_0/Ω					
	设计 R/Ω					
	相对误差 E_R					

实验 40　望远镜的设计及检测

【实验目的】

望远镜是常用的光学仪器。它主要是帮助人们观察远处的目标，在天文学等领域中起着十分重要的作用。为适应不同用途和性能的要求，望远镜的种类很多，构造也各有差异，但是它的基本光学系统都由一个物镜和一个目镜组成。本实验要求学生通过透镜焦距的测量，挑选出薄透镜或物镜、目镜组装成最简单的望远镜，以熟悉它的构造及放大原理，学会望远镜放大率的测量，并掌握其调节使用，同时通过本实验掌握光学系统的共轴调节方法。

【实验仪器】

光学平台（包括相应的安装配件）；测微目镜（或数显读数显微镜）；透镜若干；光源、物屏；平面镜、米尺及透明标尺等。

【实验前应回答的问题】

（1）人眼可看成一个成像系统。所不同的是，人眼的透镜（眼珠）在睫状肌作用下，其焦距可变，而透镜到像屏（即视网膜）之间的距离不变。为了把远、近物体都能成像在视网膜上，睫状肌应如何调节它对眼珠这个透镜做怎样的相应变化？

（2）什么是人眼的近点？什么是人眼的远点？有什么方法可以测出眼睛的近点有多远？

（3）通过哪些方法可测定透镜的焦距？试比较这些方法的优缺点。

（4）放大镜是一种最简单助光学系统，请画出它的光路图，并讨论它的放大率。

（5）放大镜和显微镜有什么区别？

（6）如何将各个元件调成等高同光轴？

（7）试从结构、用途、视角放大率以及调焦方法等几个方面比较望远镜和显微镜的异同。

（8）组装望远镜时如何许则物镜和目镜？是否可选用组装显微镜时所用的目镜？

（9）如何测定望远镜的放大率？

（10）是否能用物镜框作为物测出望远镜的视角放大率？

（11）评价天文望远镜时，一般不讲它是多少倍的，而是说物镜口径多大，你能说明为什么吗？

（12）开普勒望远镜和伽利略望远镜的区别在什么地方？分别画出它们的光路图。

【实验内容】

（1）望远镜的组装。

① 测出所给透镜的焦距，挑出准备组装的望远镜和显微镜时要用的物镜和目镜，记下所测得的焦距。再挑选一块焦距约为 20 cm 的透镜备用。

② 将光源、透明标尺、已知焦距为 20 cm 的透镜 L、物镜、目镜依次置于光具座导轨上，将各元件调成同光轴。

③ 使透明标尺位于已测焦距透镜 L 的焦平面上以形成一无穷远处的发光物体。

④ 移动物镜，眼睛贴近目镜观察，使在目镜中能按到清晰的标尺像。记下物镜和目镜的位置。

⑤ 在物镜后放置像屏，左右移动像屏，使像最清晰（可以拿起目镜），记下所成像的位置、大小和倒正。

⑥ 按实测的物镜、目镜位置及中间实像位置，按一定比例画出所组装望远镜光路图。

⑦ 根据实际测得的物镜和目镜的焦距画出光路图，标出系统放大率并与上面结果进行比较。

（2）测定望远镜的放大率，将测得结果与理论值进行比较。

【实验报告的要求】

（1）写明本实验的目的和要求。

（2）阐述本实验的基本原理。

（3）记下实验所用的仪器和装置。

（4）记录实验步骤及各种实验现象，列出数据表格，根据要求作出光路图。

（5）谈谈本实验的总结、收获和体会。

（6）对教学工作提出意见和建议。

附　表

附表 1　物理学基本常数

物理量	符号	数 值 与 单 位	相对不确定（10^{-6}）
引力常数	G	$6.672\ 59(85)\times10^{-11}\ \mathrm{m^3/kg\cdot s^2}$	128
阿伏伽德罗常数	N_A	$6.022\ 136\ 7(36)\times10^{-23}\ /\mathrm{mol}$	0.59
摩尔气体常数	R	$8.314\ 510(70)\ \mathrm{J/(mol\cdot K)}$	8.4
理想气体摩尔体积	V_m	$22.414\ 10(19)\ \mathrm{L/mol}$	8.4
玻尔兹曼常数	K	$1.380\ 658(12)\times10^{-23}\ \mathrm{J/K}$	8.5
真空中的介电常数	ε_0	$1/(\mu_0 c^2)=8.854\ 187\cdots\times10^{-12}\ \mathrm{F/m}$	精确
真空中的导热率	μ_0	$4\pi\times10^{-7}\ \mathrm{N/A^2}=12.566\ 37\cdots\times10^{-7}\ \mathrm{N/A^2}$	精确
真空中的光速	c	$2.997\ 924\ 58\times10^8\ \mathrm{m/s}$	精确
基本电荷	e	$1.602\ 177\ 33(49)\times10^{-19}\ \mathrm{C}$	0.30
电子质量	m_0	$9.109\ 389\ 7(54)\times10^{-31}\ \mathrm{kg}$	0.59
质子质量	m_p	$1.672\ 623\ 1(10)\times10^{-27}\ \mathrm{kg}$	0.59
质子单位质量	u	$1.660\ 540\ 2(10)\times10^{-27}\ \mathrm{kg}$	0.59
普朗克常量	h	$6.626\ 075\ 5(40)\times10^{-34}\ \mathrm{J\cdot s}$	0.60
电子的荷质比	$-e/m_0$	$-1.758\ 819\ 62(53)\times10^{11}\ \mathrm{C/kg}$	0.30
里德伯常数	R_∞	$109\ 737\ 31.534(13)/\mathrm{m}$	0.001 2

附表 2　海平面上不同纬度的重力加速度

纬度/（°）	$g/(\mathrm{m/s^2})$	纬度/（°）	$g/(\mathrm{m/s^2})$	纬度/（°）	$g/(\mathrm{m/s^2})$
0	9.780 49	35	9.797 46	70	9.826 14
5	9.780 38	40	9.801 80	75	9.828 73
10	9.782 04	45	9.806 29	80	9.830 65
15	9.783 96	50	9.810 79	85	9.831 82
20	9.786 25	55	9.815 15	90	9.832 21
25	9.789 69	60	9.819 24	重庆（29°34′）	9.791 52
30	9.793 38	65	9.822 94		

附表 3　不同温度时水的密度、表面张力系数、黏滞系数

温　度 /°C	ρ /(kg/m^3)	σ /($\times10^{-3}$ N/m)	η /($\times10^{-6}$ Pa·s)	温　度 /°C	ρ /(kg/m^3)	σ /($\times10^{-3}$ N/m)	η /($\times10^{-6}$ Pa·s)
0	999.87	75.62	1.787	20	998.23	72.75	1.002
5	999.96	74.90	1.519	21	998.02	72.60	0.977 9
6	999.94	74.76	1.472	22	997.77	72.44	0.954 8
8	999.88	74.48	1.386	23	997.57	72.28	0.932 5
10	999.73	74.20	1.307	24	997.33	72.12	0.911 1
11	999.63	74.07	1.271	25	997.07	71.96	0.890 4
12	999.52	73.92	1.235	30	995.68	71.15	0.797 5
13	999.40	73.78	1.202	40	992.24	69.55	0.652 9
14	999.27	73.64	1.169	50	988.04	67.90	0.546 8
15	999.13	73.48	1.139	60	983.21	66.17	0.466 5
16	998.97	73.34	1.109	70	977.78	64.41	0.406 0
17	998.90	73.20	1.018	80	971.80	62.60	0.354 7
18	998.62	73.05	1.053	90	965.31	60.74	0.314 7
19	998.43	72.89	1.027	100	958.35	58.84	0.281 8

附表 4　不同温度时空气的密度、黏滞系数

温　度 /°C	ρ /(kg/m^3)	η /($\times10^{-6}$ Pa·s)	温　度 /°C	ρ /(kg/m^3)	η /($\times10^{-6}$ Pa·s)	温　度 /°C	ρ /(kg/m^3)	η /($\times10^{-6}$ Pa·s)
0	1.293	17.25	11	1.243	17.75	22	1.196	18.28
1	1.288	17.30	12	1.238	17.78	23	1.188	18.32
2	1.284	17.35	13	1.234	17.85	24	1.185	18.37
3	1.279	17.38	14	1.230	17.90	25	1.181	18.42
4	1.274	17.42	15	1.226	17.95	26	1.177	18.47
5	1.270	17.47	16	1.221	18.00	27	1.172	18.50
6	1.265	17.51	17	1.217	18.05	28	1.169	18.56
7	1.260	17.56	18	1.213	18.10	29	1.165	18.60
8	1.257	17.60	19	1.208	18.15	30	1.161	18.65
9	1.252	17.65	20	1.205	18.20	31	1.156	18.70
10	1.247	17.70	21	1.201	18.24	32	1.150	18.75

附表 5　某些液体的黏滞系数

物　质	温　度 /°C	η /($\times 10^{-6}$ Pa·s)	物　质	温　度 /°C	η /($\times 10^{-6}$ Pa·s)
甲　醇	0	817	甘　油	−20	134×10^4
	20	584		0	121×10^5
乙　醇	−20	2 780		20	$1\,499\times10^3$
	0	1 780		100	12945
	20	1 190	葵花子油	80	100×10^3
乙　醚	0	296	蜂　蜜	20	45 600
	20	243		80	4 600
汽　油	0	1 788	鱼肝油	−20	1 855
	18	530		0	1 685
变压器油	20	19 800	水　银	20	1 554
蓖麻油	10	242×10^4		100	1 224

附表 6　20 °C 时常用固体和液体的密度

物　质	密度 ρ /(kg/m^3)	物　质	密度 ρ /(kg/m^3)
铝	2 698.9	水　银	1 3546.2
铜	8 960	甲　醇	792
铁	7 874	乙　醇	789.4
银	10 500	乙　醚	714
金	19 320	氟利昂-12	1 329
钨	19 300	水晶玻璃	2 900 ~ 3 000
铂	21 450	窗玻璃	2 400 ~ 2 700
铅	11 350	冰（0 °C）	880 ~ 920
锡	7 298	汽车用汽油	7 410 ~ 720
锌	7 140	甘　油	1 260
钢	7 600 ~ 7 900	硫　酸	1 840

附表 7　20 °C 时金属的杨氏模量

金　属	杨氏模量 E /(10^{11}N/m^2)	金　属	杨氏模量 E /(10^{11}N/m^2)
铝	0.69 ~ 0.70	镍	2.03
铜	1.03 ~ 1.27	铬	2.35 ~ 2.45
铁	1.86 ~ 2.06	合金钢	2.06 ~ 2.16
银	0.69 ~ 0.80	碳　钢	1.96 ~ 2.06
金	0.77	康　钢	1.60
钨	0.47	铸　钢	1.72
锌	0.78	硬铝合金	0.71

附表 8　某些物质的比热

物　质	温　度 /°C	比热 c /(kJ/kg·K)	物　质	温　度 /°C	比热 c /(kJ/kg·K)
铝	20	0.895	镍	20	0.481
铜	20	0.385	铂	20	0.134
黄铜	20	0.380	钢	20	0.447
银	20	0.234	铅	20	0.130
铁	20	0.481	玻璃	20	0.585 ~ 0.920
生铁	0 ~ 100	0.54	冰	− 40 ~ 0	1.79
锌	20	0.389	水	20	4.176

附表 9　101 325 Pa 下一些物质的熔点和沸点

物　质	熔　点 /°C	沸　点 /°C	物　质	熔　点 /°C	沸　点 /°C
铝	660.4	2 486	镍	1 455	2 731
铜	1 084.5	2 580	锡	231.97	2 270
铬	1 890	2 212	锌	419.58	903
银	961.93	2 184	铅	327.5	1 750
铁	1 535	2 754	汞	− 38.86	356.72
金	1 064.43	2 710			

附表10　某些物质中的声速

物　质	温　度 /°C	声　速 /(m/s)	物　质	温　度 /°C	声　速 /(m/s)
空气	0	331.45	水	20	1 482.9
一氧化碳	0	337.1	酒精	20	1 168
二氧化碳	0	258	铝	20	5 000
氧气	0	317.2	铜	20	3 750
氩气	0	319	不锈钢	20	5 000
氢气	0	1 269.5	金	20	2 030
氮气	0	337	银	20	2 680

附表11　常用材料的导热系数

物　质		温　度 / K	导热系数 /(W/cm·K)	物　质		温　度 / K	导热系数 /(W/cm·K)
气体	空气	300	2.6	固体	银	273	4.18
	氮气	300	2.61		铝	273	2.38
	氢气	300	18.2		铜	273	4.01
	氧气	300	2.68		黄铜	273	1.20
	二氧化碳	300	1.66		金	273	3.18
	氦气	300	15.1		钙	273	0.98
	氖气	300	4.9		铁	273	0.835
液体	水	273	5.61		镍	273	0.91
		293	6.04		铅	273	0.35
		373	6.80		铂	273	0.73
	四氯化碳	293	1.07		硅	273	1.70
	甘油	273	2.90		锡	273	0.67
	乙醇	293	1.70		不锈钢	273	0.14
	石油	293	1.50		玻璃	273	0.010
	水银	273	84		橡胶	298	1.6×10^{-3}
固体	耐火砖	500	0.002 1		木材	300	$(0.4\sim3.5)\times10^{-3}$
	混凝土	273	0.008 4		花岗石	300	0.016
	云母	373	0.005 4		棉布	313	0.000 8

附表 12 固体的线胀系数

物 质	温 度 /°C	线膨胀系数 /(×10^{-6} / °C)	物 质	温 度 /°C	线膨胀系数 /(×10^{-6} / °C)
金	0 ~ 100	14.3	石 蜡	16 ~ 38	130.3
银	0 ~ 100	19.6	聚乙烯		180
铜	0 ~ 100	17.1	石英玻璃	20 ~ 300	0.56
铁	0 ~ 100	12.2	窗玻璃	20 ~ 300	9.5
锡	0 ~ 100	21	花岗石	20	6 ~ 9
铝	0 ~ 100	23.8	瓷 器	20 ~ 200	3.4 ~ 4.1
镍	0 ~ 100	12.8	大理石	25 ~ 100	5 ~ 16
锌	0 ~ 100	32	混凝土	−13 ~ 21	6.8 ~ 12.7
铂	0 ~ 100	9.1	橡 胶	16.7 ~ 25.3	77
钨	0 ~ 100	4.5	硬橡胶		50 ~ 80
康 铜	0 ~ 100	15.2	木材（平行纤维）		3 ~ 5
黄 铜	0 ~ 100	18 ~ 19	木材（垂直纤维）		35 ~ 60
锰 钢		18.1	冰	0	52.7
不锈钢		16.0		−50	45.6
镍铬合金	100	13.0		−100	33.9
钢（0.05%碳）	0 ~ 100	12.0			

附表 13 101 325 Pa 下液体的体胀系数

物 质	温 度 /°C	体胀系数 /(×10^{-6} / °C)	物 质	温 度 /°C	线膨胀系数 /(×10^{-6} / °C)
丙酮	20	1.43	水	20	0.207
乙醚	20	1.66	水银	20	0.182
甲醇	20	1.19	甘油	20	0.505
乙醇	20	1.08	苯	20	1.23

附表 14　某些金属和合金的电阻率、温度系数

金属或合金	电阻率 ρ /($\times10^{-6}\Omega\cdot$m)	温度系数 /($\times10^{-3}$ / °C)	金属或合金	电阻率 ρ /($\times10^{-6}\Omega\cdot$m)	温度系数 /($\times10^{-3}$ / °C)
铝	0.028	4.2	锌	0.059	4.2
铜	0.017 2	4.3	锡	0.12	4.4
银	0.016	4.0	水　银	0.958	1.0
金	0.024	4.0	武德合金	0.52	3.7
铁	0.098	6.0	钢（0.10%～0.15%碳）	0.10～0.14	6
铅	0.205	3.7	康　铜	0.47～0.51	−0.04～0.01
铂	0.105	3.9	铜锰镍合金	0.34～1.00	−0.03～0.02
钨	0.055	4.8	镍铬合金	0.98～1.10	0.03～0.4

附表 15　气体的比定压热容和比定容热容

气　体	比定压热容 c_p /(J/kg·K)	比定容热容 c_V /(J/kg·K)
氯　气	0.124	—
氩　气	0.127	0.077
氯化氢（22～214 °C）	0.19	0.13
二氧化碳	0.20	0.15
氧　气	0.22	0.16
空　气	0.24	0.17
氖　气	0.25	0.15
氮　气	0.25	0.18
一氧化碳	0.25	0.18
乙醚蒸气（25～111°C）	0.43	0.4
酒精蒸气（108～220°C）	0.45	0.4
水蒸气（100～300°C）	0.48	0.36
氨　气	0.51	0.39
氦　气	1.25	0.75
氢　气	3.41	2.42

附表 16 标准化热电偶

名 称	型 号	100 °C 时的温差电动势/mV	使用温度/°C		温差电动势对分度表的允许误差			
			长期	短期	温度/°C	允差/°C	温度/°C	允差/°C
铂铑$_{10}$-铂	WRLB	0.643	0～1300	1 600	≤600	±2.4	>600	±0.4% t
铂铑$_{3}$-铂$_{6}$	WRLL	0.340	0～1600	1 800	≤600	±3	>600	±0.5% t
镍铬-镍硅（镍铬-镍铝）	WREU	4.10	0～1 000	1 200	≤600	±4	>400	±0.75% t
镍铬-康铜	WREA	6.95	0～600	800	≤400	±4	>400	±1% t

附表 17 旋光物质的旋光率

旋光物质和溶剂浓度	λ/nm	α/[(°)/cm]	旋光物质和溶剂浓度	λ/nm	α/[(°)/cm]
葡萄糖＋水 $c=5.5\times10^{-2}$ g/cm^3 $t=20$ °C	447	96.62	酒石酸＋水 $c=0.286\ 2\times10^{-2}$ g/cm^3 $t=18$ °C	350	−16.8
	479	83.88		400	−6.0
	508	73.61		450	+6.6
	535	65.35		500	+7.5
	589	52.76		550	+8.4
	656	41.89		589	+9.82
蔗糖＋水 $c=0.26\times10^{-2}$ g/cm^3 $t=20$ °C	404.7	152.8	樟脑＋乙醇 $c=0.347\times10^{-2}$ g/cm^3 $t=19$ °C	350	378.3
	435.8	128.8		400	158.6
	480.8	103.05		450	109.8
	520.9	86.80		500	81.7
	589.3	66.52		550	62.0
	670.8	50.45		589	52.4

附表 18　常用物质的折射率

物　质	n_d	温度/°C	物　质	n_d	温度/°C
水	1.333 0	20	有机玻璃	1.492	室温
甲醇	1.329 2	20	加拿大树胶	1.530	室温
乙醇	1.352 2	20	石英晶体	n_0 = 1.544 24	室温
乙醚	1.361 7	20		n_e = 1.553 35	室温
二氯甲烷	1.625 5	20	熔凝石英	1.458 45	室温
三氯甲烷	1.445 3	20	琥珀	1.546	室温
四氯甲烷	1.461 7	20	方解石	n_0 = 1.658 35	室温
甘油	1.467 6	20		n_e = 1.486 40	室温
石蜡	1.470 4	20	冕牌玻璃 K_6	1.511 1	室温
松节油	1.471 1	20	冕牌玻璃 K_8	1.515 9	室温
苯胺	1.586 3	20	冕牌玻璃 K_9	1.516 3	室温
棕色醛	1.619 5	20	重冕牌玻璃 ZK_6	1.612 6	室温
单溴苯	1.658 8	20	重冕牌玻璃 ZK_8	1.614 0	室温
	1434	20	火石玻璃 F_8	1.605 5	室温
苯	1.501 1	20	重火石玻璃 ZF_1	1.647 5	室温
金刚石	2.417 5	室温	重火石玻璃 ZF_6	1.755 0	室温

附表 19　常用光源的谱线波长

光源	波　长 / nm	光源	波　长 / nm	光源	波　长 / nm	光源	波　长 / nm
氦	706.52（红）	氖	650.65（红）	氢	656.28（红）	汞	623.44（橙）
	667.82（红）		640.23（橙）		486.13（绿蓝）		579.07（黄 2）
	587.56（黄）		638.30（橙）		434.05（蓝）		576.96（黄 1）
	501.57（黄绿）		626.65（橙）		410.17（蓝紫）		546.07（绿）
	492.1（绿蓝）		621.73（橙）		397.01（蓝紫）		491.60（绿蓝）
	471.31（蓝）		614.31（橙）	钠	589.592（黄）		435.83（紫 3）
	447.15（蓝）		588.19（黄）		588.995（黄）		407.78（紫 2）
	402.62（蓝紫）		585.25（黄）	氦-氖激光	632.8（橙）		404.66（紫 1）
	388.87（蓝紫）						

参考文献

[1] 姚启均. 光学教程[M]. 3 版. 北京：高等教育出版社，2003。

[2] 杨述武. 普通物理实验[M]. 北京：高等教育出版社，2003。

[3] 沈元华，陆申龙. 基础物理实验[M]. 北京：高等教育出版社，2003.

[4] 吕斯哗，段家低. 基础物理实验[M]. 北京：北京大学出版社，2006.

[5] 赵文杰. 工科物理实验教程[M]. 北京：中国铁道出版社，2002.

[6] 霍剑清. 大学物理实验[M]. 北京；高等教育出版社，2005.

[7] 汪建章. 大学物理实验[M]. 杭州：浙江大学出版社，2004.

[8] 朱鹤年. 物理测量的数据处理与实验设计[M]. 北京：高等教育出版社，2003.

[9] 徐建强. 大学物理实验[M]. 北京：科学出版社，2006.